高等学校信息技术应用创新教材

计算机基础与应用简明教程
（人工智能版）

主　编　李东方

副主编　郑　奋　陆江东　张冬梅

参　编　（按姓氏笔画为序）

王　萌　王鹏龙　孔　玉

弭博岩　戴卓臣

电子工业出版社

Publishing House of Electronics Industry

北京·BEIJING

内 容 简 介

本教程按照教育部高等学校大学计算机课程教学指导委员会的《大学计算机基础课程教学基本要求》和上海市教育委员会的《上海市高等学校信息技术水平考试大纲》要求编写，采用国产操作系统以及国产和开源应用软件，适应信息技术的发展和认知特点，力图让学生站在信息技术发展前沿，以计算思维的视角，由数据需求牵引，突出人工智能技术原理和应用，非线性地学习计算机基础知识与应用技能。

本教程共 10 章，内容包括信息技术概论、操作系统与数据安全、计算思维与 Python 语言、数据处理、关系型数据库、数字通信与网络、大数据与数据可视化、人工智能、数字媒体、数字化文档。本教程内容力求简洁、明确，每章配有针对本章内容的"巩固练习"，用于检验和巩固教学效果。本教程提供电子课件、素材、源代码等配套资源，登录华信教育资源网注册后下载，也可扫描前言中的二维码下载。

本教程关注学生计算思维的培养，注重思想方法而不过多描述技术细节和强调版本差异，给教师和学生自主发挥的拓展空间。本教程可作为高等学校非计算机专业公共基础课程的教材，也可作为信息技术基础的培训和自学教材。

未经许可，不得以任何方式复制或抄袭本书之部分或全部内容。
版权所有，侵权必究。

图书在版编目（CIP）数据

计算机基础与应用简明教程 ：人工智能版 / 李东方
主编. -- 北京 ：电子工业出版社, 2025. 6 (2025. 8 重印). -- ISBN 978-7-121-50404-4

Ⅰ. TP3

中国国家版本馆 CIP 数据核字第 2025SE6819 号

责任编辑：冉　哲
印　　刷：北京雁林吉兆印刷有限公司
装　　订：北京雁林吉兆印刷有限公司
出版发行：电子工业出版社
　　　　　北京市海淀区万寿路 173 信箱　邮编 100036
开　　本：787×1092　1/16　印张：15.5　字数：386 千字
版　　次：2025 年 6 月第 1 版
印　　次：2025 年 8 月第 2 次印刷
定　　价：55.00 元

凡所购买电子工业出版社图书有缺损问题，请向购买书店调换。若书店售缺，请与本社发行部联系，联系及邮购电话：（010）88254888，88258888。

质量投诉请发邮件至 zlts@phei.com.cn，盗版侵权举报请发邮件至 dbqq@phei.com.cn。
本书咨询联系方式：ran@phei.com.cn。

前　言

在数字化浪潮席卷的当下，云计算、大数据、人工智能等新兴技术已成为推进各行各业发展的重要引擎。人工智能正在成为一种通用的技术，以史无前例的速度全方位地改变着人类社会的发展。由人工智能引发的行业用人需求以及职场技能要求变化，正在倒逼高等教育人才培养方向和方式的优化与革新。

本教程面向新型高素质人才智能素养培养需求，注重基本理论、基本技术和基本技能，强调实践性、应用性、创新性和发展性。通过信息与编码、系统与数据安全、数字通信与网络、数字媒体、数据处理与可视化、计算思维与人工智能等训练内容，帮助学生理解信息技术、善用人工智能、创新应用数字技术和恪守相关道德法律规范。

本教程按照教育部高等学校大学计算机课程教学指导委员会的《大学计算机基础课程教学基本要求》和上海市教育委员会的《上海市高等学校信息技术水平考试大纲》要求编写，采用国产操作系统银河麒麟和统信 UOS，国产办公软件 WPS、数据库管理系统达梦（DMDB）、帆软的商业智能数据分析工具 FineBI，以及开源应用软件 Python、GIMP、Blender等，适应信息技术的发展和认知特点，力图让学生站在信息技术发展前沿，以计算思维的视角，由数据需求牵引，突出人工智能技术原理和应用，非线性地学习计算机基础知识与应用技能。

本教程共 10 章，内容包括信息技术概述、操作系统与数据安全、计算思维与 Python 语言、数据处理、关系型数据库、数字通信与网络、大数据与数据可视化、人工智能、数字媒体、数字化文档。本教程内容力求简洁、明确，每章配有针对本章内容的"巩固练习"，用于检验和巩固教学效果。本教程提供电子课件、素材、源代码等配套资源，登录华信教育资源网注册后下载，也可扫描二维码下载。

本教程关注学生计算思维的培养，注重思想方法而不过多描述技术细节和强调版本差异，给教师和学生自主发挥的拓展空间。

本教程由李东方担任主编，郑奋、陆江东、张冬梅担任副主编。

本教程可作为高等学校非计算机专业公共基础课程的教材，也可作为信息技术基础的培训和自学教材。

限于作者的水平，书中难免有不妥乃至错误之处，竭诚欢迎读者提出宝贵意见。作者联系邮箱：dfli@smmu.edu.cn。

作　者

配套资源

目 录

第1章 信息技术概述 ·············· 1
1.1 信息技术简介 ················ 1
1.1.1 信息技术及其发展 ······ 1
1.1.2 计算机的发展 ············ 2
1.1.3 云计算 ······················ 5
1.2 计算机的硬件组成 ·········· 6
1.2.1 冯·诺依曼计算机结构 ······ 6
1.2.2 总线和接口 ··············· 10
1.3 数字和编码 ·················· 11
1.3.1 二进制数 ·················· 11
1.3.2 编码 ························· 14
1.4 计算机软件 ·················· 17
1.4.1 系统软件 ·················· 17
1.4.2 应用软件 ·················· 20
1.4.3 软件著作权保护及开源协议 ······ 20
巩固练习 ·························· 21

第2章 操作系统与数据安全 ······ 25
2.1 Linux 操作系统 ············ 25
2.1.1 文件管理 ·················· 26
2.1.2 权限管理 ·················· 32
2.1.3 文件压缩 ·················· 34
2.1.4 软件的安装与运行 ······ 35
2.2 信息安全 ····················· 38
2.2.1 信息安全的基本概念 ······ 38
2.2.2 网络中存在的威胁 ······ 39
2.2.3 信息安全工作 ············ 39
2.2.4 计算机病毒 ··············· 40
2.2.5 木马与防火墙 ············ 41
2.3 加密/解密和区块链 ········ 43
2.3.1 加密与解密 ··············· 43
2.3.2 数字认证 ·················· 44
2.3.3 区块链 ······················ 44
巩固练习 ·························· 46

第3章 计算思维与 Python 语言 ······ 49
3.1 计算思维 ····················· 49
3.1.1 图灵机模型 ··············· 49
3.1.2 计算思维简介 ············ 49
3.2 Python 语言 ················· 50
3.2.1 基本语法 ·················· 50
3.2.2 组合数据类型 ············ 53
3.2.3 控制结构 ·················· 54
巩固练习 ·························· 58

第4章 数据处理 ······················ 61
4.1 电子表格 ····················· 61
4.1.1 工作簿与工作表 ········· 61
4.1.2 单元格ׂ····················· 61
4.1.3 工作表的格式化 ········· 66
4.1.4 图表 ························· 67
4.1.5 排序和筛选 ··············· 70
4.1.6 分类汇总 ·················· 72
4.1.7 数据透视表 ··············· 72
4.2 基于电子表格的数据分析 ······ 74
4.2.1 单变量求解 ··············· 74
4.2.2 模拟运算表 ··············· 75
4.2.3 规划求解 ·················· 76
4.3 通过 Python 编程处理电子表格数据 ······ 80
4.3.1 基本操作 ·················· 80
4.3.2 大量数据表的数据汇总 ······ 81
4.4 pandas 数据处理 ············ 81
4.4.1 Series 和 DataFrame 对象 ······ 82
4.4.2 DataFrame 对象的索引和查询 ······ 84
4.4.3 DataFrame 对象的数据操作 ······ 86
4.4.4 DataFrame 对象的数据持久化 ······ 88
巩固练习 ·························· 89

第 5 章 关系型数据库 92

- 5.1 关系型数据库概述 92
  - 5.1.1 数据库系统的基本概念 92
  - 5.1.2 数据库管理系统分类 93
  - 5.1.3 E-R 图 95
  - 5.1.4 关系运算 96
  - 5.1.5 SQL 语言 97
- 5.2 数据库设计与管理 97
  - 5.2.1 数据库设计 97
  - 5.2.2 表与关系的创建 98
  - 5.2.3 数据的迁移 102
- 5.3 数据查询与数据操作 104
  - 5.3.1 查询与视图 104
  - 5.3.2 聚合函数与分组查询 105
  - 5.3.3 连接查询 106
  - 5.3.4 数据写入 106
  - 5.3.5 数据修改 107
  - 5.3.6 数据删除 107
- 巩固练习 107

第 6 章 数字通信与网络 110

- 6.1 数字通信 110
  - 6.1.1 基本概念 110
  - 6.1.2 主要技术指标 111
- 6.2 计算机网络 112
  - 6.2.1 基本概念 112
  - 6.2.2 网络体系结构与协议 114
  - 6.2.3 局域网 117
- 6.3 互联网及其应用 120
  - 6.3.1 TCP/IP 模型 120
  - 6.3.2 IP 地址与域名 122
- 6.4 物联网 125
- 6.5 超文本标记语言与网页 127
  - 6.5.1 站点和主页 127
  - 6.5.2 静态网页的构建 127
  - 6.5.3 网页基本元素编辑 129
  - 6.5.4 表单 133
  - 6.5.5 网页布局 134
- 巩固练习 136

第 7 章 大数据与数据可视化 140

- 7.1 大数据 140
  - 7.1.1 大数据的基本特征与数据思维 140
  - 7.1.2 数据可视化的基本概念 141
- 7.2 FineBI 145
  - 7.2.1 数据准备 145
  - 7.2.2 数据分析与图表应用 146
  - 7.2.3 仪表板布局与其他组件 148
  - 7.2.4 资源迁移 149
- 7.3 Matplotlib 数据可视化 150
  - 7.3.1 线条图与散点图 150
  - 7.3.2 柱状图与直方图 152
  - 7.3.3 饼图 154
- 巩固练习 155

第 8 章 人工智能 159

- 8.1 人工智能的基本概念 159
  - 8.1.1 人工智能的定义 159
  - 8.1.2 图灵测试 159
  - 8.1.3 人工智能的发展与学派 160
- 8.2 机器学习 161
  - 8.2.1 机器学习的基本概念 161
  - 8.2.2 机器学习的基本方法 162
- 8.3 深度学习与神经网络 170
  - 8.3.1 神经网络的基本概念 170
  - 8.3.2 卷积神经网络 172
- 8.4 大模型 177
  - 8.4.1 大模型的基本概念 177
  - 8.4.2 大语言模型 179
  - 8.4.3 思维链与智能体 180
  - 8.4.4 人工智能的安全隐患 181
- 巩固练习 182

第 9 章 数字媒体 186

- 9.1 数字媒体技术概述 186
  - 9.1.1 数字媒体技术的主要特征 186
  - 9.1.2 数字媒体计算机系统的组成 188

9.1.3	数字媒体的关键技术 ……… 189
9.2	媒体信息的数字化 …………… 189
9.2.1	文本信息的数字化 ………… 190
9.2.2	音频信息的数字化 ………… 190
9.2.3	图形信息的数字化 ………… 192
9.2.4	图像信息的数字化 ………… 193
9.2.5	动画和视频信息的数字化 … 195
9.3	媒体数据压缩技术 …………… 196
9.3.1	数字媒体信息的数据量 …… 196
9.3.2	媒体数据的冗余 …………… 196
9.3.3	数据压缩技术 ……………… 197
9.3.4	图像和视频的通用压缩标准 … 198
9.4	数字媒体技术的应用与发展 ……… 200
9.5	数字图像处理 …………………… 202
9.5.1	图像调整 …………………… 202
9.5.2	选区 ………………………… 203
9.5.3	基本编辑 …………………… 204
9.5.4	图层 ………………………… 206
9.6	动画 ………………………………… 207

9.6.1	Blender ……………………… 207
9.6.2	逐帧动画 …………………… 208
9.6.3	关键帧动画 ………………… 209
巩固练习	………………………………… 210

第 10 章 数字化文档 …………………… 214

10.1	文字处理 ……………………… 214
10.1.1	文档管理 …………………… 214
10.1.2	编辑操作 …………………… 215
10.1.3	文档格式化 ………………… 217
10.1.4	邮件合并 …………………… 219
10.1.5	对象 ………………………… 219
10.1.6	页面 ………………………… 223
10.2	演示文稿 ……………………… 225
10.2.1	幻灯片的设计 ……………… 225
10.2.2	对象 ………………………… 227
10.2.3	动画与放映 ………………… 229
10.2.4	发布幻灯 …………………… 233
10.3	利用 Python 自动处理文档 ……… 234
10.3.1	读取 .docx 文档 …………… 234
10.3.2	生成 .docx 文档 …………… 236
巩固练习	………………………………… 237

· VII ·

第 1 章　信息技术概述

本章教学目标：
- 知道信息技术及其发展。
- 初步理解冯·诺依曼计算机的设计思想。
- 理解计算机的硬件组成。
- 理解二进制数和编码。
- 理解计算机软件的分类。
- 知道软件著作权保护及开源协议相关概念。

1.1　信息技术简介

1.1.1　信息技术及其发展

信息（Information）反映了客观事物的存在形式和运动状态，是客观事物属性和相互联系特性的表征。数据（Data）是信息的数字化形式。

信息是客观世界中物质及其运动的属性和特征的反映，分为自然信息和社会信息，人们每时每刻都在自觉或不自觉地接收和传播信息。

信息同数据、知识、消息、信号的关系如下。

① 数据是反映客观事物属性的原始事实；信息是由原始数据经过处理加工，按特定的方式组织起来，对人们有价值的数据集合。信息通过具体的数据形式被存储和传输，因此数据可看作信息的载体。

② 知识是经过加工并经过实践检验的条理化信息，信息是知识的基础，但并非所有的信息都是知识。

③ 消息是信息的外表，信息是消息的内涵。

④ 信号是信息的载体，信息是信号所载荷的内容。

信息的主要特征：普遍性、传递性、存储性、可识别性、转换性、再生性、时效性、共享性。

物质、能量和信息是人类社会赖以发展的三大重要资源。

信息技术是在信息的获取、整理、加工、传递、存储、利用过程中采取的技术和方法，信息技术也可看作代替、延伸、扩展人的感官及大脑信息功能的一种技术。信息资源的开发和利用已经成为独立的产业，即信息产业。

信息技术按信息的载体和通信方式的发展，可以分为古代信息技术、近代信息技术和现代信息技术 3 个不同的发展阶段，并经历了语言的利用、文字的发明、印刷术的发明、电信革命以及计算机技术的发明和利用 5 个重大的变革。

古代信息技术的特征：以文字记录为主要信息存储手段，以书信传递为主要信息传递方法。

1837年，美国科学家摩尔斯（Morse）成功发明了有线电报和摩尔斯电码（Morse Code），拉开了以信息的电通信传输技术为主要特征的近代信息技术发展的序幕。电通信是指利用电波作为信息载体，将信号传输到远方。

20世纪30年代末，美国爱荷华州立大学物理系副教授约翰·文森特·阿塔纳索夫（John Vincent Atanasoff）及其研究生克利福特·贝瑞（Clifford Berry）用300只电子管研制成功了世界上第一台真正意义上的电子数字计算机ABC（Atanasoff-Berry Computer）。其逻辑结构和电子电路的设计思想为后来电子计算机的研制工作提供了重要的启发。

1946年，在美国宾夕法尼亚大学，制成了用于精确测算炮弹弹道特性的计算机ENIAC，被认为是世界上第一台通用计算机。它使用了大约18800只电子管，1500多个继电器，耗电150kW，占地面积约170m^2，重达$3×10^4$kg，每秒能完成5000次加法运算。数字电子计算机的诞生标志着电子计算机时代的到来，拉开了第5次信息革命和现代信息技术发展的序幕。

现代信息技术的特征：以光电信息存储技术为主要信息存储手段，以网络、光纤、卫星通信为主要信息传递方法。

通信技术、计算机技术、控制技术并称为"三C"（Communication、Computer和Control）技术。

信息技术将向着高速、大容量、综合化、数字化和个人化的方向发展。现代信息技术是以电子技术（尤其是微电子技术）为基础，以计算机技术为核心，以通信技术为支柱，以信息应用为目标的科学技术群。各项信息技术概述如下。

① 信息获取技术是指人们利用各种传感器和仪器直接或间接地获取信息。

② 信息传输技术是以光缆通信、微波通信、卫星通信、无线移动通信、数字通信等高新技术作为基础的。

③ 信息处理技术是通过计算机实现的，其核心是计算机技术和计算机网络技术。

④ 信息控制技术是指利用信息传递和信息反馈来实现对目标系统的控制的技术。

⑤ 信息存储技术主要包括对速度和容量要求越来越高的直接连接存储，大容量、高速度和便捷性的移动存储，与网络密切相关的网络附加存储（NAS）和存储区域网络（SAN）。随着海量信息处理要求的不断提高，存储部件的速度、容量、接口和传输速度显得越来越重要。

1.1.2 计算机的发展

1. 计算机的发展和功能分类

计算机问世之初，主要用于数值计算，"计算机"也因此得名。但随着计算机技术的迅猛发展，它的应用范围不断扩大，不再局限于数值计算，而广泛应用于自动控制、信息处理、智能模拟等各个领域。如今，计算机已经成为人们生产劳动和日常生活中必备的重要工具。

计算机之所以具有如此强大的功能，是由它所具有的运算速度快、存储容量大、计算精度高、可进行逻辑运算及工作性能可靠等特点决定的。

计算机可根据数字电路核心部件的发展划分为4代，即第一代电子管计算机（1946年起)、第二代晶体管计算机(1959年起)、第三代集成电路计算机(1965年起)、第四代大规模和超大规模集成电路计算机(1971年至今)。

计算机正朝着巨型化、微型化、网络化和智能化方向飞速发展,以计算机技术为核心的信息技术将从根本上改变人类社会的生产方式和生活方式,对人类的未来产生深远的影响。

计算机按规模可分为巨型计算机、大型计算机、中型计算机、小型计算机、微型计算机和单片机等。

单片机是把计算机的某些单一功能部件集成在一片大规模或超大规模集成电路芯片中的计算处理器,它体积小,结构简单,性能指标较低,价格便宜。

数字信号处理器(DSP)是具有特殊结构的微处理器。在数字媒体播放器、数码照相机、数码摄像机中均利用DSP专门处理复杂的图形、图像、视频、音频等数字化信息。

嵌入式系统,即控制、监视或者辅助机器和设备运行的装置(devices used to control, monitor, or assist the operation of equipment, machinery or plants),其以应用为中心,以计算机技术为基础,软件、硬件可裁剪,适合对功能、可靠性、成本、体积、功耗严格要求的专用计算机系统,一般包括嵌入式微处理器、外围硬件设备、嵌入式操作系统、特定的应用程序等部分。嵌入式系统具有系统内核小、专用性强、系统精简、高实时性、多任务等重要特征,广泛用于工业控制、交通管理、信息家电、家庭智能管理、POS机及电子商务、机器人控制等系统。

大型计算机运算速度快,存储容量大,通用性强,结构复杂,价格昂贵。

我们通常广泛使用的是微型计算机(简称微机,也称PC机),是介于上述两者之间的通用计算机,包括台式机和移动式微型计算机。

超级计算机通常是指由数百、数千甚至更多的处理器(机)组成的,能完成普通PC机和服务器不能完成的大型复杂课题的计算机。利用超级计算机,人们可以通过数值模拟的方式来预测和解释无法用实验方式验证的自然现象。

2. 集成度和摩尔定律

由于微电子技术的不断进步,微处理器的处理能力不断提高,计算机微型化的趋势进一步加快。

集成电路就是把若干个晶体管和阻容元件集中制作在半导体芯片上实现某种特定功能的电子线路。集成电路中的电子元器件和线路做得越小越细,同样大小的芯片内包含的电子元器件数量就越多,集成度就越高,芯片运行的速度也越快。

Intel的共同创始人戈登·摩尔(Gordon Moore)在1965年首次提出了半导体行业中的一个观察和预测趋势,称为摩尔定律。摩尔定律并非物理定律,而是基于长期行业发展趋势得到的经验性规律,即集成度每18个月翻一番,而价格保持不变甚至下降。这一增长趋势推动了计算能力、存储容量以及电子设备小型化的快速提升,对信息技术产业的发展产生了深远影响。

随着技术的进步,工程师不断地缩小晶体管的尺寸,力求在有限的芯片面积内封装更多的功能单元。随着纳米技术的发展,芯片制造商能够将更小尺寸的晶体管和其他组件封装到单个硅片上,制造工艺从28nm、14nm、7nm到5nm。高端处理器每平方厘米包含数十亿甚至上百亿只晶体管，例如，Intel 和 AMD 的服务器级 CPU 以及图形处理单元（GPU）等复杂芯片，不仅集成了更多的计算核心，还整合了内存控制器、输入/输出功能以及其他系统组件。然而，随着时间的推移，工艺技术逐渐逼近物理极限，如量子效应、热力学限制、漏电流等问题开始显现，越来越难以继续遵循摩尔定律的传统路径。

当半导体制造工艺进入 0.18mm 以后，由于延时性能的改变，要求微处理器的设计通过划分许多规模更小、局部性更好的基本单元结构来进行。（单芯片）多核心处理器（Chip Multiprocessors，CMP）是指将大规模并行处理器中的对称多处理器（SMP）集成到同一个芯片内，各个处理器并行执行不同的进程。采用 CMP 结构，多个处理器可以在芯片内部共享缓存，在提高缓存利用率的同时也能简化多处理器系统设计的复杂度，有利于优化设计，因此更有发展前途。

3. 未来计算机可能的发展前景

在实际应用中，可能正面临着摩尔定律逐渐失效的局面，即通过缩小晶体管尺寸来实现性能翻倍的成本效益比已经不如以往明显。因此，业界正在寻求新的技术和架构，例如，三维集成电路（3D IC）、异构集成、量子计算等，以延续半导体器件性能与效率的持续改进。未来计算机可能的发展前景如下。

（1）碳基芯片计算机

碳基芯片，也称为碳纳米管芯片或石墨烯芯片，是利用碳元素作为半导体材料来制造的集成电路。与传统的硅基芯片相比，碳基芯片在理论上可能实现更高的运行速度、更低的功耗、更好的热稳定性。我国在该领域的研究成果表明，碳基芯片技术正在逐步克服制备工艺复杂、集成技术依赖极紫外光刻机（EUV）设备、技术成熟度不足的技术和工程难题，逐步走向成熟。

（2）光计算机

光计算机利用光子而非电子作为信息载体来执行计算和数据处理任务。相较于电子计算机，光计算机具有潜在的高速、低能耗和高并行处理能力的优势。但目前光计算机还只是概念性的设备，实现全功能、实用化的光计算机面临着非线性效应、存储问题、损耗与精度等诸多技术挑战。

（3）量子计算机

量子计算机是利用量子力学原理进行信息处理和计算的新型计算机。与传统的电子计算机使用二进制位（bit，也称为比特）作为信息的基本单元不同，量子计算机使用的是量子比特（qubit），其能够存在于多个状态的叠加中。叠加态使得量子计算机在理论上能够在特定情况下实现指数级的加速。

量子比特的状态可以相互纠缠，即当两个或更多个量子比特纠缠在一起时，它们之间的状态是高度相关的，即使这些量子比特被分开很远的距离，对其中一个量子比特的操作会立即影响到其他与之纠缠的量子比特的状态，这种现象称为"量子纠缠"或爱因斯坦-波多尔斯基-罗森（EPR）效应。通过量子门操作和量子算法，量子计算机可以在密码学、化学模拟、优化问题等领域展现显著优势。

目前，IBM、Intel、Google、微软、阿里巴巴、百度、本源量子等企业和研究机构都在积极研发量子计算机,并取得了一些阶段性成果,证明了在特定任务上,量子计算机能超越超级计算机,实现量子优越性(Quantum Supremacy)。但量子计算机目前仍处于研究阶段,距离商业化应用还有一定的距离。

(4)生物化学计算机

生物化学计算机是一种基于生物学原理和分子生物学技术构建的计算机,其利用生物分子(如 DNA、蛋白质等)作为信息处理单元来进行数据存储和计算操作。在生物化学计算机的设计中,信息编码作为特定的生物分子序列,通过生化反应来执行逻辑运算。例如,DNA 计算机使用 DNA 分子的不同序列代表二进制位信息,利用碱基配对规则进行逻辑运算和信息处理。蛋白质计算机通过设计和改造特定的蛋白质分子,使其能够根据环境条件改变结构或催化特定反应,从而实现计算功能。

生物化学计算机具有潜在的高并行性、高存储密度以及自组装能力等优势,但同时面临着稳定性、可控性、读写速度和易受环境影响等挑战,目前仍处于实验室阶段。

1.1.3 云计算

云计算(Cloud Computing)是指将大量的计算资源用网络连接起来,并统一进行管理和调度,从而构成一个计算资源池,通过网络以按需、易扩展的方式向用户提供计算资源和算力服务。提供资源的网络被称为"云"。云计算的核心思想和根本理念是资源来自网络,即通过网络提供用户所需的算力、存储空间、软件功能和信息服务等。

算力是指通过对信息数据进行处理,实现目标结果输出的计算能力(Computing Power)。在云计算之前,用计算机独立完成全部计算任务的单点式算力不足,尝试通过网格计算把巨大的计算任务分解为很多小型的计算任务,交给不同的计算机完成,即分布式计算。云计算是分布式计算的新形式。其本质是将大量的零散算力资源进行打包、汇聚,实现更高可靠性、更高性能、更低成本的算力。相比于用户自购设备、自建机房、自己运维,云计算有明显的性价比优势。1961 年,"人工智能之父"约翰·麦卡锡就提出了效用计算(Utility Computing)的设想,认为"有一天,计算可能会被组织成一个公共事业,就像电话系统是一个公共事业一样"。

云计算的算力任务分为基础通用计算和高性能计算(High-Performance Computing,HPC)。HPC 又包括科学计算、工程计算和智能计算。

云计算具有共享和虚拟化等特征,具体体现为以下 5 个方面。

① 共享资源:云计算通过网络将庞大的计算资源(如硬件、软件和服务)集中管理和分配,用户可以根据需求动态获取并使用这些资源。共享模式极大地提高了资源利用率,降低了用户的初期投资和运维成本。

② 虚拟化技术:云计算利用虚拟化技术,可以将一台物理服务器划分为多个逻辑上的虚拟机或容器,每个虚拟机或容器都可以独立运行操作系统和应用程序,仿佛是一台单独的物理设备。这不仅实现了硬件资源的高效利用,同时也使得应用部署更加灵活、快速和便捷。

③ 弹性伸缩:基于共享和虚拟化的特性,云计算能够根据用户需求动态调整资源分配,

实现资源的弹性伸缩，满足业务高峰低谷时的不同需求。

④ 隔离性与安全性：虚拟化技术还提供了良好的隔离性，各个虚拟环境之间互不影响，即使一个虚拟机出现问题，也不会波及其他虚拟机，从而保证了系统的稳定性和安全性。

⑤ 服务化交付：云计算将计算能力以服务的形式提供给用户，用户无须关心底层的技术实现，按需购买和使用服务即可。

云计算主要有 3 种服务模式。

① 设施即服务（Infrastructure as a Service，IaaS）：云服务商提供虚拟化的计算资源，包括服务器、存储空间、网络资源以及操作系统等底层基础设施。用户可以根据需求购买资源，并通过 API（应用程序编程接口）或管理控制台自行配置和管理在其上运行的操作系统、应用程序及数据。

② 平台即服务（Platform as a Service，PaaS）：云服务商为用户提供完整的开发和部署环境，包括操作系统、数据库支持、Web 服务器、中间件以及其他开发工具。用户无须关心底层硬件设施的维护，可以直接在平台上构建、测试、运行和管理自己的应用程序。

③ 软件即服务（Software as a Service，SaaS）：云服务商直接向用户提供已经配置好并随时可用的应用程序，用户可以通过互联网访问这些应用，无须安装或管理任何底层基础设施。应用程序通常采用订阅制收费，且可以根据需要进行定制化设置，如线上办公平台、视频会议服务等。

云计算以其高效、灵活、安全、经济等优势，已成为 IT 基础设施建设和数字化转型的重要支撑。

1.2 计算机的硬件组成

计算机系统包括硬件和软件两大部分。硬件是指计算机系统中的各种物理装置，是计算机系统的物质基础。软件管理和协调着硬件，完成使用者的指令。硬件和软件是相辅相成的。

1.2.1 冯·诺依曼计算机结构

1946 年，美国数学家冯·诺依曼（John Von Neumann）提出了"电子计算机逻辑设计"，为现代计算机描绘了结构模式，即计算机以程序控制的方式运行，采用存储单元和使用二进制数。

计算机硬件系统由运算器、控制器、存储器、输入设备和输出设备五大基本部分组成，如图 1-1 所示。一般，运算器和控制器被集成在一起，它们与内存储器并称为主机。这样，计算机硬件系统可简化为输入设备、主机和输出设备。而输入设备和输出设备又通常合称为 I/O 设备（输入/输出设备）。

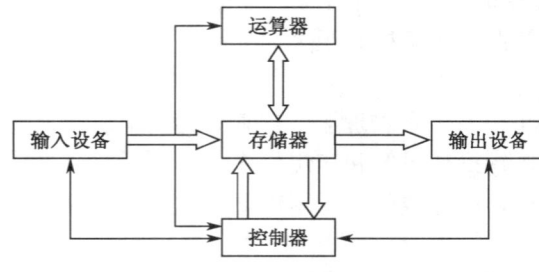

图 1-1 计算机硬件系统的基本组成

随着微电子技术的发展，计算机制造技术发生了很大的变化，计算机的性能有了极大的提高，但冯·诺依曼的设计思想一直作为现代计算机硬件结构的基本模式。

1. 运算器

运算器也称算术逻辑单元（Arithmetic and Logic Unit，ALU），由算术逻辑运算部件（用于执行算术运算及逻辑运算）和寄存器（用于暂存运算数据或运算结果）两部分组成，是计算机实现高速运算的核心。

运算器和控制器通常被集成在一个半导体芯片上，称为处理器。中央处理器（Central Processing Unit，CPU）是计算机的核心处理器，其速度和计算精度等性能对计算机的整体性能有全面的影响。其他处理器称为协处理器。

在人工智能（AI）计算中，涉及较多的浮点运算及矩阵或向量运算，这些并非 CPU 的强项。图形处理器（Graphics Processing Unit，GPU）中逻辑运算单元的数量远超 CPU，适合采用不同的输入数据在多核处理器中并发执行指令流，完成图形处理、大数据处理中的海量并发运算。因此，GPU 更适合处理计算密集型、高度并行化的计算任务，GPU 是目前 AI 算力的主力。

2. 控制器

控制器（Control Unit）是计算机的管理机构和指挥中心。执行程序时，控制器首先从内存储器中按顺序取出一条指令，并对指令进行分析，然后根据指令的功能向有关部件发出控制命令，控制它们执行规定的任务。这样逐一执行一系列指令，就能使计算机按照由这些指令组成的程序的要求，自动运行。

指令由操作码（进行什么操作）和操作数（操作内容或地址）两部分组成。一条指令的执行要经过 3 个阶段：取指令、译码、执行。完成一条指令所花费的时间称为指令周期。计算机中通常用 MIPS（Million Instructions Per Second）和 BIPS（Billion Instructions Per Second）作为衡量运算速度的指标，分别表示每秒处理的百万级和十亿级的机器语言指令数。

CPU 依靠指令来实现计算和控制系统，CPU 在设计时就规定了一系列与其硬件电路相配合的指令系统。指令集是存储在 CPU 内部的一组基本命令，它定义了 CPU 能够理解并执行的所有操作，构成了计算机的机器语言基础，允许 CPU 对数据进行算术运算、逻辑判断、内存访问、控制流转移以及其他系统级别的操作，包括复杂指令集（Complex Instruction Set Computing，CISC）、精简指令集（Reduced Instruction Set Computing，RISC）等指令集架构。常见的指令集架构说明如下。

① x86：由 Intel 公司开发的指令集架构，是一种复杂指令集（CISC）。x86 架构的 CPU 广泛应用于 PC 机和服务器等领域。

② ARM：由 ARM 公司开发的精简指令集（RISC）架构，其包含较少的电路单元，面积小，功耗低，在移动设备（如智能手机、平板电脑等）上有广泛的应用。

③ RISC-V：由美国加州大学伯克利分校研发的精简指令集，其设计目标是开源和简化，用户可以根据需求自由定制，在智能物联网（AIoT）设备中有广泛的应用前景。

④ MIPS：由美国斯坦福大学研发的精简指令集，用于网关、机顶盒、路由等设备。

⑤ LoongArch：由中国龙芯公司自主研发的指令集架构。自主可控的国产 CPU 在政府和企业市场中已有着广泛的应用。

随着我国在芯片产业领域的不断投入和发展，自主研发、设计和制造的 CPU 取得了显著的进步，并形成了一批具有代表性的品牌。

① 龙芯（Loongson）：由中国科学院计算技术研究所研制，采用 LoongArch 架构，已成功应用于教育、能源等多个领域。

② 飞腾（Phytium）：基于 ARM 架构的授权进行自主研发，用于高性能计算、服务器、嵌入式等领域。

③ 申威（SW）：由上海高性能集成电路设计中心研发，采用拥有自主知识产权的申威指令集架构，在超算领域表现突出。

④ 紫光/展锐（Unisoc/Spreadtrum）：由紫光集团研发，在移动通信芯片方面有较强实力，用于智能手机等多种智能设备处理器。

⑤ 海思（Hisilicon）：由华为的子公司研发，用于消费电子、数据中心等场景的 CPU，以及 AI 芯片、智能手机等。

⑥ 海光（Hygon）：与 AMD 公司合作基于 x86 架构的授权研发，适用于中国市场特点的国产化 CPU。

3. 存储器

存储器（Memory）的主要功能是在计算机运行过程中高速、自动地存取程序和数据。存储器由成千上万个"存储单元"构成，每个存储单元可存放若干个二进制数，每个存储单元都有唯一的编号，称为存储单元的地址。

计算机对存储器的要求是容量大、速度快。程序和数据先通过输入设备送入存储器，计算机开始工作之后，存储器还要为其他部件提供信息交换场所，保存中间结果和最终结果。

计算机采用按地址访问的方式到存储器中存数据和取数据，即在计算机程序中，每当需要访问数据时，就要向存储器送去一个地址指出数据的位置，同时发出一个"存放"命令或"取出"命令。这种按地址存储方式的特点是只要知道了数据的地址就能直接存取。

在存储器中，一个二进制数（0 或 1）占 1 位（bit），也称为 1 比特，8 个二进制位组成 1 字节（Byte，B）。字节（B）是计算机中存储容量的基本单位，其相应的常用整倍数单位还有 KB（千字节）、MB（兆字节）、GB（吉字节）、TB（太字节）等，它们的转换关系如下：

1B=8bit，1KB=2^{10}B=1024B，1MB=2^{20}B=1024KB，

1GB=2^{30}B=1024MB，1TB=2^{40}B=1024GB，1PB=2^{50}B=1024TB，

1EB=2^{60}B=1024PB，……，1NB=2^{100}B

值得注意的是，这里单位之间的倍率虽也以"千"（K）计，但这个"千"不是十进制数的 1000（k，即 10^3），而是 1024（K，即 2^{10}）。

存储器分为内存储器和外存储器。

（1）内存储器

内存储器（简称内存），也叫主存储器，由超大规模集成电路构成，分为随机存取存储

器（Random Access Memory，RAM）和只读存储器（Read Only Memory，ROM）两种。

RAM 用于存放运行过程中的程序和数据，它可以随机地读、写信息，但是，计算机一旦断电，RAM 中所存储的信息也同时丢失。

ROM 只能读，不能写，用于存储系统中不变的程序和数据，如系统的开机检测和启动基本输入输出系统（BIOS）的程序等。

内存一般主要由 RAM 组成，它的地址按线性编排，CPU 对内存的每个存储单元的存储时间都一样快。

虽然内存速度快于外存，但仍跟不上 CPU 的速度。高速缓冲存储器（Cache，简称缓存）介于 CPU 和内存之间，Cache 直接和运算器、控制器进行信息交换。计算机内的存储器呈现 Cache-Memory-Disk 的三层结构。三层结构用于减少高速设备的等待时间，可以提高运行效率。

Cache 的器件（通常用 Static RAM，静态存储器）速度和 CPU 的器件速度是同一个级别的，它能跟得上 CPU 的运行速度，比内存快得多，因此是高速的。但 Static RAM 集成度较低、成本高、功耗大，通常仅用作 Cache。

通常作为计算机内存的存储芯片是 Dynamic RAM（动态存储器），其利用内部电容器的充放电状态存储二进制位，结构简单、易于集成化、功耗较低。

（2）外存储器

外存储器简称外存，也叫辅助存储器。外存的存储容量大，但存取速度相对较慢，适合用来存储长久保存的信息。

常用的直接连接存储外存有磁带、软盘、硬盘、光存储等。随着信息技术的发展，大量高速、高容量和便携的移动存储产品如闪存、移动硬盘等逐渐成为日常应用不可或缺的设备。

硬盘和光盘驱动器（光驱）的常见接口称为 ATA（Advanced Technology Attachment）接口，主要有 IDE 和 SATA 等类型。IDE（Integrated Drive Electronics，电子集成驱动器）接口是早期硬盘和光驱使用的一种接口类型。随着接口技术的发展，SATA 接口成为主流，IDE 接口正逐步退出舞台。

SATA（Serial Advanced Technology Attachment）是串行硬件驱动器接口，其采用串行连接方式，支持热插拔，传输速度快，执行效率高，具备更强的纠错能力，提高了数据传输的可靠性，是目前主流硬盘的标准接口。

固态硬盘或固态驱动器（Solid State Disk 或 Solid State Drive，简称 SSD），是用固态电子存储芯片阵列制成的硬盘。其在功能及使用方法上与机械硬盘完全相同，而在接口规范上既支持与机械硬盘一致的 SATA 接口固态硬盘，也支持 PCI-e 接口、M.2 接口等直接插在主板上的固态硬盘。

光盘是具有较大存储容量、较长使用寿命和较低价格的存储介质。只读光盘 CD-ROM 的存储容量约为 650MB，普通 DVD-ROM 光盘的存储容量约为 4.7GB，双面双道 DVD-ROM 光盘容量可达 17GB。

随着网络的发展，现代信息存储技术已从传统的直接连接存储技术发展到移动存储技术和网络存储技术，为解决海量存储和突破地域限制的需求提供了解决方案。

1.2.2 总线和接口

1. 总线

总线（Bus）是计算机各部件之间传送信息的公共通信干线。按所传输的信息种类，总线可划分为数据总线、地址总线和控制总线，分别用来双向传输数据、地址和控制信号。总线是一种内部结构，是 CPU、内存、输入设备、输出设备传递信息的公用通道，主机的各个部件通过总线相连接，外部设备通过相应的接口电路再与总线相连接，从而形成了计算机硬件系统。

随着 CPU 处理能力的不断提高，总线的数据传输标准也在不断提高。从最初 8086 兼容机工业标准结构总线 ISA（Industry Standard Architecture，工业标准体系结构）的 8 位数据传输，发展到 PCI（Peripheral Component Interconnect，外设部件互连）总线的 32 位/64 位总线宽度。随着影像和图形等多媒体数据传输要求的日益提高，AGP（Accelerated Graphic Ports，图形系统接口）总线作为主存与显卡芯片之间的专用通道使图形图像数据不必通过 PCI 总线而直接传送到显卡，解放了 PCI 总线的传输压力。

主机内部通常有供扩展用的外部总线和扩展槽，常见的是 PCI 总线和相应的扩展槽。笔记本电脑常用 PCMCIA（Personal Computer Memory Card International Association，个人计算机存储卡国际联盟）作为标准接口。

地址总线用于指示要传输数据的来源地址或目的地址信息。常用寻址方式如下：立即数寻址，操作数为数据；直接地址寻址，操作数为地址；间接寻址，操作数为地址寄存器；变址寻址，经计算得运算数实际地址。

地址线数的多少决定了 CPU 能直接访问的内存的大小：寻址能力=$2^{地址线数}$。

8088 机：20 根地址总线，可寻址 2^{20}=1MB 的物理单元。

80286：24 根地址总线，可寻址 2^{24}=16MB 的物理单元。

80386：32 根地址总线，可寻址 2^{32}=4GB 的物理单元。

控制总线用于在各部件之间传递各种控制信息，如复位、存储、输入/输出、读、写、等待、中断等。

2. 接口和输入设备、输出设备

（1）接口

各种输入、输出设备通过主板上的接口与主机相连。PC 机上的接口有串行接口（Serial Port，如 COM1 和 COM2）、USB（Universal Serial Bus，通用串行总线）接口、PS/2 接口（用于接鼠标和键盘），并行接口（Parallel Port，LPT1）等。

USB 接口具有热插拔功能，可连接多种外设。为满足一些大容量存储设备和数码影像设备的应用需求，USB 3.0 标准采用了双向数据传输模式，传输速率从 USB1.1、USB2.0 的 12Mbit/s、480Mbit/s 提高到理论可达 5Gbit/s，并向前兼容。另外，Type C 接口允许正反盲插。USB 接口的缺点是传输距离短。

(2) 输入设备

输入设备（Input Device）用来接收用户输入的原始数据和程序，并将它们变为计算机能识别的形式存放到存储器中，包括键盘、鼠标、扫描仪、光电阅读仪、绘图板、摄像机等。

键盘和鼠标仍是目前 PC 机上最重要的输入设备。具有良好质量和手感的键盘与鼠标是提高输入效率的前提。

(3) 输出设备

输出设备（Output Device）用于输出计算机处理的结果。最常见的输出设备是显示设备（显示适配器和显示器）和打印设备。

① 显卡

显示适配器又称显示接口卡、显卡，内含图形处理单元（Graphics Processing Unit，GPU），其主要功能是处理和输出图形图像数据，在显示器上呈现视觉信息。显卡不仅用于基本的桌面显示，还在游戏、专业图形设计、高性能计算等领域发挥着关键作用。PCI-e 接口是目前主流的显卡插槽类型，取代了 PCI 和 AGP 接口，提供高速的数据传输通道，满足 GPU 对大量数据交换的需求。

显卡接口的选择通常取决于显示器的兼容性、用户所需的性能表现（如分辨率、刷新率、色彩深度等）以及系统的整体架构。随着技术发展，常见显卡接口类型如下。

- VGA（Video Graphics Array）：早期的模拟信号接口，通过 15 针插头传输信号，支持的分辨率较低。模拟信号传输易受干扰导致画质损失。
- DVI（Digital Video Interface）：数字视频接口，分为 DVI-D 接口（仅数字信号）、DVI-A 接口（仅模拟信号）和 DVI-I 接口（集成数字和模拟信号）。DVI 接口可以有效减少信号衰减带来的影响，支持较高分辨率。
- HDMI（High Definition Multimedia Interface）：高清多媒体接口，整合了音频和视频信号的传输，支持 4K 甚至更高的多种分辨率，支持音频同步传输。
- DP（Display Port）：视频电子标准协会（VESA）标准化的数字式视频接口，用于替代传统的 VGA 和 DVI 接口，支持更高的带宽和刷新率，能够满足多屏拼接、超高清分辨率以及色彩深度的需求，支持一个接口连接多个显示器。

此外，还有 Mini HDMI、Mini DisplayPort、Micro HDMI、Thunderbolt（雷电）等小型化接口，可适应不同便携设备和空间紧凑的环境需求。

② 打印机

常用的打印机据其原理可分为针式点阵打印机、喷墨打印机和激光打印机。

1.3 数字和编码

1.3.1 二进制数

计算机中采用二进制作为工作数制进行计算和数据交换。数在计算机中是以器件的物理状态来表示的。一个有且仅有两种不同的稳定状态，并状态能相互转换的器件，就可以用来表示一位二进制数,如晶体管的"通"和"断"状态等。因此,二进制数的表示最简单而且可靠。另外,二进制数的运算规则也最简单。因此,冯·诺依曼现代计算机中要处理的所有数据和指令都是用二进制数来表示的。

等值的二进制数比十进制数的位数长得多,读起来不方便。为压缩位数,同时在与二进制数进行转换时能很直观地表示出来,书写时常采用十六进制数,见表1-1。

表1-1 三种进制数的对照表

十进制数(D)	二进制数(B)	十六进制数(H)	十进制数(D)	二进制数(B)	十六进制数(H)
0	0	0	8	1000	8
1	1	1	9	1001	9
2	10	2	10	1010	A
3	11	3	11	1011	B
4	100	4	12	1100	C
5	101	5	13	1101	D
6	110	6	14	1110	E
7	111	7	15	1111	F

对 n 进制数,其每个数位上都由 n 种元素来表示数值,且最大的元素值为 $n-1$。例如,我们常用的十进制数(Decimal)由 0~9 这 10 种元素表示数值,进位规则为"逢十进一",如 12.3D 或 $(12.3)_{10}$;二进制数(Binary)由 0、1 两种元素组成数值,进位规则为"逢二进一",如 110.101B 或 $(110.101)_2$;相应地,十六进制数(Hexadecimal)的组成元素有 0~9 和 A、B、C、D、E、F 共 16 个,进位规则为"逢十六进一",如 A32C.B4H 或 $(A32C.B4)_{16}$。

(1)n 进制数转换为十进制数

一个具有 $i+1$ 位整数和 j 位小数的 n 进制数 A,可表示如下:

$$A = A_i A_{i-1} A_{i-2} \cdots A_1 A_0 . A_{-1} A_{-2} \cdots A_{-j}$$
$$= A_i n^i + A_{i-1} n^{i-1} + A_{i-2} n^{i-2} + \cdots + A_1 n^1 + A_0 n^0 + A_{-1} n^{-1} + \cdots + A_{-j} n^{-j}$$
$$= \sum_{k=i}^{-j} A_k n^k$$

例如:

$123.4D = 1\times10^2 + 2\times10^1 + 3\times10^0 + 4\times10^{-1}$

$110.01B = 1\times2^2 + 1\times2^1 + 0\times2^0 + 0\times2^{-1} + 1\times2^{-2} = 6.25D$

$A32C.B4H = 10\times16^3 + 3\times16^2 + 2\times16^1 + 12\times16^0 + 11\times16^{-1} + 4\times16^{-2} = 41772.703125D$

计算位权多项式之和,也就完成了相应数制的数向十进制数的转换。

(2)十进制数转换为 n 进制数

整数转换方法为除制(n)取余,小数转换方法为乘制(n)取整。

例如,将十进制数 47.75 转换成二进制数:

第一章 信息技术概述

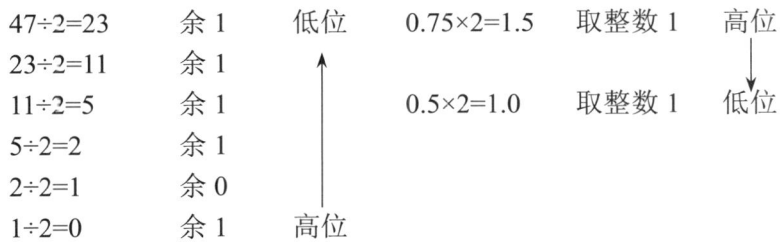

所以 47.75=(101111.11)$_2$。

（3）二进制数与十六进制数的相互转换

由于 2^4=16，故十六进制数的 1 位相当于二进制数的 4 位，十六进制数本质上就是二进制数。十六进制数简短，便于书写，常用来替代二进制数表达指令信息。

转换方法：以小数点为界，依次向数字的两端方向，每 4 位二进制数分成一组，不足 4 位时补 0，依次转换。

【例 1-1】 将二进制数 100110.1011 转换成十六进制数。

   0010   0110 . 1011

    2   6 . B

所以(100110.1011)$_2$=(26.B)$_{16}$。

【例 1-2】 将十六进制数 4D6.3DB 转换成二进制数。

  4   D   6 . 3   D   B

0100 1101 0110 . 0011 1101 1011

所以(4D6.3DB)$_{16}$= (10011010110.001111011011)$_2$。

（4）二进制负数的表达方法

在二进制系统中表示负数，通常用最左边一位作为符号位，0 代表正数，1 代表负数，其余位为数值位，这称为原码。

但如果直接用原码进行加、减运算，由于正数和负数在原码中分布不连续，会出现正数与负数相加时无法简单地通过硬件加法器来实现的问题。为解决这个问题，引入了反码和补码的概念。反码中，除了符号位，其他各位均按位取反。补码是反码末位加 1。这样，减法 $A-B$ 可以按加法 $A+(-B)$ 来实现，其中，"$-B$"是负整数 B 的补码形式。

【例 1-3】 在一个 8 位的二进制系统中实现十进制数减法 65-15。

① 十进制数 65 的 8 位原码为 0100 0001（正数没有反码、补码）；

② 十进制数-15 的 8 位原码为 1000 1111，反码为 1111 0000，补码为 1111 0001；

③ 执行加法 $A+(-B)$，即 0100 0001+1111 0001，结果为 1 0011 0010，最左边的 1 是符号位参与运算后的进位，由于结果已超过 8 位，这个进位被丢弃（溢出），因此有效结果为 0011 0010，此时符号位为 0，表示正数，即十进制数 50。

【例 1-4】 在一个 8 位的二进制系统实现十进制数-65-15。

① 十进制数-65 的 8 位原码为 1100 0001，反码为 1011 1110，补码为 1011 1111；

② 十进制数-15 的 8 位原码为 1000 1111，反码为 1111 0000，补码为 1111 0001；

③ 执行 1011 1111 + 1111 0001，结果为 1 1011 0000，最左边的 1 被丢弃，有效结果为 1011 0000，此时符号位为 1，是补码表示的负数，求出反码 1010 1111，求出原码 1101 0000，

即十进制数-80。

1.3.2 编码

计算机内部存储、传送与处理的数据用二进制数 0 和 1 表示，因此，各种文字、符号、图形、声音等信息都必须采用二进制编码。

1. ASCII 码

字符编码使用最多、最普遍的是 ASCII 码，即美国信息交换标准代码（American Standard Code for Information Interchange）。一般以 ASCII 码为内码来设计计算机系统。英文字符的机内代码是 7 位 ASCII 码，最高位为 0，可以表示 $2^7=128$ 个字符，其中包括 34 个控制字符、52 个英文大小写字母、10 个阿拉伯数字、32 个标点符号和运算符号，见表 1-2。

表 1-2 ASCII 码表

$D_3D_2D_1D_0$ \ $D_6D_5D_4$	000	001	010	011	100	101	110	111
0000	NUL	DLE	SP	0	@	P	`	p
0001	SOH	DC1	!	1	A	Q	a	q
0010	STX	DC2	"	2	B	R	b	r
0011	ETX	DC3	#	3	C	S	c	s
0100	EOT	DC4	$	4	D	T	d	t
0101	ENQ	NAK	%	5	E	U	e	u
0110	ACK	SYN	&	6	F	V	f	v
0111	BEL	ETB	'	7	G	W	g	w
1000	BS	CAN	(	8	H	X	h	x
1001	HT	EM	)	9	I	Y	I	y
1010	LF	SUB	*	:	J	Z	j	z
1011	VT	ESC	+	;	K	[	k	{
1100	FF	FS	,	<	L	\	l	|
1101	CR	GS	-	=	M	]	m	}
1110	SO	RS	.	>	N	^	n	~
1111	SI	US	/	?	O	_	o	DEL

ASCII 码是由 7 位二进制数组成的编码，但用十六进制编码更能呈现其规律性。例如，字母 A 用 7 位二进制数表示是 1000001B，在表 1-2 中的对应位置上，高 3 位编码（$D_6D_5D_4$）为 100，低 4 位编码（$D_3D_2D_1D_0$）为 0001，而其十六进制编码为 41H。相应地，字母 B, C, D, …的十六进制编码分别为 42H, 43H, 44H, …。

字母 a, b, c, d, …的十六进制编码为 61H, 62H, 63H, 64H, …。数字字符 0, 1, 2, 3, …的十六进制编码分别为 30H, 31H, 32H, 33H, …。

2. 汉字编码

汉字内码是信息处理系统内部用于存储、处理、传输汉字的代码，是汉字信息最基本的表达形式。

汉字比西文字符数量多且复杂，需用 2 字节来存放汉字。汉字处理技术首先要解决的是汉字的输入、输出及计算机内部的编码问题。根据汉字处理过程中不同的要求，汉字编码主要分为交换码、内码、输入码和字形码。

（1）交换码

交换码是在汉字信息处理系统中进行汉字信息交换所使用的编码。国家标准 GB/T 2312—1980（简称 GB2312）规定了我国标准汉字交换编码，即国标码。国标码收录了汉字、字母、图形等字符 7445 个。其中，常用的一级汉字 3755 个，按汉语拼音字母顺序排列；二级汉字 3008 个，按部首顺序排列。一级和二级汉字共计 6763 个。

在国标字符集中，每个汉字及字符均以 2 字节存储，前 1 字节存储区码，后 1 字节存储位码，区码和位码各用两位十进制数字表示。例如，汉字"计"字的区位码为 28 38，十六进制数形式为 1C26H。

国标码为了预留扩展空间，以 2020H 为编码起点，将区位码偏移映射到国标码空间。将区位码的十六进制数形式加 2020H 即得到国标码，例如，"计"字的国标码为 3C46H。

随着计算机应用的普及，GB2312 收录汉字过少的弊端逐渐显露。在用计算机处理人名、地名和古汉字等问题时，常因字库中没有所需的汉字而影响工作。为此，1995 年发布的 GBK 以技术规范指导性文件形式对 GB2312 的字符集进行了扩充。2000 年以来又发布并持续修订了具备强制效力的 GB18030。GB18030 采用变长编码（1/2/4 字节），可灵活支持更大范围的字符集，是 GBK 的超集和国家标准升级版本，既保留了与 GBK 的兼容性，又通过扩展编码结构和字符集满足了多语言环境（含少数民族文字）的需求。

我国台湾省的计算机汉字编码采用 Big5 编码。Big5 编码共定义了 13868 个字符，其中包括 5401 个常用字、7652 个次常用字、7 个扩充字、808 个符号，总计 13060 个汉字。汉字部分均以部首为序。

随着互联网的迅速发展，进行数据交换的需求越来越大，不同编码体系的互不兼容问题越来越成为多媒体信息交换的障碍。由于多种语言共存的文档不断增多，于是国际标准化组织（ISO）和美国多个 IT 跨国公司联盟，推出了通用字符集（Universal Character Set，UCS），即 ISO 10646（或称 ISO/IEC 10646）标准所定义的标准字符集 Unicode。

Unicode 字符集实质上是一个统一码位表，为世界上几乎所有的字符均分配了唯一的数字编号，这个编号称为码点（Code Point）。例如，字母 A 的 Unicode 码点是 U+0041，汉字"中"的 Unicode 码点是 U+4E2D。

在实际应用中，Unicode 编码标准定义了字符集的转换格式 UTF（Unicode Transformation Format），包括 UTF-8、UTF-16、UTF-32。

UTF-8 是 Unicode 编码标准的一种实现方式，用于将 Unicode 码点以变长字节编码方案转换成可存储或传输的字节序列。对 ASCII 字符集中原有的字符，UTF-8 用单个字节表示，与 ASCII 码完全兼容。对非 ASCII 码的字符，UTF-8 使用额外的字节来扩展表示空间。

U+0000～U+007F 之间的码点用 1 字节存储；U+0080～U+07FF 之间的码点用 2 字节存储；U+0800～U+FFFF 之间的码点用 3 字节存储；对于 U+10000 及以上的码点用 4 字节存储。

（2）内码

内码是汉字在信息处理系统内部存储、处理、传输时用的编码形式，是计算机内部实际使用的表示汉字的代码。在西文计算机系统中，没有交换码和内码之分。为了区别汉字字符与西文字符，将表示一个汉字的 2 字节最高位均置为 1，即将国标码每字节的最高位均置为 1，作为汉字机内码，也就是说，将十六进制国标码加 8080H 即为内码。由此可见，内码 2 字节的最高位一定为 1（而国标码中为 0）。除了每字节的最高位，2 字节共有 14 位，因此可以表示 2^{14}=16384 个编码位置。它们之间的变换关系如图 1-2 所示。

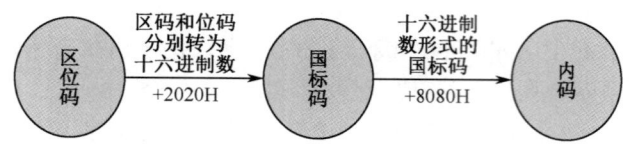

图 1-2　区位码、国际码和内码之间的变换关系

例如，汉字"计"的国标码为 3C46H（0011 1100 0100 0110B），内码为 BCC6H（1011 1100 1100 0110B）。

汉字"大"字的区位码为 20 83（1453H），国标码为 3473H（1453H+2020H），内码为 B4F3H（3473H+8080H）。

汉字"中"字的区位码为 54 48（3630H），国标码为 5650H（3630H+2020H），内码为 D6D0H（5650H+8080H）。

（3）输入码

输入码又称外码，是指计算机标准键盘上按键的不同排列组合，用来对汉字进行输入。输入码很多，通常，好的输入码应具备编码短、重码少、好学好记的优点。输入码大致可分为序码、音码、形码和音形码。

序码就是用一个数字序列代表一个汉字，如电报码、区位码等。序码输入的优点是无重码，但编码数字难以记忆。

音码是以汉字读音为基础的输入码。由于汉字同音字太多，输入重码率很高，因此，按读音输入后还必须进行同音字的选择，影响输入速度。但其优点是易学，与人们的思维习惯一致。

形码是依据汉字的形状确定的编码，如五笔字型码等，把汉字的笔画部件用字母或数字进行编码，根据口诀按一定的规律依次输入，能够表示一个汉字，就是这种编码。

音形码吸取了音码和形码的优点，编码规则较简单，重码较少。

（4）字形码

字形码用在显示或打印输出汉字时产生的字形编码，这种编码可通过点阵形式产生。把一个汉字写在一个固定大小的方块中，再分割为许多小方块，组成字模点阵，一个小方块就是点阵中的一个点，即一个二进制位（bit）。每个点均可以由 0 和 1 分别表示白和黑两种颜色。用这样的字模点阵就可以输出汉字。一个汉字信息系统具有的所有汉字字形的集合构成了该系统的汉字库。

根据输出汉字的要求不同，汉字点阵中点的多少也不同，点阵越密，输出越美观。例如，用于显示的汉字采用 16×16 点阵，用于点阵打印的汉字采用 24×24 点阵乃至 48×48 点阵等。

字模点阵的信息量是很大的，所占存储空间也很大，以 16×16 点阵为例，每个汉字要占用 16×16/8=32B，两级汉字大约占用 256KB。

在中文图形界面操作系统中普遍采用的汉字库是 TrueType 字库和矢量字库，它们分别是由直线和曲线描述命令代码或数学描述模型组成的轮廓字体，不仅比点阵字库占据空间小，而且支持任意缩放、变形和旋转而不会产生表面锯齿状或模糊不平滑的现象。

1.4 计算机软件

软件（Software）是指运行、维护、管理、应用计算机所需要的各种程序及其有关的文档资料。按软件功能分为系统软件（System Software）和应用软件（Application Software）。

1.4.1 系统软件

系统软件是指用于管理、控制和维护计算机及其外部设备，为应用软件提供运行环境，并提供用户与计算机交互界面的软件。相对于应用软件而言，系统软件离计算机系统的硬件比较近，并不专门解决具体的应用问题。具有代表性的系统软件包括操作系统和计算机语言。

1. 操作系统

（1）功能和分类

操作系统（Operating System，OS）是最贴近硬件的软件层，是直接运行在"裸机"上的最基本的系统软件，用于控制和管理系统资源，方便用户使用计算机的程序集合。其基本功能有两个：一是管理和调度计算机系统的资源，二是为用户提供友好界面和良好服务。其他软件必须在操作系统的支持下才能运行。

为计算机配置了操作系统后，用户不再直接对硬件进行操作，而是利用操作系统所提供的命令和其他方面的服务去操作计算机，因此，操作系统是用户与计算机之间的接口。

操作系统按同时支持并发用户的多少，分为单用户与多用户操作系统；按同时执行任务的多少，分为单任务与多任务操作系统；按用户界面形式，分为命令提示符界面与图形界面操作系统。还有从使用和技术相结合的角度分类的批处理操作系统、分时操作系统、实时操作系统和网络操作系统等。

（2）常见操作系统

① 桌面操作系统

- Windows：由微软（Microsoft）公司开发的一系列用于个人计算机和部分服务器的操作系统。从行命令的 DOS 衍生出的 Windows 系列都是广泛应用的桌面操作系统版本。
- macOS：由苹果（Apple）公司专为 Macintosh 系列个人计算机（苹果计算机）设计的，基于 UNIX 内核开发的操作系统，与苹果计算机硬件高度集成。
- Linux：一种开源操作系统内核，与 GNU（GNU's Not UNIX）工具集合一起构成了一种完整的操作系统，即 GNU/Linux 系统。其广泛应用于服务器、超级计算机、嵌入式设备等。流行的 Linux 发行版有 Ubuntu、Debian、Fedora、银河麒麟、统信 UOS 等。

② 移动操作系统
- Android（安卓）：由谷歌（Google）公司主导，基于 Linux 内核构建并开源的移动操作系统，广泛应用于各种品牌的智能手机和平板电脑。
- iOS：由苹果公司开发的封闭源代码的移动操作系统，专为 iPhone、iPad 和 iPod Touch 等移动设备设计。

③ 服务器操作系统
- Linux 服务器版：除了 Linux 发行版本 CentOS、openSUSE、RHEL（Red Hat Enterprise Linux）以及 Arch Linux 可用于服务器环境，还有针对企业级服务器市场的专用版本 Oracle Linux、SUSE Linux Enterprise 等。
- Windows Server：微软公司的 Windows Server 系列服务器操作系统，用于构建网络基础设施、提供服务和管理数据中心资源。

④ 其他操作系统
- 嵌入式操作系统：适用于物联网设备、路由器、工业控制等领域的轻量级操作系统，例如，嵌入式 Linux（如 OpenWrt）、VxWorks、QNX 等。
- 实时操作系统（RTOS）：用于需要快速响应时间和确定性行为的控制系统，如 VRTX、QNX Neutrino RTOS 等。
- 网络操作系统（NOS）：用于管理和控制网络资源，如 Novell NetWare、Cisco IOS 等。
- 分布式操作系统：是运行于多台独立计算机（节点）的网络操作系统，通过虚拟化技术将底层硬件资源抽象为统一的计算平台，协调各节点的资源，实现任务的并行处理、资源的高效共享及系统容错。例如，鸿蒙 OS 是华为公司研发的基于微内核、面向 5G 物联网、面向全场景的分布式操作系统。另外还有 Google 的 Chrome OS 以及其他支持云计算和跨多个计算节点分布工作的操作系统。

2. 计算机语言

让计算机在程序控制下工作，需要事先编写程序，并通过指令传达给机器去执行。构成指令的数字、字符和语法规划就是计算机语言。计算机语言可分为机器语言、低级语言和高级语言。

（1）机器语言

能被计算机直接理解和执行的指令称为机器指令，其在形式上是由 0 和 1 构成的二进制代码。每种计算机都有自己的一套机器指令。机器指令的集合就是机器语言。

在 Windows 操作系统中可直接运行的.com 和.exe 可执行文件就是用机器语言构成的指

令文件。这种二进制数形式的文件执行速度快、占用内存少，但兼容性和通用性较差，而且指令代码不易阅读，难以维护，难以直接用来编写程序。

（2）低级语言

低级语言以汇编语言为代表。汇编语言是用助记符来表示的符号语言。它比机器语言易于理解，但同机器语言一样，随 CPU 的指令集而异，兼容性和通用性较差。

助记符可代替固定的机器指令集，如用变量代替地址，用 ADD 表示加法（Addition），用 SUB 表示减法（Subtraction）等。这样构成的计算机符号语言，称为汇编语言。

用汇编语言编写的源程序必须先用汇编语言处理程序将其编译成机器能执行的目标程序，然后才能供机器执行，这一编译过程称为汇编。

汇编语言在一定程度克服了机器语言难以辨认和记忆的缺点，但可读性仍然较差，不方便理解和使用的。因此，汇编语言是一种低级程序设计语言。

（3）高级语言

高级语言是一种接近人类自然语言和数学表达的计算机语言，具有抽象程度高、可移植性好、提供了多种数据类型和高级控制结构、允许代码复用且提供了更好的组织结构、易于学习和使用等特点。自 20 世纪 50 年代中期以来，全世界已出现了数百种高级语言，常用的高级语言如下。

- Java：面向对象、安全、平台无关的编程语言。Java 运行于建立在硬件和操作系统之上的虚拟机（Java Virtual Machine，JVM），能够实现用于不同平台的代码解释执行的功能接口。
- C/C++：C 语言提供对硬件资源的直接访问。C 语言代码简练，功能强大，编译效率高，适合开发系统软件等与硬件结构有关的程序。C++语言在 C 语言的基础上增加了面向对象功能，同时保持了对底层的控制能力。
- Python：语法简洁清晰，可读性强，适合快速开发和科学计算、人工智能等领域。
- Visual Basic（VB）和 Visual C#（VC#）：微软公司推出的可视化编程环境下的两种语言。"BASIC"是"Beginner's All-Purpose Symbolic Instruction Code"的缩写，其含意是"适用于初学者的多功能符号指令码"，VB 是其可视化版本，易学易用。VC#结合了 C++的强大功能和.NET 框架。
- JavaScript：主要用于 Web 前端开发和跨平台应用开发。
- PHP、Ruby、Swift、Go、Rust、TypeScript 等：在不同领域广泛应用的高级编程语言。

按程序设计的思想方法，通常将高级语言分为面向过程的程序设计语言和面向对象的程序设计语言。面向过程就是依次调用函数或过程将解决问题所需要的步骤逐一实现。面向对象则以功能而非步骤来划分问题，把构成问题的事务分解成多个对象，针对功能划分成模块，在模块中描述解决问题的行为。

用高级语言编写的程序（源程序），计算机是不能直接识别和执行的。要执行这些源程序，首先要将它通过语言处理程序翻译成计算机能识别和执行的二进制机器指令，然后才能供计算机执行。

高级语言有解释执行和编译执行两类。解释型高级语言的源程序由该语言的解释程序逐条解释并立即逐条执行；编译型高级语言的源程序要经过该语言的编译程序转变成目标程序，再经过链接程序定位到内存之后才能运行。

1.4.2 应用软件

应用软件是指在计算机硬件和系统软件的支持下，专门为解决某个应用领域的具体问题而编制的软件。例如，用于输入、存储、修改、编辑、输出文字资料的文字处理软件，用于输入、存储、修改、检索各种信息的管理信息系统，以及计算机辅助设计软件等。

系统软件与应用软件并不是机械地"一刀切"划分的，一些具有通用价值的应用程序（例如，服务性程序和工具软件）已纳入系统软件之中，成为系统提供给用户的一种资源。

随着计算机技术的发展，在许多情况下，计算机的某些功能既可以由硬件实现，也可以由软件实现，即软、硬件在功能上具有等效性。软件随硬件技术的迅速发展而发展，而软件的不断发展与完善又促进了硬件的更新。

1.4.3 软件著作权保护及开源协议

1. 软件著作权保护

软件著作权保护旨在促进软件产业的发展，保障软件创作者的合法权益，鼓励技术创新和市场竞争。根据我国《著作权法》以及《计算机软件保护条例》，计算机软件被视为受法律保护的作品形式，其作者依法享有著作权。软件著作权自软件创作完成之日起自动产生，无须履行任何手续即可受到法律保护。

国家著作权行政管理部门鼓励并支持软件著作权登记，登记后的软件将受到重点保护。软件著作权人享有发表权、署名权、修改权、复制权、发行权、出租权、信息网络传播权、翻译权、使用许可权和获取报酬权等。

软件著作权人的开发者身份权没有时间限制，其他经济权利保护期通常为软件首次发表后 25 年，若在保护期满前申请续展，总计最长可达 50 年。对侵犯软件著作权的行为，法律规定了相应的法律责任，包括罚款、没收违法所得、停止侵权行为、消除影响、赔偿损失等措施。

按商业利益模式，分为免费软件（Freeware）、共享软件（Shareware）和付费软件（Paid Apps）；按源代码知识产权模式，分为非开源软件（Non-Open Source Software）和开源软件（Open Source Software）。

共享软件指用户可以先试用一段时间或部分功能的软件，是一种商业模式。用户可通过试用来判断软件是否满足其需求，之后如果想继续使用全部功能或者无限制地使用，则需要购买授权。共享软件要求公开源代码，提供"先试后买"的模式。

免费软件指用户无须支付费用即可使用的软件。任何人都可以零成本下载和安装，但并不拥有其源代码，没有修改或自由分发的权利。一些免费软件可能带有广告或者有功能限制。

开源软件指源代码可以公开获取、阅读、修改和分发的软件。开源软件遵循特定的开源许可证，在满足一定条件（如保留原作者版权信息、分发时也必须开源等）的情况下可以自由使用、研究、修改和改进软件，并且可以将修改后的版本再发布出去。部分开源软件称为自由软件（Free Software，不同于免费软件），用户有权自由地运行、复制、分发和修改软件，同时也有权将其修改版再次分发给他人。自由软件运动由理查德·斯托曼（Richard Stallman）倡导，他创立了自由软件基金会（FSF），推出了 GNU 通用公共许可证等系列自由软件许可证，强调源代码的可获取性和用户的权利。

2. 开源协议

开源软件强调的是源代码的开放性和社区协作开发的精神。虽然大多数开源软件是免费提供的，但开源并不等于免费，开源软件关注的核心不是价格，而是对源代码的访问权限。GPL、LGPL、MIT License、Apache License 等国际通用开源协议是在国际版权法框架下制定的，适用于全球大多数国家和地区。不同开源协议在许可的宽松度、版权保护、对衍生作品代码强制开源、专利授权、集成项目的法律约束等要求上有所差异。

麻省理工许可证（MIT License）允许用户免费地使用、复制、修改、合并、发布、分发和销售软件及其衍生品，并且允许将软件应用于商业用途，仅要求在软件副本中包含原始版权声明和许可声明，是最为宽松的开源协议之一。

伯克利软件发行版许可证（BSD License）简洁明了，对商业软件友好，要求保留原始版权通知，但几乎不限制使用者如何使用、修改和重新分发代码，也没有对衍生软件进行强制的开源要求。

Apache 许可证（Apache License）专注于商业友好性和专利问题，支持自由使用、修改和发布，适用于商业环境，同时鼓励代码回馈社区。

GNU 通用公共许可证（General Public License，GPL）要求所有修改的源代码也必须开源，其优点是保护开源软件的自由，是自由和共享软件保护的最常用的开源协议，对部分商业软件和封闭系统有一定限制。

GPL、BSD License、MIT License 等国际通用开源协议在国内得到了广泛的应用。借鉴国际开源协议的精神和原则，考虑到中国的国情和市场特点，基于中国法律体系，建立了中国开源协议体系。随着国内开源生态的发展，一些国内协议也在逐渐获得国际关注和认可，正在逐步构建自己的开源社区和应用案例。

2020 年 2 月，"木兰宽松许可证"第 2 版（MulanPSL V2）经过严格审批，通过了开源促进会（Open Source Initiative，OSI）认证，被批准为国际类别开源许可证（International Licenses），正式具有国际通用性，可被国际开源基金会或开源社区支持采用，为国际通用开源项目提供服务。

巩固练习

一、单项选择

1. _____ 是对现实世界客观事物的特征抽象化、符号化的表示。

[A] 数据　　　　　　[B] 信息　　　　　　[C] 知识　　　　　　[D] 文字

2. 计算机技术、通信技术和_____合称为3C技术。
   [A] 控制技术　　　　　[B] 微电子技术　　　　[C] 电子技术　　　　　[D] 信息技术
3. 信息技术的发展经历了五次重大变革，进入现代信息技术阶段的标志是_____。
   [A] 电子计算机的发明　　　　　　　　　　　　[B] 电话的普及
   [C] 互联网的出现　　　　　　　　　　　　　　[D] "信息爆炸"现象的产生
4. 现代信息技术的基础是_____技术，它包括信息的获取、传输、处理、控制、存储和展示等技术。
   [A] 微电子　　　　　　[B] 人工智能　　　　　[C] 云计算　　　　　　[D] 信息控制
5. 近代信息技术的发展是一个电信革命的过程，并以_____技术的突破作为先导。
   [A] 信息传输　　　　　[B] 语言　　　　　　　[C] 印刷　　　　　　　[D] 计算机
6. 摩尔定律主要是说集成电路的集成度每_____翻一番。
   [A] 18个月　　　　　　[B] 1年　　　　　　　[C] 3年　　　　　　　[D] 10年
7. _____可以有效地解决并行计算、海量存储等大数据处理和分析问题。
   [A] 云计算　　　　　　[B] 线性计算　　　　　[C] 回归计算　　　　　[D] 关系计算
8. 云计算的服务不包括_____。
   [A] 存储即服务　　　　　　　　　　　　　　　[B] 基础设施即服务
   [C] 软件即服务　　　　　　　　　　　　　　　[D] 平台即服务
9. 云计算的特点不包括_____。
   [A] 本地CPU的高效调用
   [B] 虚拟化、高可靠性和安全性、通用性、动态扩展性
   [C] 按需服务、降低成本
   [D] 超大规模计算
10. CPU即中央处理器，是计算机最核心的部件，包括_____。
    [A] 运算器和控制器　　　　　　　　　　　　　[B] 内存和外存
    [C] 控制器和存储器　　　　　　　　　　　　　[D] 运算器和存储器
11. 计算机系统是由_____组成的。
    [A] 硬件系统和软件系统　　　　　　　　　　　[B] 主机、键盘、显示器和打印机
    [C] 系统软件和应用软件　　　　　　　　　　　[D] 主机和外部设备
12. 以下各种类型的存储器中，_____内的数据不能直接被CPU存取。
    [A] 外存　　　　　　　[B] 内存　　　　　　　[C] Cache　　　　　　[D] 寄存器
13. 计算机中使用Cache的目的是_____。
    [A] 缩短CPU等待慢速设备的时间　　　　　　　[B] 为CPU访问硬盘提供暂存区
    [C] 扩大内存容量　　　　　　　　　　　　　　[D] 提高CPU的算术运算能力
14. 计算机的存储器呈现出三层结构的层次形式，其中位置最靠近CPU的是_____。
    [A] 高速缓冲存储器　　　　　　　　　　　　　[B] 内存储器
    [C] 外存储器　　　　　　　　　　　　　　　　[D] 移动存储器
15. 从第一代电子计算机到第四代计算机的体系结构都是以程序存储为特征的，它们被称为_____体系结构。

[A] 冯·诺依曼 [B] 罗伯特·诺农斯
[C] 比尔·盖茨 [D] 艾伦·图灵

16．计算机的机器指令一般由两部分组成，它们分别是_____和操作数。

[A] 操作码 [B] 指令长度码 [C] 时钟频率 [D] 地址码

17．二进制数 11111111B 转换为十六进制数是_____。

[A] FFH [B] 4FH [C] F4H [D] 44H

18．十进制数-10 的补码是_____。

[A] 11110110B [B] 11110101B [C] 11111010B [D] 10001010B

19．十进制数-50 的原码是_____。

[A] 10110010B [B] 00110010B [C] 00110100B [D] 10110100B

20．在计算机系统内部使用的汉字编码是_____。

[A] 内码 [B] 区位码 [C] 输入码 [D] 国标码

21．若"中国"两个汉字采用 16×16 点阵输出，共需要_____字节来存储对应的点阵信息。

[A] 32 [B] 64 [C] 128 [D] 256

22．存放一个字符的 ASCII 码占用_____字节。

[A] 1 [B] 8 [C] 16 [D] 7

23．若计算机中汉字采用 32×32 点阵输出，则"信息"这两个汉字共需要_____字节来存储。

[A] 256 [B] 64 [C] 128 [D] 4

24．若已知字母 Z 的 ASCII 码值为 5AH，则可推断出字母 X 的 ASCII 码值为_____。

[A] 58H [B] 57H [C] 59H [D] 60H

二、填空

1．物质、能源和_____是人类社会赖以生存、发展的三大重要资源。

2．存储容量 1TB 可存储_____MB。

3．汉字以 24×24 点阵形式在屏幕上单色显示时，每个汉字占用_____字节。

4．在计算机中，信息的基本存储单位是字节，1 字节包含_____位。

5．CPU 与存储器之间在速度匹配方面存在着矛盾，一般采用多级存储系统层次结构来解决或缓和矛盾。按速度的快慢排列，它们分别是高速缓存、内存、_____。

6．计算机的内部总线可分为三种类型：_____总线、数据总线和控制总线。

7．CPU 主要由运算器和_____两大部件构成。

8．世界上第一代数字电子计算机所采用的电子器件是_____。

9．一个指令周期一般可分为以下几个阶段：取指令、指令_____、执行指令和存储操作结果。

10．CPU 能够直接识别和执行的计算机语言是_____语言。

11．按某种顺序排列的，使计算机能执行某种任务的指令集合称为_____。

12．按使用和技术相结合的角度可以把操作系统分为批处理操作系统、分时操作系统、

_____操作系统和网络操作系统。
13. 高级语言可分为面向对象的程序设计语言和面向_____的程序设计语言两大类。
14. 汇编语言利用_____表达机器指令，它比机器语言容易读写。
15. 计算机系统由计算机软件和计算机硬件两大部分组成，其中计算机软件又可分为_____和应用软件。
16. 计算机软件分为系统软件和应用软件。打印机驱动程序属于_____软件。

第 2 章 操作系统与数据安全

本章教学目标：
- 掌握操作系统的主要功能和命令操作。
- 知道操作系统的分类。
- 掌握信息安全的基本概念和防护措施。
- 知道加密/解密和区块链的基本概念。

2.1 Linux 操作系统

Linux 操作系统是一套免费使用和自由传播的类 UNIX 操作系统，其支持多用户、多任务、支持多线程和多 CPU。Linux 操作系统包括 Linux 内核、系统库、Shell 和应用程序等部分。

Linux 内核是操作系统的核心部分，包含设备驱动、进程管理、内存管理、文件系统和网络协议栈等关键底层功能和组件，用于管理系统硬件和提供最基本服务。系统库包括 C 语言标准库（libc）、数学库（libm）、动态链接库（libdll）、线程库（libthread）和第三方库等。Shell 是用户使用 Linux 的人机交互接口。应用程序包括系统自带的浏览器、编辑器等。

Linux 内核由芬兰的 Linus Torvalds 使用 C 语言和汇编语言开发而成，他发起并创建了 GNU 开源软件项目。在开源内核的基础上，Linux 操作系统的发行版开发配置了不同的系统库、Shell、图形化界面以及包管理器等系统工具和应用软件，包括 RedHat、Kali、Fedora、Suse、Debian、CentOS、Ubuntu 及国产银河麒麟、统信 UOS 等操作系统。

Linux 操作系统可以运行在各种硬件平台上，其设计理念强调稳定性，用于服务器或嵌入式系统等长时间运行时，表现出良好的稳定性；提供了丰富的行命令，用户可以通过命令行方式完成各种操作；允许选择不同的桌面环境、安装不同的软件等按需求定制系统；源代码是公开的，任何人都可以查看、修改和分发，这使得 Linux 操作系统具有极高的透明度和可靠性。

目前，国产操作系统大多是基于 Linux 内核结合我国的实际需求和特点进行自主、可控开发的。

- 银河麒麟（Kylin）操作系统：适配国产软硬件平台并深入优化和创新的简单易用、稳定高效、安全可靠的新一代图形化桌面操作系统产品，可同源支持飞腾、龙芯、申威、兆芯、海光、鲲鹏、麒麟等国产处理器平台和 Intel、AMD 等国际主流处理器平台。
- 深度操作系统（Deepin）：以桌面应用为主的开源 GNU/Linux 操作系统，有广泛的应用生态支持，兼容 Windows 的操作习惯，包含深度桌面环境（DDE）和近 30 款深度原创应用及数款来自开源社区的应用。

● 统信 UOS：根据我国审美和习惯设计，安全、稳定、可靠，外设和软件兼容性好，以 Deepin 为核心，兼容国产主流处理器架构，可为各行业提供成熟的信息化解决方案。

常见的国产操作系统还有优麒麟（UbuntuKylin）、中标麒麟（NeoKylin）、中科方德、红旗（Redflag Linux）、阿里云系统（AliOS）、鸿蒙（HarmonyOS）、华为欧拉（openEuler）等。

2.1.1 文件管理

操作系统对文件的管理可分为驱动器分区、目录和文件三个层次。第一个层次，Linux 对驱动器进行分区，多分区形式有利于数据的分类存储和系统的数据管理；第二个层次，以树状目录形式管理数据资源，Linux 只有一个根目录（/），分区需挂载在根目录下面相应的目录上；第三个层次，文件是数据存储的基本形式。

1. 文件系统（File System）

文件系统是操作系统在存储设备中组织好的管理文件的具体数据组织形式。文件系统对存储设备的空间进行组织和分配，负责文件的存储、保护和检索，以及删除文件后的存储空间回收等。

ext4 是第四代扩展文件系统（Fourth Extended File System）。从第一代的 ext 开始，经过 ext2、ext3、ext4，逐步发展成为 Linux 当前首选的文件系统。

ext4 结构示意图如图 2-1 所示，物理驱动器的每个逻辑分区（Block Group）均含有如下块组。

- Super Block：记录整个文件系统相关信息。
- GDT：块组描述符信息，整个分区的每个块组均对应一个块组描述符。
- Block Bitmap：块位图，用来描述本块组中数据块的使用状况。
- Inode Bitmap：Inode 位图，1 位对应一个 Inode，表示其是否空闲可用。
- Inode Table：Inode 表，存储本块组的 Inode 序号和 Inode 保存的位置。
- Flexible 块组：这是 ext4 新增的特性，用于聚集元数据，加速元数据载入，并使大文件在磁盘上尽量连续。
- Data Blocks：存放数据。

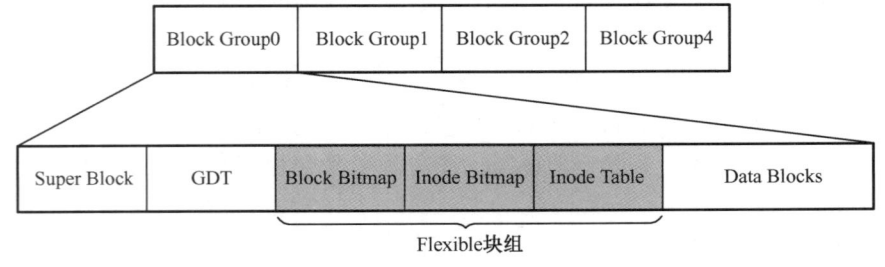

图 2-1 ext4 结构示意图

不同操作系统通常默认使用不同的文件系统，例如，Windows 使用 NTFS（New

Technology File System)、ReFS（Resilient File System），macOS 使用 APFS 等。

NTFS 将整个逻辑驱动器的容量划分为簇，将簇再分成引导记录、主控文件表和数据区部分。每个文件或目录在主控文件表中有对应的表项，包括文件的长名、短名、只读标志、存档标志、创建时间、修改时间、使用权限、加密标志等文件或目录的一系列属性。银河麒麟和统信 UOS 等国产操作系统可以兼容读取 NTFS 的数据。

U 盘等闪存器采用了较为简易的文件系统 FAT16、FAT32 及 ExFAT。在系统区由文件分配表（File Allocation Table，FAT）保存每个文件和目录在数据区中簇的详细位置信息。

光盘也有其专用的文件系统 CDFS 或 UDF。

无论何种文件系统，数据都存储在数据区，文件系统只是关于存储数据的索引和管理的信息。因此，删除、逻辑格式化、重新分区、病毒破坏等软件操作或其他软件故障，大多不会破坏数据区。在没有发生数据覆盖情况下，借助专门的工具软件，磁盘中的文件还有机会被恢复。因此，删除和逻辑格式化后仍存在文件被恢复而泄密的风险。

2. 挂载点与目录

挂载点就是 Linux 中的磁盘文件系统的入口。通常，将分区或外部驱动器挂载在根目录下面相应的目录上，见表 2-1。

表 2-1　Linux 常用目录和功能

目录	功能
/	根目录
/boot	系统启动引导目录
/root	root 用户（系统管理员）的目录（通常不可见）
/bin	存放标准的 Linux 的系统基本命令及二进制可执行文件，普通用户可执行
/sbin	root 用户才能执行的指令（二进制文件）
/dev	外部设备的端口。Linux 中将设备作为文件来管理，例如，/dev/cdrom 是光驱，/dev/sda 是硬盘，/dev/shm 是内存
/etc	存放系统、服务的管理配置信息，如网络配置、用户加密口令等
/home	用户的"家"目录，用户使用系统时首先会进入该目录。在银河麒麟中就是登录用户的"个人"目录，在统信 UOS 中是"主目录"或"数据盘"
/media	用于挂载可移动设备（如 U 盘、光盘等）和网络文件系统
/lib	内核、共享库等库文件
/usr	应用程序的安装目录，类似于 Windows 的 C:\Program files。其中/usr/local 主要存放那些手动安装的软件或自定义脚本
/opt	存放可选程序。第三方软件安装后其相关的数据、库文件都在此目录中，直接删除不会影响系统其他设置。适合安装试运行的程序
/proc	内存映射目录，该目录可以查看系统的进程相关信息
/sys	存放系统文件
/var	存放经常会发生变化（增加、修改、删除）的文件，如项目程序、日志等文件

续表

目录	功能
/tmp	存放临时文件
/data	数据区（可选）
/swap	交换分区（可选），用存储空间作为虚拟内存
/backup	备份还原（可选）

与 Windows 不同，在 Linux 中的目录和文件名是区分大小写的。这意味着如果两个目录或文件名的字母大小写不一样，系统会将它们视为完全不同的目录或文件。

Linux 中的目录和文件名应避免使用可能造成歧义的特殊字符，如":/\?*<>|@#$&()+-."等，尽量使用小写字母，长度不超过 255 个字符。系统中已经定义的一些特殊目录名，如/、/boot、/home、/root、/usr、/var 等，具有特定的含义，不再用于其他文件或目录名或作为文件名的一部分。

3. 路径和文件

路径是文件的存储地址，通常以目录的形式表示文件的存储位置。路径有绝对路径和相对路径两种表达方式。

- 绝对路径：从根目录"/"开始表示的文件路径。各级目录之间以"/"分隔。例如，"/home/zhang/data.txt"。
- 相对路径：从当前目录开始表示的文件路径。"."表示当前目录，".."表示上一级目录。假如当前目录为"/home/zhang/"，则文件可用相对路径表示为"./data.txt"，也可表示为"../zhang/data.txt"。

4. 文件管理的行命令

在银河麒麟或统信 UOS 中，目录和文件的新建、重命名、删除、复制等操作与 Windows 中的基本一致。由于 Linux 经常作为云计算服务器的操作系统，用户通过远程访问时没有图形化界面，因此用终端命令操作更加简捷有效。

打开"终端"界面，在"<当前用户名>@<计算机名>:<最后提示符>"命令提示符后可输入行命令进行文件管理操作。其中"最后提示符"为"$"，表示登录身份为普通用户；为"~"，表示用户的家目录；为"#"，表示以 root 用户身份登录。

例如，"终端"界面的命令提示符显示为"dfli@dfli-pc:~$"，表示当前登录的是名为"dfli-pc"的主机上的普通用户"dfli"，当前目录是"dfli"用户的家目录，绝对路径为"/home/dfli"。

在命令提示符后，用"compgen -c"可列出终端所有可用命令，在任意命令后面加"--help"选项可显示该命令的帮助信息。

常用文件管理的行命令说明如下。

（1）查看当前目录（pwd 命令）

```
dfli@dfli-pc:~$ pwd
```

```
/home/dfli
```

（2）切换目录（cd 命令）

切换到根目录：

```
dfli@dfli-pc:~$ cd /
dfli@dfli-pc:/$
```

切换到当前用户的家目录：

```
dfli@dfli-pc:/$ cd ~
dfli@dfli-pc:~$
```

切换到上一次所在目录：

```
dfli@dfli-pc:/$ cd -
```

切换到 dev 目录：

```
dfli@dfli-pc:~$ cd /dev
dfli@dfli-pc:/dev$
```

（3）列出文件和目录（ls 命令）

```
dfli@dfli-pc:/dev$ ls
```

所列出的不同类型文件和目录在终端中会显示为不同的颜色，例如，在银河麒麟的终端中，目录名显示为蓝色、普通文件名显示为白色等。如果选择不同的系统与主题的定义，颜色意义会有所不同。

"ls -l"命令以长格式列出文件和文件夹的详细信息。

"ls -a"命令列出包括隐藏文件（以"."开头命名的文件或文件夹）在内的所有文件和文件夹。

"ls -R"命令列出当前目录下的所有文件和文件夹。

"ls -h"命令显示文件大小。

"ls -t"命令按修改时间排序列出文件和文件夹。

"ls -r"逆序列出文件和文件夹。

用重定向符号">"可将所显示的信息输出到文件中：

```
dfli@dfli-pc:/dev$ ls > /home/filelist.txt
```

（4）创建目录（mkdir 命令）

```
mkdir  <目录名>
mkdir  -p <目录路径>   带-p 参数可一次创建多级路径的目录
```

例如：

```
dfli@dfli-pc:/dev$ mkdir aa/bb/cc
```

(5) 创建链接 (ln 命令)

```
ln <源文件> <链接文件>        创建硬链接，即指向该文件的另一个文件名
ln -s <源文件> <链接文件>     创建硬链接，即指向该文件的快捷方式
```

(6) 复制文件和目录 (cp 命令)

```
cp <源文件路径> <目标文件路径>
```

如果目标文件不存在，将创建目标文件并复制源文件内容到其中；如果目标文件已经存在，则覆盖原有文件的内容。

使用-p 选项可以在复制文件时保留原有的属性信息，包括文件权限、时间戳等。
使用-r 选项可以复制整个目录，包括目录下的所有文件和子目录。
使用-v 选项可以在复制过程中显示进度条，以便实时监测复制进度。

(7) 删除文件和目录 (rm 命令)

删除单个文件：

```
rm <文件路径>
```

可同时删除多个文件，也可删除整个目录（空目录）。若目录中有文件：

```
rm -r <目录路径>
```

删除目录中的文件，但保留目录：

```
rm -r <目录路径>/*
```

值得注意的是，使用 rm 命令具有一定的危险性，被删除的目录和文件用通常方法无法恢复，也不进入回收站，应谨慎操作。

(8) 重命名文件和目录 (mv 命令)

```
mv <原名> <新名>
```

(9) 查找文件 (find 命令)

```
find <路径> -name "文件名"
```

文件名字符串中可以使用通配符："*"可以替代 0 至若干个任意字符，"?"可以替代 1 个任意字符。例如，查找当前目录及子目录下所有名为 file.txt 的文件：

```
find . -name file.txt
```

查找根目录（/）下所有以".log"结尾的日志文件：

```
find / -name "*.log"
```

查找指定目录"/data/myphoto"下所有以".jpg"、".png"或者".gif"结尾的图像文件：

```
find / data/myphoto -name "*.jpg" -o -name "*.png" -o -name "*.gif"
```

（10）查看日期时间（date 命令）

```
date
2024 年 01 月 28 日 星期日 16:58:05 CST
```

在参数中使用以"+"开头的字符串可指定日期输出格式：

```
date +"%Y/%m/%d %H:%M:%S"
2024/01/28 17:02:03
```

date -r 可显示文件最后修改的时间：

```
date -r abc.txt
2023 年 12 月 20 日 星期日 10:50:05 CST
```

（11）查看目录结构（du 和 tree 命令）
用 du 命令可逐行查看目录结构：

```
dfli@dfli-pc:~$ du
4       ./.box
4       ./下载
32      ./.presage
4       ./视频
228     ./.sogouinput
4       ./.hplip
524     ./.qaxsafe
8       ./.dbus/session-bus
12      ./.dbus
4       ./.kylin-os-manager-config
4       ./.gnupg/private-keys-v1.d
```

若用 root 用户身份安装第三方命令 tree（需管理员密码）后，也可以树状查看目录结构：

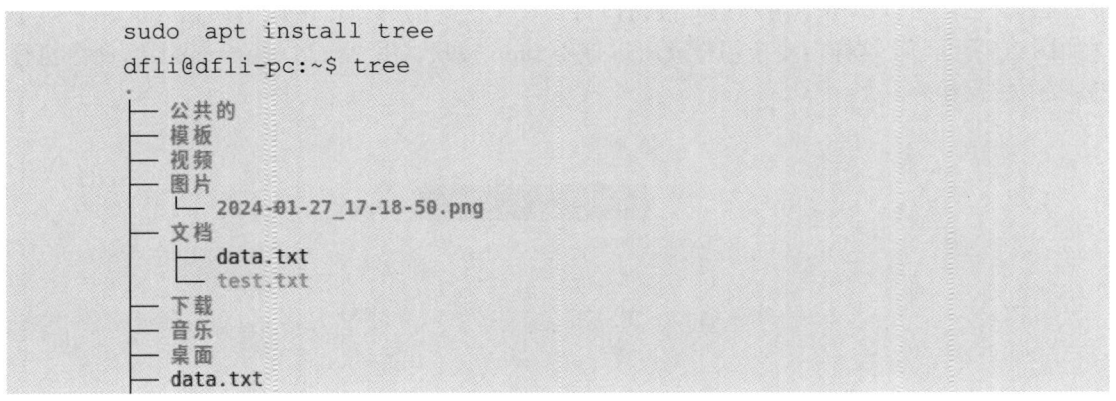

（12）查看文件内容（cat 命令）

```
cat <文本文件>
```

（13）清空屏幕显示（clear 命令）

```
clear
```

2.1.2 权限管理

1. 用户和组权限

root 用户是 Linux 中最高权限的用户（超级用户），因此保护 root 用户的密码显得尤为重要。系统允许设置密码、重置密码、sudo 授权和 SSH 登录等多种方法来保证 root 用户密码的安全性。同时，还可以使用 Firewall 等防御措施，进一步加强系统的安全性。

（1）设置和重置 root 用户密码

在统信 UOS 中，此功能需激活后在开发者模式下设置。

统信 UOS 中已有超级用户 root，但操作者并不知道其密码。当没有获得过 root 权限的操作者第一次设置或重置 root 用户密码时，可使用命令：

```
sudo passwd root
```

然后根据提示设置新密码，并再次输入确认即可。

将用户切换为 root 用户：

```
su root
```

如图 2-2 所示，当位于主目录中的 nmu 用户运行 su root 命令，并验证密码后，最后提示符由 "$" 变为 "#"，表明已是 root 用户。再运行 su nmu 命令切换回 nmu 用户，最后提示符又变回 "$"。

银河麒麟在默认安装时，并没有启用 root 用户和设置 root 用户密码。在"设置"-"账户信息"中，可以单击"用户组"按钮，将安装系统时的第一个用户添加到 root 用户组中（如图 2-3 所示）。这样，这个用户就可以使用 sudo 授权，用"sudo <command>"命令执行高权限的操作。

图 2-2　切换用户　　　　图 2-3　在银河麒麟中将首次用户加入 root 用户组

（2）使用 sudo 授权

在安装软件等进行系统设置的操作时，需要 root 用户权限或临时使用 sudo 授权，即把某个用户添加到 sudo 组中。修改之后，该用户可以使用 sudo 命令来运行需要 root 权限的命令。

在大多数情况下并不需要使用 root 权限来执行操作。一般使用普通用户登录，仅在必要时使用 sudo 授权即可，可以降低系统受到攻击的风险。

命令格式：

```
sudo adduser <username> sudo
```

其中，<username>是准备添加到 sudo 组中的用户名。

（3）使用 SSH 登录

SSH（Secure Shell）是一种通过网络远程连接计算机的协议。使用 SSH 登录可以保证数据传输的安全性，在无物理接触的情况下执行操作（如使用云机）。步骤如下。

① 在远程计算机中安装 openssh-server：

```
sudo apt-get install openssh-server
```

② 在本地计算机中打开终端并输入以下命令：

```
ssh <username>@<remote_ip_address>
```

其中，<username>是在远程计算机中用于登录的用户名，<remote_ip_address>是远程计算机的 IP 地址。

2. 文件的基本访问权限

文件的基本访问权限分为读（r）、写（w）和执行（x）权限。如图 2-4 所示为文件访问权限示例。在终端中使用 ls -l 命令可以看到权限细节，如图 2-5 所示为文件列表示例。

在 Linux 中，文件分为普通文件、目录文件、链接文件、设备文件等，以文件列表中的第 0 位作为标识。例如，图 2-5 中前两个文件第 0 位都是 d，说明它们是目录文件；第 3 个文件第 0 位是"-"，说明它是普通文件。此外，第 0 位如果是 l、b、c，分别表示链接文件、块设备文件、字符设备文件。

用户细分为文件所有者、文件所有者同组用户和其他用户，他们拥有不同访问权限。以图 2-5 中第一个文件为例，访问权限各部分含义如图 2-6 所示，第 1~3 位是文件所有者（图 2-5 中的 nmu 用户）对该文件的权限，第 4~6 位是文件所有者同组用户（图 2-5 中与 nmu 用户同组的用户）对该文件的权限，第 7~9 位是其他用户对该文件的权限。其中，第 1、4、7 位为读权限，"r"表示可读，"-"表示不可读；第 2、5、8 位为写权限，"w"表示可写，"-"表示不可写；第 3、6、9 位为执行权限，"x"表示可执行，"-"表示不可执行。

图 2-4　文件访问权限示例

```
nmu@nmu-PC:/opt/apps/com.sogou.sogoupinyin-uos$ ls -l
总用量 12
drwxr-xr-x 5 nmu nmu 4096 1月  28 09:42 entries
drwxr-xr-x 6 nmu nmu 4096 1月  28 09:42 files
-rw-r--r-- 1 nmu nmu  402 3月   8 2023 info
```

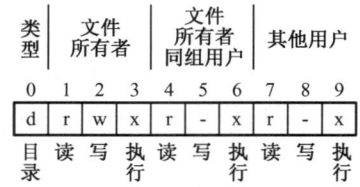

图 2-5　文件列表示例　　　　　　图 2-6　访问权限各部分含义

文件所有者可以修改文件的访问权限。访问权限的数字表示意义见表 2-2。

例如，对在~/share 中新建的文件 test.txt，可列表观察到系统自动设置的访问权限为"-rw- r-- r--"（第 0 位 "-" 代表文件的类型）。可在终端中用 chmod 命令修改访问权限。例如，要将其访问权限改为"-rw-rw-rw-"，采用表 2-2 中的十进制数表示，即 666，可执行如下命令：

```
chmod 666 test.txt
```

再用 "ls -l" 命令查看，可见访问权限设置成功。

在图形化界面中右击文件，可通过"属性"命令打开"权限"对话框，修改文件的访问权限，如图 2-7 所示。

表 2-2　访问权限的数字表示意义

访问权限	二进制数表示	十进制数表示
---	000	0
--x	001	1
-w-	010	2
-wx	011	3
r--	100	4
r-x	101	5
rw-	110	6
rwx	111	7

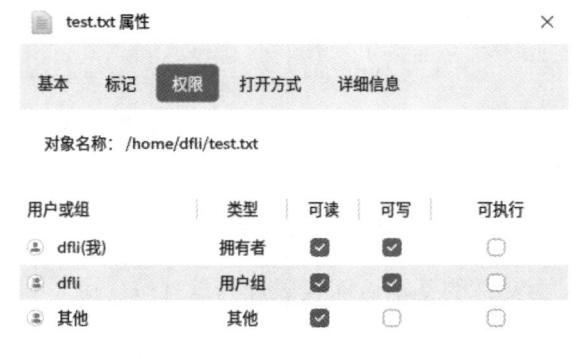

图 2-7　在银河麒麟中修改文件的访问权限

2.1.3　文件压缩

1. 归档管理器

归档管理器（见图 2-8）是图形化界面的压缩、解压缩工具，支持 .7z、.jar、.tar、.tar.bz2、.tar.lz、.tar.lzm、.tar.gz、.war、.zip 等多种压缩文件格式。

在文件管理器中选择文件或目录，右击，执行"压缩"命令，填入名称并选择压缩文件格式，即可创建压缩文件。同样，选择压缩文件，右击，执行"解压缩到"命令，设置目标路径，可解压缩文件。

在归档管理器中执行"归档文件"-"新建"菜单命令，设置目标路径和压缩文件格式，并命名压缩文件（如"/home/test.zip"），先在目标路径上创建一个空压缩文件，然后执行"编辑"-"添加文件"（或"添加文件夹"）菜单命令，选择要添加的内容后单击"添加"按钮即可。

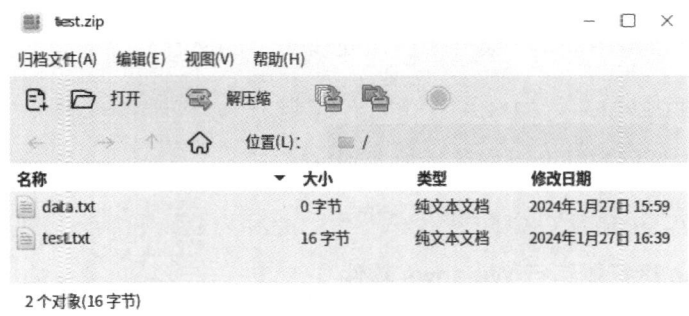

图 2-8 归档管理器

2. 压缩、解压缩命令

Linux 中的常用压缩、解压缩命令包括 gzip、bzip2、tar 命令等，命令格式如下：

```
<命令> [选项] <文件名>
```

例如，将当前目录中的 data.txt 和 test.txt 文件压缩为 testtar.tar：

```
tar -cf testtar.tar ./test.txt data.txt
```

2.1.4 软件的安装与运行

1. 软件安装

（1）图形化界面安装

统信 UOS 和银河麒麟均提供了"应用商店"或"软件商店"等图形化界面工具，在连接互联网的状态下，可以方便地搜索、安装、更新和卸载软件（或应用程序）。在搜索框中输入想要安装的软件关键词，从搜索结果中选择合适的软件，单击"安装"按钮，等待软件下载和安装即可。

已下载的.deb 安装包也可以使用"软件安装器"通过向导方式安装。

（2）终端命令安装及软件安装包安装

Linux 的两个稳定分支有不同的软件安装包格式和安装命令。其中，RedHat 分支及其衍生发行版的软件安装包格式为.rpm，例如，CentOS、Fedora 和 Suse 等均属于这个分支，常用安装命令为 rpm、yum 等。

而 Debian 分支及其衍生发行版的软件安装包格式为.deb，例如，Ubuntu、Solaris、统信 UOS 和银河麒麟等均属于这个分支，常用安装命令为 apt、apt-get、dpkg 等。

若已将.deb 安装包下载到本地，可执行以下命令安装：

```
sudo dpkg -i <带安装包路径的文件名.deb>
```

联网安装：

```
sudo apt install <软件名称>
```

例如，在银河麒麟中联网安装开源图像处理软件 GIMP：

```
sudo apt install gimp
```

在银河麒麟中联网安装开源媒体播放器 VLC：

```
sudo apt install vlc
```

2. 使用 Wine 运行器运行 Windows 软件

Wine 运行器是一个能够在 Linux 等操作系统上运行 Windows 软件的兼容层。其运行机制不是像虚拟机那样模仿内部的 Windows 逻辑，而是将 Windows API 编译成动态的 POSIX 调用。

在统信 UOS 的"应用商店"-"开发工具"中，可找到并安装"Wine 运行器"。安装后，找到已在本地保存的 Windows 下的.exe 文件，右击，选择"Wine 运行器"即可运行该文件，如图 2-9（a）所示；或在 Wine 运行器中选择.exe 文件和适当的 Wine 版本快速启动该文件，如图 2-9（b）所示。

(a)

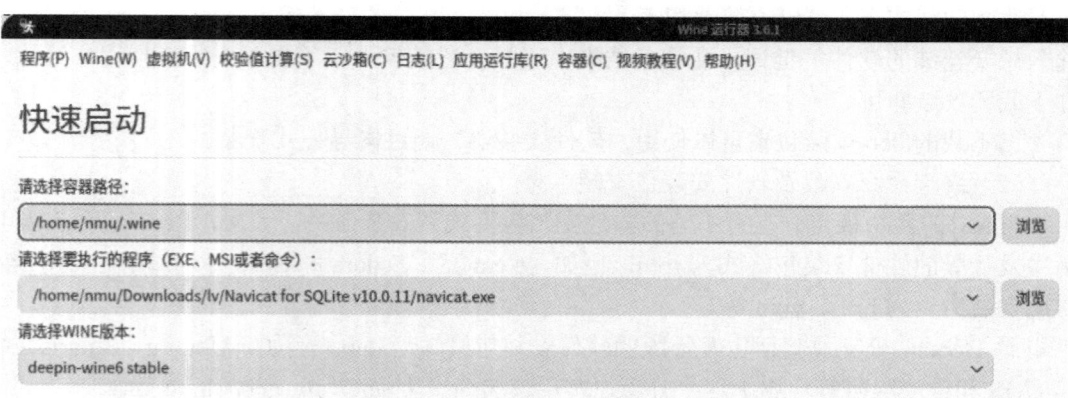

(b)

图 2-9　使用 Wine 运行器

在 Wine 运行器中，可为 Windows 程序预先安装.NET Framework、C++等组件环境，以及在容器中设置注册表、控制面板信息，还可以使用虚拟机或云沙箱环境运行。

3. 进程管理

进程是一个具有独立功能的程序的一次运行过程，是操作系统进行内存资源分配和调度的基本单位。进程与程序的区别在于，程序是静态保存在存储设备中的一系列指令的集合，而进程是动态的执行过程，有创建、执行、消亡等状态，形成不断变化的生命周期。一个程序可以有若干个进程，一个进程也可以启动若干个程序（父进程创建子进程）。

在 Linux 中，每个进程均有一个进程号（PID），使用命令进行进程控制时，将此 PID 作为操作标识。

（1）ps、pstree 和 top 命令用于查看系统中的进程状态及动态监视进程活动与系统负载等信息。

在终端上运行 ps 命令只列出与当前终端会话相关的进程信息，包括进程号、进程名称、消耗的 CPU 时间和关联的程序，如图 2-10 所示。

在终端上运行 pstree 命令可呈现以基本进程（systemd）为根的所有进程的树状图，即进程树，如图 2-11 所示。

```
nmu@nmu-PC:~$ ps
  PID TTY          TIME CMD
 2769 pts/0    00:00:00 bash
 3223 pts/0    00:00:00 ps
```

图 2-10　用 ps 命令查看与当前终端会话相关的进程信息

```
dfli@dfli-pc:~$ pstree
systemd─┬─NetworkManager─┬─dhclient───3*[{dhclient}]
        │                └─2*[{NetworkManager}]
        ├─OptiDaemon
        ├─accounts-daemon───2*[{accounts-daemon}]
        ├─activation-daem
        ├─agetty
        ├─auditd───{auditd}
        ├─auserver
        ├─authoritydbus───2*[{authoritydbus}]
        ├─avahi-daemon───avahi-daemon
```

图 2-11　用 pstree 命令查看进程树（局部）

在终端上运行 top 命令可显示按进程的 CPU 占用情况、内存占用情况及执行时间等活跃度排序的进程列表（见图 2-12）。

```
dfli@dfli-pc:~$ top

top - 11:04:30 up 59 min,  1 user,  load average: 0.11, 0.41, 0.62
任务: 238 total,   1 running, 229 sleeping,   0 stopped,   8 zombie
%Cpu(s):  1.3 us,  1.7 sy,  0.0 ni, 97.0 id,  0.2 wa,  0.0 hi,  0.2 si,  0.0 st
MiB Mem :   3926.8 total,    310.5 free,   1393.3 used,   2223.0 buff/cache
MiB Swap:      0.0 total,      0.0 free,      0.0 used.   2269.0 avail Mem

进程号 USER      PR  NI    VIRT    RES    SHR    %CPU  %MEM     TIME+ COMMAND
 39869 dfli      20   0  969384 111692  89720 S   2.7   2.8   0:36.26 ukui-sy+
  1605 dfli      20   0 1066120 112060  90304 S   0.7   2.8   0:07.84 ukui-kw+
   968 root      20   0  283176  95624  49224 S   0.3   2.4   0:07.56 Xorg
  1078 root      20   0 1052416  65288  49252 S   0.3   1.6   0:05.90 qaxsafed
  1610 dfli      20   0 1416252 116808  92396 S   0.3   2.9   0:02.45 ukui-se+
  1612 dfli      20   0 1362824 117076  92708 S   0.3   2.9   0:03.71 ukui-pa+
```

图 2-12　用 top 命令查看进程列表（局部）

（2）kill 和 killall 命令用于终止进程。

在终端上运行 kill 命令可终止进程，killall 命令可终止同一程序启动的多个进程。直接运行这两个命令可以终止由本用户发起的进程，而对不是该用户启动的进程，需要超级用户权限才能成功终止。

在银河麒麟和统信 UOS 中，系统监视器（见图 2-13）可实现图形化界面的进程管理。

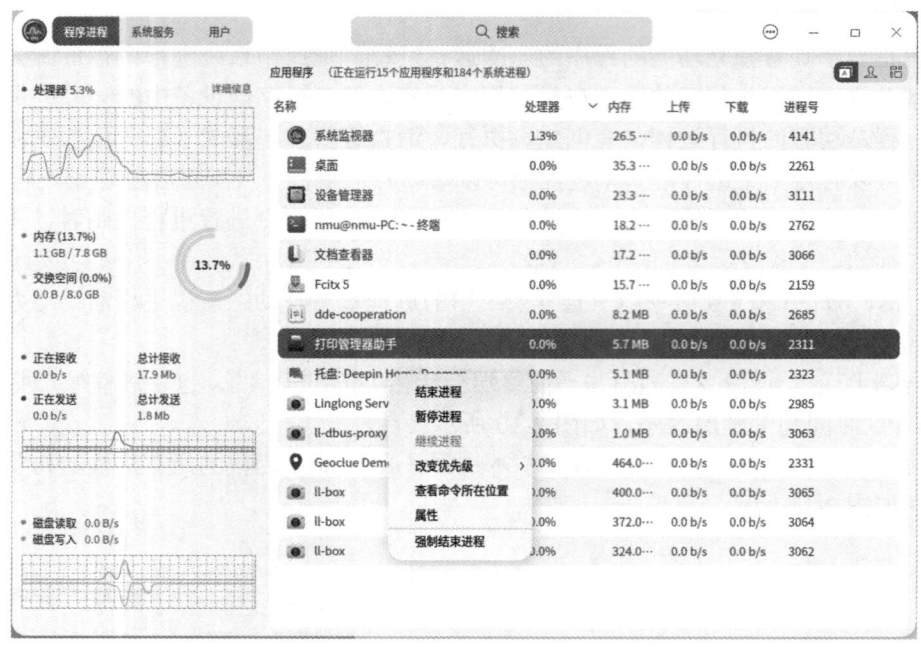

图 2-13　系统监视器

2.2　信息安全

我们在享用开放、自由和全球化的 Internet 的信息革命成果的同时，也必须认识到其带来的安全性问题。

根据国家计算机病毒应急处理中心调查报告，某大国的攻击者曾对我国西北某高校持续实施网络攻击。攻击者先后从 17 个国家使用了 54 台跳板机和代理服务器，采用了 40 余种不同的专属网络攻击武器。攻击者在该校内部渗透的攻击链路多达 1100 余条、操作指令序列多达 90 余个，窃取了该校关键网络设备配置、网管数据、运维数据等核心技术数据，有针对性地攻击其敏感科学研究目标。

随着信息技术的不断发展和人们对计算机信息处理功能的依赖，人们可能会将较长时间辛勤劳动的成果全部存放在计算机中，想等工作完成后再一并整理。但磁盘的物理损坏、系统的故障、病毒破坏，以及黑客攻击等，都会对信息安全带来极大的威胁。通常，常见的不安全因素包括物理因素、网络因素、系统因素、应用因素、管理因素等。

2.2.1　信息安全的基本概念

信息安全是为了有效地防御和抵制计算机网络安全威胁而采取的技术及管理手段，包含 5 个要素。
- 机密性：确保信息不暴露给未授权的实体或进程。
- 完整性：确保数据不被未授权的实体或进程修改。
- 可用性：得到授权的实体在需要时可有效地访问数据，而攻击者不会占据资源妨碍授权用户对数据的正常使用。
- 可控性：授权范围内的信息流向和行为方式可控。
- 可审查性：对出现的网络安全问题能提供调查手段和证据。

2.2.2 网络中存在的威胁

一般认为，目前网络中存在的威胁主要表现为非授权访问、信息泄露或丢失、数据完整性破坏、拒绝服务（DoS）攻击和利用网络传播病毒等。攻击者进行网络入侵通常会采取如下步骤。

（1）扫描系统的脆弱性

攻击者利用扫描工具自动检测本地或远程主机的安全性弱点，包括可能存在的系统和服务、管理设置方面的缺陷，例如，操作系统的类型、开放的端口等。

通常对端口的扫描只是攻击前盲目的试探，其目的是寻找可利用的有缺陷主机作为"肉鸡"，即作为攻击者的代理进行多点攻击。

（2）利用漏洞进行攻击

攻击者发送包含恶意代码的 E-mail 给被攻击目标，或通过漏洞将恶意程序放入目标主机，并欺骗用户执行，以获得对目标主机的控制权。

攻击者诱骗用户访问链接，利用浏览器的漏洞在目标端执行命令或安装后门程序，进而取得对目标主机的控制权。

（3）扩大攻击范围和窃取重要资料

攻击者利用网络中多台计算机的漏洞安放并操控攻击程序，来攻击目标主机，或骗取管理员权限在目标主机中放置间谍程序动态地窃取资料。

2.2.3 信息安全工作

信息安全工作就是在法律、法规、政策的支持和指导下，采取适当的信息安全技术和安全管理措施，以最大程度保障信息安全。

现实中发生的许多网络安全案例中，破坏者使用的手法并不十分高明，仅仅利用一些非常简单的技术对系统进行破解，例如，口令的暴力猜测。这些攻击并不需要太高深的技术，使用一些现成的软件和一点耐心就能实现。还有一种技术含量更低的破解网络安全防御系统的方法，通过骗取网络内部操作人员的信息（如管理员口令），从而获取网络的访问权，这种方法称为"社会工程学"（Social Engineering）攻击。

社会工程学攻击的目标是人，所以其防范措施需要集中在信息安全的管理部分，最有效的防范措施就是建立全员的信息安全行为规则——"人是最重要的防火墙"。

在信息安全技术和管理措施上，应确保：

- 使用访问控制机制，使非授权用户"进不来"；
- 使用授权机制，加强资源和信息的可控性，使不该拿走的"拿不走"；
- 使用加密机制，使非授权用户对加密信息"看不懂"；
- 使用数据完整性鉴别机制，使非授权用户对受控信息"改不掉"；
- 使用审计、监控、防抵赖等安全机制，使入侵者"赖不掉"。

通常，网络的全面信息安全工作是由安全操作系统、应用系统、防火墙、网络监控、安全扫描、信息审计、通信加密、灾难恢复、网络反病毒等多个安全组件共同完成的。每个单独组件只能完成其中部分功能，而不能替代全部工作。

2.2.4 计算机病毒

1. 概述

计算机病毒（Virus）是人为蓄意编制的一种寄生性的程序或程序片段。

20世纪60年代初，美国贝尔实验室的三个年轻的程序员编写了一个名为"磁芯大战"的游戏，游戏中通过复制自身来摆脱对方的控制，这就是计算机病毒的雏形。

20世纪70年代，美国作家雷恩在其出版的《P1的青春》一书中构思了一种能够自我复制的计算机程序，并第一次称之为"计算机病毒"。

计算机病毒隐藏在计算机系统中，通过自我复制来传播，当满足一定条件时被激活，其运行会给计算机系统造成一定损害甚至严重破坏。这种程序的活动方式与生物学中的病毒相似，所以被称为计算机病毒。计算机病毒试图在计算机之间进行传播并产生损坏和干扰，损坏和干扰的方式包括破坏系统文件、删除或破坏数据、发送隐私消息或更改屏幕上显示的内容等。

随着编程手段越来越高，计算机病毒的花样不断翻新，并朝着能更好地隐蔽自己和对抗反病毒手段的方向发展。同时，计算机病毒被别有用心的人利用，将其特有的性质与其他功能相结合进行有目的的活动。特别是 Internet 的广泛应用，促进了计算机病毒的空前活跃，例如，网络蠕虫病毒的传播变得更快更广，Windows 病毒变得更加复杂，带有黑客性质的病毒和特洛伊木马等有害程序大量涌现。由于计算机系统的脆弱性与互联网的开放性，我们将会与计算机病毒做长期的斗争。

2. 特性

计算机病毒具有如下特性。

（1）传染性。传染性是计算机病毒的重要特性，它通过修改已有程序，将自身插入其中，从而达到扩散的目的。计算机病毒可以从一个程序到另一个程序，从一台计算机到另一台计算机，从一个计算机网络到另一个计算机网络，在各种系统中传染蔓延，同时使被感染的对象成为计算机病毒的生存环境和新的传染源。

（2）破坏性。计算机病毒发作时，它会占用计算机系统资源、干扰系统工作、修改或删除磁盘上的文件乃至摧毁整个系统。

（3）潜伏性。计算机病毒可以长时间地潜伏在合法的文件中。在触发条件满足时，就会激活它的传染机制，进行传染。入侵者要占领目标主机，必先进行攻击，或者以欺骗的方式诱使用户自己运行恶意程序文件，方可使恶意程序生效。

3. 杀毒软件

杀毒软件是计算机安全防御系统的重要组成部分，通常集成了监控识别、病毒扫描和清除、自动升级、主动防御等功能。其主要任务是实时监控和扫描磁盘，将计算机内存或磁盘中的数据与杀毒软件自带的病毒库特征码进行比较，或通过程序执行的行为特征判断是否为病毒。银河麒麟安全中心集成了杀毒软件，可实现病毒防护，如图 2-14 所示，还可进一步安装"奇安信网神终端安全管理系统"，除了对内存的实时监控和对磁盘文件的扫描，还通过对系统计划任务、隐藏进程、预加载库、自启动项、系统常用软件、内存活跃程序进行专项扫描，确保系统的安全。

图 2-14　银河麒麟安全中心的病毒防护功能

部分杀毒软件不仅可以移除病毒，还能提供安全沙箱功能，允许用户在隔离环境中运行可能带有病毒的软件或打开可疑的文件，从而减少病毒传播的风险。

值得注意的是，杀毒软件不可能查杀所有病毒，能查到的病毒，不一定能杀掉。防范病毒的第一次进入计算机才更为重要。

2.2.5　木马与防火墙

1. 木马

特洛伊木马（简称木马）是伪装成通用程序的带有恶意性质的远程控制程序或信息监听发送服务程序。木马可以划分为以下几类：后门程序、密码窃取程序和 DoS（Denial of Service，拒绝服务）攻击工具。

木马的网络客户-服务器模式的工作原理是某台主机提供服务（受控端），另一台主机接受服务（控制端）。作为受控端的主机会打开某个端口进行监听（Listen），如果有控制端向这一端口提出连接请求（Connect Request），就会自动应答，接受控制端对其进行监视、控制、查看、修改资料等操作。当没有收到控制端控制指令时，受控端处于安静潜伏状态（僵尸木马）。

木马不可能每次开机都期望骗取用户以手工运行的方式执行，最可行的方法是通过系统的自动执行功能每次开机时自动加载。这也是查找木马藏身之处的有效方法。

2. 防火墙

随着计算机网络的普及，用户的计算机可能遭受来自网络的恶意攻击，导致上网账号被窃取，银行账号被盗用，电子邮件密码被修改，财务数据被利用，机密文件丢失，隐私被曝光等，甚至被黑客远程控制删除硬盘上的数据使整个系统全线崩溃。通常，可利用防火墙作为保证信息安全的有效屏障。

防火墙是一种高级访问控制设备，是在被保护网络和外网之间执行访问控制策略的一系列部件的组合，是不同网络安全域间根据预设的安全控制策略（允许、禁阻、监视、记录等）进行通信的通道，是当前主要和最基本的网络安全设备。

防火墙通常可按以下几种方式进行分类。
- 按软件、硬件形式分类：软件防火墙、硬件防火墙、芯片级防火墙。
- 按技术原理分类：包过滤型防火墙、应用代理型防火墙、混合型防火墙。
- 按应用部署位置分类：边界防火墙、个人防火墙。
- 按通过性能分类：百兆级防火墙、千兆级防火墙。
- 按结构分类：单主机防火墙、路由器集成防火墙、分布式防火墙。
- 按网络层次分类：网络层防火墙、物理层防火墙、链路层防火墙。

银河麒麟安全中心的"网络保护"高级配置提供了联网控制和防火墙访问规则功能，如图 2-15 所示。

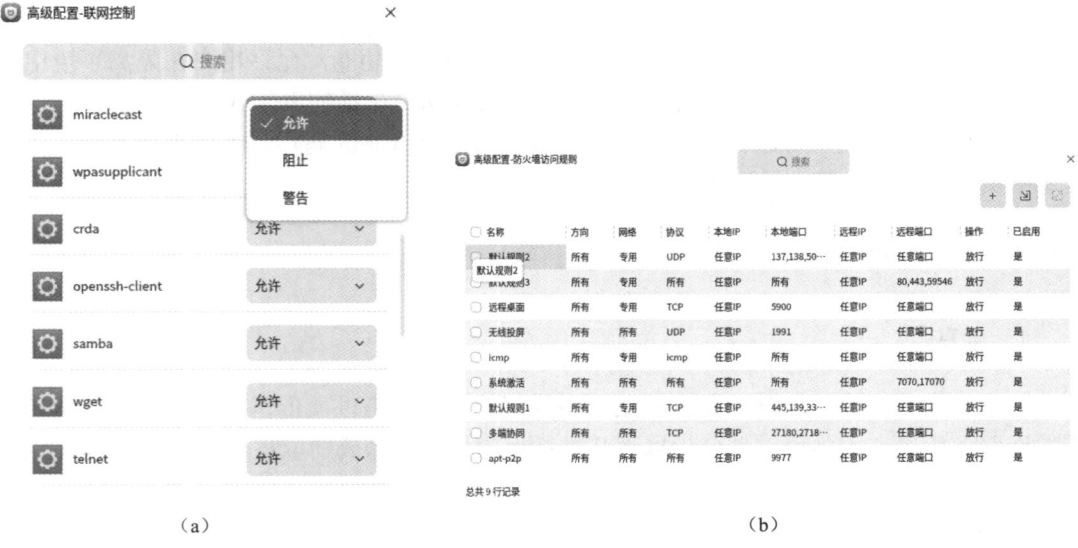

图 2-15 银河麒麟安全中心的"网络保护"高级配置

对应用程序，可逐一设定其联网的授权，并监视其后台联网事件，自动触发允许、阻止和警告三种状态，如图 2-15（a）所示。在防火墙访问规则中，可限定网络连接访问的方向、协议、本地与远程的 IP 地址、端口等放行规则，如图 2-15（b）所示。通过"日志查看器"中的审计日志，还可分析防火墙触发的审计日志记录，优化网络安全防范的规则。

利用防火墙可控制对网络的访问，限制被保护子网的暴露，发挥审计作用，在网络中强制安全策略。但防火墙并不是万能的，对涉密信息，必须采取与外网物理断开的措施。

2.3 加密/解密和区块链

2.3.1 加密与解密

1. 哈希函数

加密解密是最基本的数据安全手段。谈到加密解密，必须提及哈希函数，哈希函数在密码学中扮演着重要的角色。

哈希函数（Hash Function）是一种数学过程，它接收任意长度的输入（源数据），却产生固定长度的输出（哈希值或摘要）。

哈希函数对任何给定的输入，其输出都是唯一的，且难以预测。即使微小的数据变化也会导致哈希值发生显著改变。

哈希函数具有不可逆性，即从哈希值不可能直接推算出原始输入信息。因此，哈希函数是单向的，用其加密的数据并无直接的解密算法。

在密码学应用中，哈希函数常用于数据的完整性检查，通过计算文件或数据块的哈希值并在传输后进行比对来验证数据未被篡改；用户密码的存储，通常结合盐（Salt）值进行加盐哈希以增加安全性；数字签名等。

2. 加密与解密过程

加密的需求通常是双向的，将明文（可读数据）转换为密文（不可读乱码形式）的过程称为加密；对应地，解密则是将密文恢复成原始的明文内容的过程。

可以使用非对称密钥密码系统和相应的加密算法来实现信息的安全传输，确保只有授权的用户能够访问敏感信息。其方法涉及一对密钥：公钥（Public Key）和私钥（Private Key）。在信息传输过程中使用不同的密钥来进行加密和解密操作，这个过程强调了数据的机密性和发送者的匿名性。首先，使用接收方的公钥对原始消息或数据进行加密。公钥是公开的，任何人都可以使用它进行加密和身份验证。然后，将被公钥加密的信息发送给接收方，接收方可以先用公钥进行身份验证，再使用自己的私钥对密文进行解密，还原成原来的消息或数据。私钥是私有的，仅由信息的所有者掌握，确保了信息的完整性和安全性。

3. 加密/解密算法

加密/解密算法用于保护数据的私密性和实现信息的安全传输，确保只有掌握正确密钥的人才能完成解密操作。数据通信、文件存储、身份验证等各种信息安全领域通常使用 AES、RSA 等加密算法。

2.3.2 数字认证

数字认证和数字证书是现代网络安全中至关重要的组成部分，它们在确保在线交易、数据传输以及网络服务的身份验证和完整性方面发挥着关键作用。

数字认证（身份认证或电子认证）是一种确认实体（如个人、组织或设备）在线身份的过程。它基于密码学原理和技术，通过数学方法来证明一个实体的身份与其声称的身份相符。数字认证的主要目的是防止欺诈和假冒，确保只有合法的参与者能够访问受保护的信息或执行特定的操作。

数字证书是实现数字认证的核心工具之一，是经由权威的第三方机构——证书颁发机构（Certificate Authority，CA）签发的电子文档。数字证书包含以下关键信息。

- 用户身份信息：包括证书所有者的名称、地址等标识性内容。
- 公钥信息：与证书所有者对应的公开密钥，用于加密数据或验证签名。
- 证书颁发机构信息：CA 的名称、签名算法及证书序列号等，表明该证书是由可信的第三方签发的。
- 有效期：标明证书的有效起始日期和终止日期。
- 数字签名：由 CA 使用其私钥对证书内容进行运算后生成，用于保证证书的真实性和完整性。

当用户向服务器或其他实体发送经过数字证书加密的数据时，接收方可以通过验证数字证书中的数字签名来确认发送方的身份，并利用其中的公钥进行解密或进一步的安全操作。例如，在 HTTPS 协议中，网站服务器会向客户端出示数字证书以证明网站的真实性，从而建立起安全的连接通道。

2.3.3 区块链

1. 核心概念

区块链（Blockchain）是一种分布式数据库技术，通过时间戳和链式结构连接不断增长的记录列表（区块），形成一个可验证、不可篡改的数据存储系统。其基本原理包括以下几个核心概念。

① 去中心化：区块链不依赖于单一中心化的机构来维护和管理数据，而是由网络中的多个节点共同参与和维护。

② 区块（Block）与链式结构：每个区块中均包含了一定时间内发生的交易或数据记录，并且每个区块都有一个唯一的标识（哈希值）。区块中除了包含交易数据，还有前一个区块的哈希值，这种前、后区块之间的链接形成了一个链条。每个区块通过包含前一个区块的哈希值来确保数据一旦写入就无法被更改。如果试图修改一个区块中的信息，将会导致所有后续区块的哈希值发生变化，从而破坏整个链的完整性。

③ 共识机制：为了在去中心化的环境中达成对交易记录的一致认可，区块链采用不同

的共识算法，如工作量证明（Proof of Work，PoW）、权益证明（Proof of Stake，PoS）等，让网络参与者按照规则竞争或投票确认新区块的生成并将其添加到链上。

④ 加密技术：区块链使用非对称加密算法以保障交易的安全性，用户拥有公钥和私钥，交易经私钥签名后可以公开验证其真伪，但只有拥有相应私钥的人才能创建有效的交易。

⑤ 透明性和匿名性：区块链上的交易信息是公开可见的，但是账户持有人的身份不一定直接关联真实世界的身份，提供了某种程度的匿名性。

2. 应用实例

区块链技术由于其独特的优势，在众多领域具有广泛的应用前景，以下是一些主要应用实例。

① 数字货币：比特币是最著名的应用案例，它利用区块链作为公共账本，实现了去中心化的货币发行与交易结算。

② 金融行业：银行和其他金融机构利用区块链进行跨境支付、贸易融资、证券交易清算等，可以降低中间环节成本，提高效率。

③ 智能合约：以太坊等平台允许开发和部署自动执行的程序代码（智能合约），这些合约在满足特定条件时会自动执行并记录在区块链上，用于金融衍生品、供应链管理等领域。

④ 供应链追溯：区块链可用于追踪商品从生产源头到消费者手中的全过程，确保商品的真实性和合法性，提升食品、药品等行业的产品安全和信任度。

⑤ 身份认证：区块链可用于构建去中心化身份管理系统，提供个人隐私保护和身份数据的安全共享。

⑥ 版权保护：艺术家和创作者可以通过区块链登记原创作品信息，实现数字版权的永久记录和侵权行为的有效追溯。

⑦ 元宇宙：区块链是元宇宙实现其核心功能和关键技术之一。通过分布式账本技术和共识机制提供去中心化的信任架构，确保元宇宙中的交易、资产所有权的转移以及用户身份验证的安全可靠。利用区块链技术来代表独特的虚拟物品或资产的所有权，使元宇宙内的物品可以被唯一标识并拥有可验证的价值，例如，虚拟土地、服装、艺术品等。允许用户在真实世界与不同的虚拟世界之间携带数字资产和身份信息，提供无缝跨平台体验。加密货币作为区块链上的原生资产，在元宇宙中可以充当支付手段，支持用户进行购买、出售、租赁等活动，并构建起完整的数字经济体系。基于智能合约的区块链能够实现自动执行的协议和规则，保证用户数据的隐私性和不可篡改性，提高元宇宙内社区治理、权限管理等方面的透明度和公平性。

区块链技术的集成应用在新的技术革新和产业变革中起着重要作用。习近平总书记在主持中共中央政治局第十八次集体学习时强调，要把区块链作为核心技术自主创新的重要突破口，明确主攻方向，加大投入力度，着力攻克一批关键核心技术，加快推动区块链技术和产业创新的发展。我国自主知识产权的区块链技术在政务、物联网、保险、公益慈善等诸多领域展现出了强大的潜力和应用场景。

巩固练习

一、单项选择

1. 目前，银河麒麟的主要文件系统是_____。
   [A] Ext4　　　　　　[B] NTFS　　　　　　[C] FAT　　　　　　[D] HDFS

2. _____是文件的绝对路径。
   [A] /home/ks/it.txt　　[B] ../it.txt　　　　[C] ./ks/it.txt　　　　[D] jsj.txt

3. 在 Linux 中，信息和设备都是以_____形式保存在存储设备中的。
   [A] 文件　　　　　　[B] 库　　　　　　　　[C] 图标　　　　　　[D] 程序

4. 在操作系统中，关于文件夹的正确说法是_____。
   [A] 文件夹名不可以与同级目录中的文件同名
   [B] 文件夹名不能有扩展名
   [C] 文件夹名可以与同级目录中的文件同名
   [D] 文件夹名在整个计算机中必须唯一

5. 在 Linux 中，文件的属性不包括_____。
   [A] 存档　　　　　　[B] 只读　　　　　　　[C] 隐藏　　　　　　[D] 只写

6. 在 Linux 中安装应用程序时，可通过_____来主动提升管理权限。
   [A] sudo　　　　　　　　　　　　　　　　[B] 提升操作系统版本
   [C] 增加内存　　　　　　　　　　　　　　[D] 安装在 root 根目录

7. 访问控制技术是通过用户登录和对用户_____的方式实现的。
   [A] 授权　　　　　　[B] 签名　　　　　　　[C] 加密　　　　　　[D] 控制

8. 信息安全包括数据安全和_____。
   [A] 计算机设备安全　　[B] 人员安全　　　　[C] 网络安全　　　　[D] 环境安全

9. 蠕虫病毒是指通过_____将自身复制到其他计算机上的恶意病毒。
   [A] 网络　　　　　　[B] 系统　　　　　　　[C] 调制解调器　　　[D] 防火墙

10. 计算机病毒的特性不包括_____。
    [A] 静态性　　　　　[B] 隐蔽性　　　　　　[C] 寄生性　　　　　[D] 可触发性

11. _____伪装成正常文件，通过隐蔽的手段获取运行权，然后盗取用户的隐私信息，或者进行恶意行为。
    [A] 蠕虫病毒　　　　[B] 引导型病毒　　　　[C] 木马病毒　　　　[D] 宏病毒

12. 为提高系统的安全性，在设置密码时，建议_____。
    [A] 混用大小写字母、数字和特殊符号　　　[B] 使用少于 5 位的密码
    [C] 使用纯数字或纯字母　　　　　　　　　[D] 使用生日作密码

13. 银河麒麟安全中心中的"网络保护"属于_____防火墙。
    [A] 软件　　　　　　[B] 硬件　　　　　　　[C] 芯片　　　　　　[D] 分布式

14. 防火墙的分类标准比较复杂，_____不属于按软件、硬件形式的分类。

[A] 包过滤型防火墙 [B] 软件防火墙
[C] 芯片级防火墙 [D] 硬件防火墙

15. 按照防火墙应用部署位置，可将防火墙分为_____防火墙和个人防火墙。
[A] 边界 [B] 应用代理型 [C] 软件 [D] 芯片级

16. 防火墙不具备的特点是_____。
[A] 防火墙保护内部计算机物理安全
[B] 防火墙限制暴露内部用户
[C] 防火墙能有效记录内部用户在因特网上的活动
[D] 防火墙拒绝外部可疑的访问

17. _____不是防火墙所具备的特点。
[A] 防火墙能有效记录内部用户在因特网上的活动
[B] 防火墙限制暴露内部用户
[C] 防火墙保护内部计算机物理安全
[D] 防火墙拒绝外部可疑的访问

18. _____是保护数据在网络传输过程中不被窃听、篡改或伪造的技术。
[A] 加密技术 [B] 访问控制技术
[C] 防火墙技术 [D] 身份识别技术

19. _____是网络信息安全的核心技术。
[A] 加密技术 [B] 增强现实
[C] 机器学习 [D] 信息可视化

20. 关于数据加密技术，以下叙述中不正确的是_____。
[A] 密钥就是指用户口令或密码 [B] 加密是将数据编码为密文
[C] 加密和解密要依靠算法和密钥 [D] 解密是加密的逆过程

21. 目前常用的生物身份识别技术有指纹识别、虹膜识别、_____等。
[A] 人脸识别 [B] 密码识别 [C] 时间识别 [D] 空间识别

22. 区块链_____。
[A] 通过分布式记账方式，建立交易各方的信任机制
[B] 是电商行业的供应链
[C] 是一种计算机程序
[D] 属于社区管理模式

23. 在区块链中，数据层的安全主要依赖于_____，包括哈希算法、加密算法、数字签名等。
[A] 密码学相关技术 [B] D2D 通信技术
[C] P2P 组网技术 [D] 搜索技术

24. 区块链是指通过去中心化和去信任的方式集体维护一个可靠数据库的技术方案，实现从信息互联网到_____的转变。
[A] 价值互联网 [B] 货币互联网
[C] 信用互联网 [D] 数据互联网

25. _____不属于区块链的主要技术。

[A] 虚拟现实　　　　　[B] 共识机制　　　　　[C] 密码学技术　　　　　[D] 智能合约

二、填空

1. 计算机病毒是人为编制的一种具有破坏性、传染性、隐蔽性等特性的_____。
2. 信息安全主要包括两方面的含义：_____安全和计算机设备安全。

三、操作实践

以下实践所需配套资源见前言二维码。

1. 在终端上用命令查看/usr 目录中的文件和子目录。
2. 在终端上用命令列出/etc 目录中的文件和子目录，并重定向输出到/data/etclist.txt 中。
3. 在终端上用命令查看/etc 目录中的文件和子目录的权限。
4. 分别用终端命令和文件管理工具，将/var 中的 test.py 文件权限修改为文件所有者可读、可写、可执行，其他用户仅可读。
5. 将/home/ks 目录中的 data.csv 和 test.txt 文件压缩为 testtar.tar 文件。

第 3 章 计算思维与 Python 语言

本章教学目标：
● 理解计算思维的基本思想。
● 学会 Python 的基本语法和基本数据类型。
● 能编写简单的 Python 循环、分支程序。
● 初步掌握 Python 的组合数据类型。

3.1 计算思维

3.1.1 图灵机模型

图灵机是由英国数学家图灵（Turing）于 1936 年提出的一种抽象的计算模型，将人们使用纸笔进行数学运算的过程进行抽象，由一个虚拟的机器替代人类进行数学运算。

图灵机有一条无限长的纸带，纸带被分成了若干方格，每个方格有不同的标记，读写头可以在纸带上来回移动读/写标记，如图 3-1 所示。读写头内部有一组设定状态及一组设定程序。读写头从纸带上读入一个当前方格信息，并结合内部状态查找程序，根据找到的程序转换内部状态，然后移动读写头至纸带指定方格上输出信息，完成"输入—处理—输出"的操作过程。

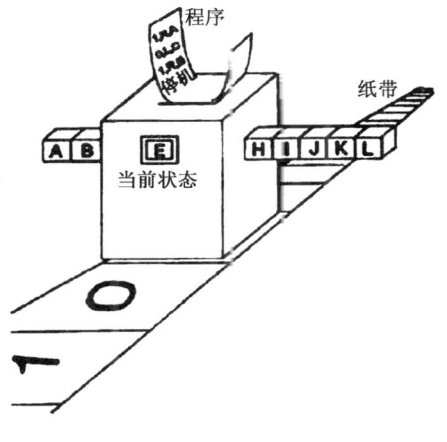

图 3-1 图灵机示意图

图灵机只是一个理想的设备。图灵提出图灵机的模型并不是为了同时给出计算机的设计，而是认为这样的一台机器可以模拟人类所能进行的任何计算过程，即朴素的 IPO（Input, Process, Output）运算模式。其意义在于：

① 证明了通用计算理论，肯定了计算机实现的可能性，同时给出了计算机应有的主要架构；

② 引入了读/写、算法与程序设计语言的概念，突破了传统计算机器的设计理念；

③ 图灵机模型理论是计算学科的核心理念，很多问题可以转化为图灵机这个简单的模型来考虑，通过图灵机模型隐约可以看到现代计算机的主要构成，尤其是冯·诺依曼计算机的主要构成。

3.1.2 计算思维简介

美国卡内基梅隆大学（Carnegie Mellon University）的周以真（Jeannette M. Wing）教授于 2006 年在 ACM 会刊 Communications of the ACM 上首次提出了计算思维的概念。

计算思维是指运用计算机科学的基本概念进行问题求解、系统设计,以及人类行为理解等涵盖计算机科学广度的一系列思维活动。计算思维与理论思维、实验思维一并构成了科技创新的三大支柱。

计算思维具有如下特征。

① 计算思维是一种解决问题过程的思维方法,是概念化的抽象思维,而不是程序化的思维。

② 计算思维是人的思维,而不是机器思维。计算思维像"读、写、算"那样,是人的一种基本技能,尤其是数字时代每个人都应具备的基本技能。计算思维并非计算机科学技术工作者所独有的技能,而是面向所有人、所有领域的思维方式。

③ 计算思维并非数学计算的能力,但吸收了解决问题需要采用的一般数学思维方法,并可与数学和工程思维互补融合。

④ 计算思维是思想,而不是人工制品。

计算思维的流程通常包括分解、抽象、算法、调试、迭代、泛化 6 个要素。

计算思维的本质是抽象和自动化,即在充分理解计算过程能力和限制的基础上,将生活和工作中的复杂问题选择合适的方式进行分解和化简(抽象),转化为计算机所能处理的简单问题,并通过编写或调用程序自动解决该问题(自动化)。逻辑思维注重演绎,往往可以从原理上推演结果;计算思维则更注重自动化实现,往往基于机械累加等简单重复步骤来实现复杂的计算。

计算思维的影响已经渗透到物理、化学、生物、医学等各类不同学科。Python 语言以其语法简洁、类库丰富等优点,成为计算思维在各学科中应用的一种有效工具。

3.2 Python 语言

3.2.1 基本语法

1. 标识符

标识符是变量、常量、函数、属性、类、模块、包等对象的指定名称。标识符的命名规则如下:

① 区分大小写,Myname 和 myname 是两个不同的标识符;
② 首字符可以是下画线"_"或字母,但不能是数字;
③ 除首字符外的其他字符,可以是下画线、字母或数字;
④ 关键字不能作为标识符;
⑤ 不能使用 Python 内置函数作为自定义的标识符。

2. 关键字

关键字是类似于标识符的设定的字符序列。Python 语言中有 33 个关键字,只有 False、None、True 首字母大写,其他的全部小写。Python 的标准库提供了一个 keyword 模块,可以输出当前版本的所有关键字:

```
>>> import keyword
>>> keyword.kwlist
['False', 'None', 'True', 'and', 'as', 'assert', 'async', 'await', 'break', 'class', 'continue', 'def', 'del', 'elif', 'else', 'except', 'finally', 'for', 'from', 'global', 'if', 'import', 'in', 'is', 'lambda', 'nonlocal', 'not', 'or', 'pass', 'raise', 'return', 'try', 'while', 'with', 'yield']
```

Python 中的变量不需要预先声明，但在使用前必须赋值，赋值后该变量会被创建。等号 "=" 用来给变量赋值。等号运算符左边是变量名，右边是要给变量赋予的值。

3. 数据类型

Python 的数据类型有基本数据类型和组合数据类型。其中基本数据类型分为数值类型和字符串类型。

数值类型包含整数、浮点数、复数和布尔类型。

（1）整数类型

Python 的整数类型标识符为 int，其支持长整数，整数的长度只受计算机硬件的限制。例如：

```
>>> 15
15
>>> -1
-1
>>> 1111222223333344445555555566667777788888999990000000
1111222223333344445555555566667777788888999990000000
```

（2）浮点数类型

Python 的浮点数类型标识符为 float，其支持双精度浮点数，用于存储带小数的数据。其可以用科学记数法表示，e 表示 10 的指数。例如：

```
>>> 2.5
2.5
>>> 2e4
20000.0
>>> 1e-05
1e-05
>>> 0.00001
1e-05
>>> 1.00200030050006e+17
1.00200030050006e+17
```

（3）复数类型

```
>>> 2**(1/2)
1.4142135623730951
>>> (-2)**(1/2)
(8.659560562354934e-17+1.4142135623730951j)
```

（4）布尔类型

布尔类型标识符为 bool，bool 型是 int 型的子类，它只有两个值：True 和 False（第一个字母必须大写）。

（5）字符串类型

Python 中字符串类型标识符是 str（不是 string）。字符串可根据需要用一对单引号、双引号、三单引号、三双引号作为界定符进行包裹。其中三单引号和三双引号所界定的字符串可以包含多行。例如：

```
>>> 'abcd'
'abcd'
>>> "中文字符"
'中文字符'
>>> '''yirgfiref
rfroihfori
ueihfoie274nklewf中文uwehf'''
'yirgfiref\nrfroihfori\nueihfoie274nklewf中文uwehf'
>>> """uiewhfhei
uhefo2hr
354efewf"""
'uiewhfhei\nuhefo2hr\n354efewf'
```

在多行字符串中，'\n'是换行符，反斜杠（\）是转义字符。

利用方括号运算符"[ ]"可以通过索引得到相应位置（下标）的字符。

Python 的索引方式有两种：① 从前往后的正向索引，例如，n 个字符的字符串，其索引取值范围为 $0\sim n-1$；② 从后向前的负数索引，例如，n 个字符的字符串，其索引取值范围为 $-1\sim -n$。

例如：

```
>>> s='Python'
>>> s[0]
'P'
>>> s[-1]
'n'
```

可使用切片从字符串中提取子串。切片的参数是用两个冒号分隔的三个数字，切片的形式为 s[i:j:k]。所有序列型组合数据类型（如字符串、列表、元组）切片的形式一致。其中，i 为开始位置的索引（含），默认为 0；j 为终止位置的索引（不含），默认至序列尾；k 为切片的步长，默认为 1。i、j、k 使用默认值时可省略，只保留冒号。当步长省略时，可以顺便省略最后一个冒号。

例如：

```
>>> s='Python'
>>> s[0]
'P'
>>> s[-1]
'n'
>>> s='Python'
>>> s[1:4]
'yth'
>>> s[1:]
'ython'
>>> s[:-3]
'Pyt'
>>> s[::]
'Python'
>>> s[::-1]
'nohtyP'
```

（6）类型转换

在不能进行隐式类型转换的情况下，可以进行显式类型转换。数据类型的名称都可作为转换函数。例如，函数 int()可以将字符串、布尔值、浮点数转化成整数。函数 float()可以将字符串、布尔值、整数转换成浮点数。函数 str()可以将整数、浮点数、布尔值转换成字符串。

3.2.2 组合数据类型

1. 列表

列表（list）是一种序列型组合数据类型，用来存储由多个值组成的序列。在列表中，值可以是任何数据类型，称为元素（element）或项（item）。列表是有序的。通过列表，可以用单个变量来表达整个数据序列，并且序列中的任意元素都可以通过其在序列中表示排序位置的下标来进行访问，序列中第一个元素的下标为 0。

例如：

```
>>> list1 = ['physics','chemistry',1997,2000]
>>> list2 = [1,2,3,4,5]
>>> list3 = ["a","b","c","d"]
```

列表允许嵌套，也就是说，列表中的元素同样可以是列表。例如：

```
>>> mlist=[['ColA', 'ColB', 'ColC'],[1,2,3],[4,5,6],[7,8,9]]
>>> mlist[0][1]
'ColB'
>>> mlist[2][2]
6
```

作为序列型组合数据类型，列表的切片规则与字符串的一致。例如：

```
>>> list1=[1,2,3,4,5,6,7]
>>> list1[1:5]
[2, 3, 4, 5]
>>> list1[:-3]
[1, 2, 3, 4]
>>> list1[3:]
[4, 5, 6, 7]
```

2. 元组

元组（tuple）与列表类似，也是序列型组合数据类型。元组也可以存储不同类型的数据，如字符串、数值甚至元组。元组的索引、切片与字符串、列表的规则也相同。与列表不同的是，元组是只读的，创建后不能再做任何修改操作。例如：

```
>>> t=()
>>> t1=(1,)    #创建只有一个元素的元组
>>> t2=(2,3.345,'abc',(4,5,'pp'),'中文')
>>> t2[2:]
('abc', (4, 5, 'pp'), '中文')
>>> t2[-2][-1]
'pp'
```

3. 字典

字典（dictionary）是一种映射型组合数据类型，是包含键（key）和值（value）映射的集合，其中的一个键对应一个值。这种一一对应的关联称为键值对（key-value pair），或称

为项（item）。简单地说，字典就是用花括号包裹的项（键:值）的集合。用一对花括号就可以创建一个空字典。若字典中含有项（键:值），则键与值之间用冒号":"分隔，项（键:值）之间用逗号","分隔。

键必须是唯一的，必须为不可变数据类型，例如，字符串、数值类型或元组。列表等可变数据类型不能作为键。值可以是任何数据类型。

可用键加上方括号来得到字典中某个元素的值，即用 dict[key]的形式返回键对应的值。如果键不在字典中，则会引发 KeyError。例如：

```
>>> dict={'name': 'www', 'port': 80}
>>> dict
{'name': 'www', 'port': 80}
>>> dict['port']
80
>>> dict['a']
Traceback (most recent call last):
  File "<pyshell#4>", line 1, in <module>
    dict['a']
KeyError: 'a'
```

用方法 dict.get(key,default=None)可访问字典中 key 对应的值，避免出现上述方法中键不存在的报错。若使用方法 get()访问一个不存在的键，则会得到 None 值。可以自定义默认值来替换 None 值。例如：

```
>>> d = {}
>>> print (d.get('name'))
None
>>> d.get("name",'N/A')
'N/A'
>>> d["name"] = 'Eric'
>>> d.get('name')
'Eric'
```

3.2.3 控制结构

程序设计中使用的控制结构有三种，即顺序、分支和循环结构。

在设计一个程序解决较为复杂的问题时，通常采取自上而下的设计方法，先做顶层设计，然后将复杂问题进行分解，转化为若干可独立解决的、简单的子问题，"分而治之"。每个子问题均可使用顺序结构、分支结构、循环结构或它们的组合进行描述，即基于三种基本结构，借助某种编程语言实现简单问题的代码编写和自动执行，从而得到简单子问题的解。采用自上而下的程序设计过程，可以暂时不关心过程实现的细节，可以看作对功能算法的抽象。

而在程序编写完成后，执行程序时关心的是过程自动化实现的细节。对程序的测试通常采用自下而上的执行方法，从测试运行每个包含基本结构的细节实现模块开始，逐步上升到执行整个程序。

1. 顺序结构

顺序结构是典型的 IPO 结构，即程序工作的一般流程：数据输入、运算处理、结果输出，自上而下地依次执行各条语句，其流程图如图 3-2 所示。

【例 3-1】 从键盘输入圆的半径，计算圆的周长。代码如下：

```
import math
r = float(input("请输入圆的半径:"))
circumference = 2*math.pi*r
print("圆的周长为{:.2f}".format(circumference))
```

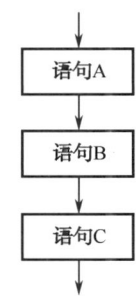

图 3-2　顺序结构流程图

2. 分支结构

分支结构（也称为选择结构）使程序具有了"判断能力"，能够模仿人类的大脑分析问题。其流程图如图 3-3（a）所示，其运行过程为，先判断条件（表达式），如果返回值为 True，那么执行语句块 1，否则执行语句块 2。分支结构有 if 语句、if-else 语句和 elif 语句三种形式，if-else 语句形式如图 3-3（b）所示。分支结构可以嵌套。

Python 使用缩进来指示语句块的层次结构，这也是明显的 Python 程序特点。缩进是非常重要的语法现象，可以更好地组织和管理代码，控制程序的流程，提高代码的可读性和可维护性。

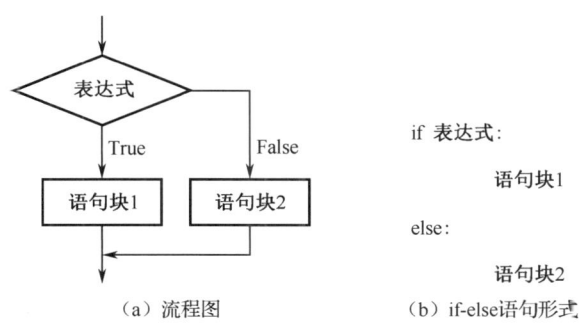

图 3-3　分支结构

【例 3-2】 从键盘输入成绩，输出成绩等级。代码如下：

```
score=eval(input('请输入成绩'))
if 100>=score>=90:
    print('优')
elif 90>score>=80:
    print('良')
elif 80>score>=70:
    print('中')
elif 70>score>=60:
    print('及')
```

```
    elif 60>score>=0:
        print('F')
    else:
        print('无效成绩')
```

3. 循环结构

为了逼近所需目标或结果重复反馈的过程称为迭代。对过程的一次重复称为一次迭代，而一次迭代得到的结果会作为下一次迭代的初始值，重复执行一系列相同的运算步骤，从前面的结果依次求出后面的结果。

循环结构是迭代思想在程序设计中的具体体现，其流程图如图 3-4（a）所示。Python 有 while 语句和 for 语句引导的两种循环结构，如图 3-4（b）和（c）所示。

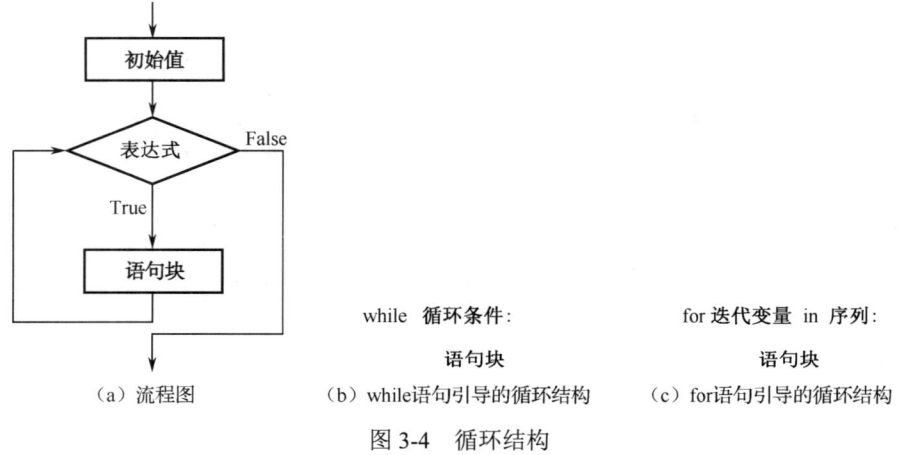

图 3-4　循环结构

while 语句用于在满足循环条件（表达式）时重复执行某语句块。当表达式的值为真时，执行相应的语句块（循环体），然后再判断表达式的值，如果为真，则继续执行语句块……当表达式的值为假时，则结束循环。

在循环体中可以嵌套分支结构，当满足某种条件时，可用 break 语句中断当前循环的执行，跳出循环结构。也可用 continue 语句中断本轮循环的执行，进入下一轮循环。

【例 3-3】　编写程序，使用双重循环输出九九乘法表。

由于需要输出 9 行 9 列的二维数据，因此需要使用双重循环，外层循环用于控制行数，内层循环用于控制列数。为了规范输出格式，可以利用 print 语句的格式控制方式。其中，"\t"的作用是跳到下一个制表位。代码如下：

```
i=1
while i<=9:
    j=1
    while j<=i:
        print("{}*{}={}".format(i,j,i*j), end="\t")
        j+=1
    i+=1
    print("\n")
```

运行结果如下:

```
1*1=1
2*1=2   2*2=4
3*1=3   3*2=6   3*3=9
4*1=4   4*2=8   4*3=12  4*4=16
5*1=5   5*2=10  5*3=15  5*4=20  5*5=25
6*1=6   6*2=12  6*3=18  6*4=24  6*5=30  6*6=36
7*1=7   7*2=14  7*3=21  7*4=28  7*5=35  7*6=42  7*7=49
8*1=8   8*2=16  8*3=24  8*4=32  8*5=40  8*6=48  8*7=56  8*8=64
9*1=9   9*2=18  9*3=27  9*4=36  9*5=45  9*6=54  9*7=63  9*8=72  9*9=81
```

for 语句引导的循环结构从可迭代对象（range()返回值、字符串、列表、元组、字典等）的头部开始，依次选择每个元素并对其进行一些操作直到结束，这种处理模式称为遍历（traversal）。for 语句用于遍历可迭代对象中的所有元素。

内置函数 range() 用于生成整数序列，通常的写法为 range(start, end, step)，与序列切片定义的规则一致。其中，start 决定序列的起始值（起始值可以省略，省略时该值为 0），end 代表序列的终值（索引范围是半开区间，不包括 end 的值），step 代表序列的步长（可以省略，默认值为 1）。

【例 3-4】 编写程序，用下列公式计算当多项式累加至第 10000 项时 π 的近似值：

$$\frac{\pi}{4} \approx 1 - \frac{1}{3} + \frac{1}{5} - \frac{1}{7} + \frac{1}{9} - \cdots$$

代码如下:

```python
p=0
for i in range(10000):
    p+=(-1)**(i)/(2*i+1)
pi=4*p
print(pi)
```

【例 3-5】 我国居民身份证号码由 17 位数字和 1 位校验码组成。校验码的生成规则：将前面的身份证号码 17 位数按顺序分别乘以系数 7, 9, 10, 5, 8, 4, 2, 1, 6, 3, 7, 9, 10, 5, 8, 4, 2，然后将这 17 个乘积相加，结果与 11 求模，余数只可能是 0, 1, 2, 3, 4, 5, 6, 7, 8, 9, 10 这 11 个数之一，它们对应的最后一位身份证的号码分别为 1, 0, X, 9, 8, 7, 6, 5, 4, 3, 2。例如，余数是 2，身份证号码最后一位就是罗马数字 X；余数是 10，身份证号码最后一位就是 2。

若已知某人身份证号码的前 17 位 id='31011020050101123'，求其身份证号码的校验码。

先将系数和结尾字符定义为元组 factor 和字符串 last：

```python
factor=(7,9, 10, 5, 8, 4, 2, 1, 6, 3, 7, 9, 10, 5, 8, 4, 2)
last='10X98765432'
```

利用 for 语句对输入字符串进行遍历，其中 Python 的内置函数 enumerate() 用于从序列对象迭代中同时获得下标和元素值。代码如下:

```
id='31011020050101123'
factor=(7,9, 10, 5, 8, 4, 2, 1, 6, 3, 7, 9, 10, 5, 8, 4, 2)
last='10X98765432'
sum=0
for i,char in enumerate(id):
    sum+=int(char)*factor[i]

ind=sum % 11
print('该身份证号码的校验码为',last[ind])
```

运行结果如下：

该身份证号码的校验码为 2

巩固练习

一、单项选择

1. _____是对计算思维错误的描述。
[A] 计算思维是计算机的专属内容
[B] 计算思维的特征在计算机科学中得到充分体现
[C] 计算思维可以应用于非计算机领域
[D] 计算思维的本质是抽象和自动化

2. 运用计算机科学的基础概念进行问题求解、系统设计，以及人类行为理解等的一系列思维活动属于_____。
[A] 计算思维　　　[B] 理论思维　　　[C] 逻辑思维　　　[D] 实验思维

3. 计算思维的本质是_____。
[A] 抽象和自动化　　　　　　　　[B] 问题求解和系统设计
[C] 建立模型和设计算法　　　　　[D] 理解问题和编程实现

4. _____不属于计算思维的特征。
[A] 计算机的思维方式　　　　　　[B] 人的思维
[C] 概念化的抽象思维　　　　　　[D] 数学和工程思维的互补与融合

5. 人类的科研活动中，三大思维能力是指_____。
[A] 实验思维、理论思维和计算思维　[B] 逆向思维、演绎思维和发散思维
[C] 抽象思维、逻辑思维和形象思维　[D] 计算思维、理论思维和辩证思维

6. 计算思维的提出者是_____。
[A] 周以真　　　[B] 冯·诺依曼　　[C] 图灵　　　[D] 香农

7. Python 是一种_____。
[A] 高级程序设计语言　　　　　　[B] 低级程序设计语言
[C] 汇编语言　　　　　　　　　　[D] 机器语言

8. Python 中用于表示注释的符号是_____。

[A] # [B] /*...*/ [C] // [D] /#...#/

9．以下 Python 标识符，不合法的是_____。
[A] Python* [B] Python [C] Python_ [D] Python3

10．设有变量定义：str='Python 人工智能'，则执行语句 print(str[:6])的输出结果是_____。
[A] Python [B] 人工智能 [C] on 人工智能 [D] Python 人工智能

11．以下 Python 标识符，_____是合法的。
[A] _Python_3 [B] A$def [C] *py [D] 10py

12．_____不是 Python 的关键字。
[A] keyword [B] while [C] for [D] if

13．_____不是 Python 组合数据类型。
[A] 整型 [B] 字典 [C] 列表 [D] 字符串

14．Python 提供了_____循环和 while 循环。
[A] for [B] loop [C] until [D] do

15．以下可以实现循环结构的 Python 语句是_____。
[A] for [B] loop [C] go [D] if

16．Python 中，直接进入本层下一轮循环的语句是_____。
[A] continue [B] exit [C] next [D] break

17．Python 中用于接收从键盘输入信息的函数是_____。
[A] input() [B] print() [C] format() [D] str()

二、操作实践

1．编程实现输入一个整数，判断奇偶结果并输出。
2．调用 calendar 库编程实现：输入一个日期，输出该日期是星期几。
3．输入一个整数 n，计算并输出 1+2+3+…+n 的结果。
4．输入一个整数 n，计算从 1 到 n 之间的偶数之和。
5．输入一个 1~9 范围内的整数，输出如图 3-5 所示的字符图形。

```
请输入一个1~9的整数，x为退出程序6
        1
       2 2
      3 3 3
     4 4 4 4
    5 5 5 5 5
   6 6 6 6 6 6
        A
       B B
      C C C
     D D D D
    E E E E E
   F F F F F F
请输入一个1~9的整数，x为退出程序x
bye
>>> |
```

图 3-5　第 5 题输出结果示例

6. 计算
$$s = \frac{3}{1} - \frac{5}{7} + \frac{7}{17} - \frac{9}{31} \cdots + (-1)^{i-1}\frac{2i+1}{2i^2-1} + \cdots \quad (1 \leq i \leq 9)$$
的前 i 项之和。输入 i 的值，输出计算结果。

7. 计算
$$s = -\frac{8}{15} + \frac{15}{24} + \frac{24}{35} - \frac{35}{48} \cdots + (-1)^i \frac{(i+1)(i+3)}{(i+2)(i+4)} + \cdots \quad (1 \leq i \leq 9)$$
的前 i 项之和。输入 i 的值，输出计算结果。

第4章 数 据 处 理

本章教学目标：
- 掌握电子表格的数据处理操作。
- 初步掌握基于电子表格的数据分析。
- 初步掌握通过 Python 编程处理电子表格数据的方法。
- 初步掌握基于 pandas 的数据处理方法。

4.1 电子表格

电子表格软件通常以一个工作簿文件管理多个包含二维行/列的工作表，不仅可以对表格数据进行外观格式化，而且可以对数据进行逻辑和算术运算、统计分析等操作，是数据分析乃至辅助决策的重要办公工具。本章内容以 WPS 表格为主进行介绍，辅以 Excel 个别功能。

4.1.1 工作簿与工作表

工作簿是包含一个或多个工作表的文件，可利用所包含的工作表来组织管理以单元格为基本单位的信息。不同的电子表格软件定义了个性化的工作簿格式，也能相互兼容。WPS 表格的工作簿默认扩展名是.et，通常也可保存为兼容 MS Excel 工作簿的格式.xlsx、启用宏的工作簿格式.xlsm，以及 Excel 97-2003 的兼容格式.xls。还可保存为以制表符分隔的文本格式.txt、以半角逗号分隔的文本格式.csv，以便与其他应用程序交换数据，以及发布为网页文件格式等。

工作簿模板的文件扩展名为.ett、.xltx 或.xltm（启用宏的模板）。模板中记录了一些固定使用工作簿的数据、布局和格式。创建新的工作簿时，可以使用空白的工作簿模板，也可以使用系统提供的模板来创建新工作簿。常用的电子表格数据布局、格式可存为自己的模板，以后在"个人模板"选项卡中可基于该模板新建工作簿。

4.1.2 单元格

单元格是管理和操作电子表格数据的基本对象。可在单元格中输入内容、设置格式，以及附加批注等信息。WSP 工作表从 A 到 XFD 共 16384 列，用字母表示，称为列标；从 1 到 1048576 行，用数字表示，称为行号。要表示某个单元格，以单元格所处位置的列标和行号表示。例如，D2 表示 D 列和第 2 行的单元格。

1. 数据填充

单击单元格可在其中输入数据。按 Enter 或 Tab 键可移至下一个单元格。若需在一个单元格中换行输入数据，按 Alt+Enter 组合键可输入换行符。

由于单元格中只能输入单行的数字，数学表达式要改写成单行形式。对于带有分数的数值，可用空格隔开整数与分数，如$2\frac{2}{3}$，可输入"2⌴2/3"（其中⌴为空格）；对于用科学记数法表示的数值，可用"E"表示指数，如6.023×10^{23}，可输入"6.023E+23"；对于指数形式的数值，可用"^"符号表示指数，如2^2，可输入"2^2"。

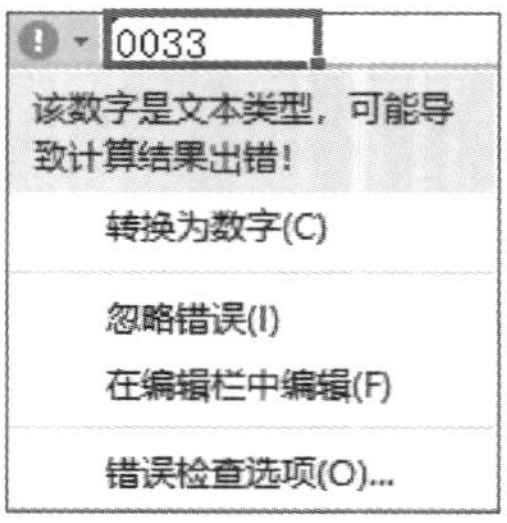

某些表示序列的数字，其不参加算术运算，因此本质上是文本类型，例如，工号"0033"，若直接输入，会被系统默认为数值，去掉前面的"0"。对这些文本类型数字，输入时应以半角单引号引导，如"'0033"。输入后在单元格左上角出现绿色三角标记，选中该单元格会出现提示。从其他应用程序导入的数据，有些被系统认为是文本类型，若需要进行算术运算，可先将其转换为数字，如图4-1所示。

图4-1 文本类型数字

当输入包含字母e或E、斜杠"/"或连字符"-"等符号的数字时，系统也可能发生错误理解，例如，"10e5"会被理解为"10×10^5"，从而显示为"1.00E+06"，而"1/2"和"1-2"会被理解为"1月2日"。对于这些数据，可先输入半角单引号将其作为文本类型。

右击选中的单元格，可对其插入批注，以标记该单元格的特殊信息而不改变单元格的内容和格式。有批注的单元格默认隐藏批注，仅在单元格的右上角显示一个红色三角标记，鼠标经过该单元格可显示批注。批注信息可像文本框对象一样进行编辑，批注作为单元格的属性内容可用剪贴板复制，若单独复制批注应使用选择性粘贴。

2. 单元格格式

在"开始"选项卡中可对单元格的格式进行设置，或者右击单元格，从快捷菜单中选择"设置单元格格式"打开"单元格格式"对话框，可对单元格的格式进行详细设置，包括数字的类型与格式、对齐方式、填充字体、边框底纹和单元格保护等，如图4-2所示。

在数值格式中，可选择红色（"赤字"）显示负值，若使用千分位分隔符，则自小数点起每3位数字用一个逗号隔开，以便于阅读定位。

如果内置的数字格式不能满足格式化需要，用户可以创建自定义格式。例如，在某财务报表等表格中需要采用人民币符号引导、带千分位分隔符号、负值以红色显示、四舍五入至十位的货币格式，则可定义为"￥#,##0.00;￥-#,##0.00"。又如，

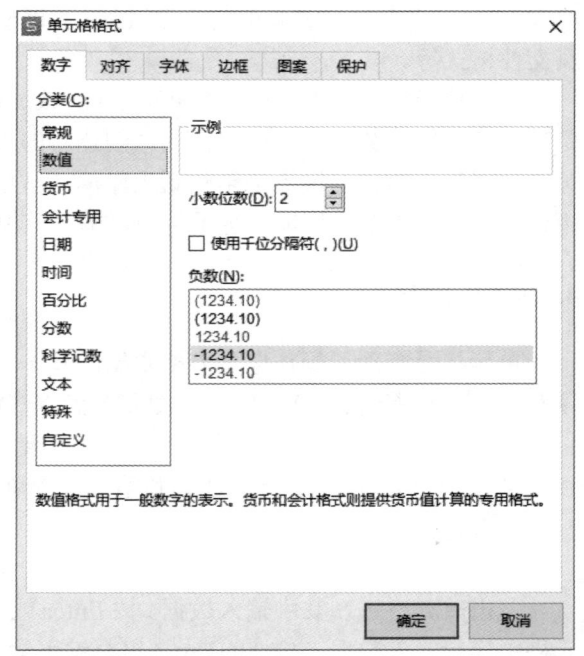

图4-2 "单元格格式"对话框

使用自定义格式"[<=99999999]###-#####;(####)###-#####"可自动以该格式显示电话号码"(8621)818-70936"。

单元格是不能进一步拆分的。在"开始"选项卡中，单击"合并"→"合并居中"，可以将选中的多个连续的单元格合并为一个单元格，并将所选第一个单元格中的数据居中显示。值得注意的是，合并居中后只保留第一个单元格中的数据，其他单元格中的数据都会被覆盖掉。将所选单元格内容居中显示的方法是水平对齐方式中的"跨列居中"，这种方式不会合并单元格或覆盖其他单元格中的数据。

在"开始"选项卡中单击"格式刷"可以复制单元格格式，单击只可使用一次，双击可使用多次，直至解除格式刷状态。

还可以套用表格样式和单元格格式。

3. 数据系列

若需要输入一系列有规律的数据（包括日期等），可在第一、二个单元格中输入起始两个数据，让系统接受递进规律，然后选中这两个单元格，拖动填充柄（选定区域右下角的绿色小方块 ），鼠标指针变为十字形状，拖动鼠标可自动填充数据系列。

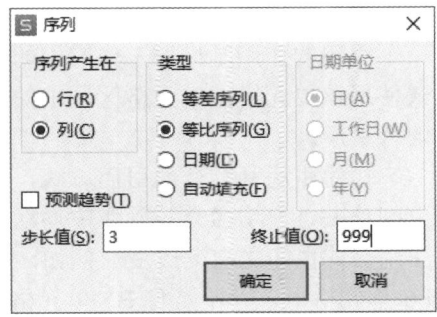

图 4-3 "序列"对话框

在"开始"选项卡中单击"填充"→"序列"，打开"序列"对话框，可设置从所选单元格开始自动填充等差序列、等比序列或等间隔日期序列等，如图 4-3 所示。

4. 数据有效性

数据有效性可自动阻止不符合指定条件的数据输入，从而控制和确保用户输入的单元格数据的有效性。这适用于需要大量人工输入数据的场合。例如，可预先指定数据有效性条件将数据输入限制在某个数值范围或日期范围内等。

选择需要对输入的数据进行有效性检验的单元格范围，单击"数据"→"有效性"，打开"数据有效性"对话框，如图 4-4 所示，在"设置"选项卡中设置有效性条件。在"输入信息"选项卡中设置为"选定单元格时显示输入信息"，则单击单元格会显示预留的提示信息。在"出错警告"选项卡中设置为"输入无效数据时显示出错警告"，在单元格中如果输入了不符合有效性条件的数据，会弹出预留的警告信息并等待重新输入。

利用数据有效性条件设置下拉式输入，如图 4-5 所示。

5. 计算

（1）公式

WPS 表格中，公式是用于执行计算、返回信息、输出单元格内容、测试条件等的表达式。公式均应以半角等号"="开头，例如，"=1*2+2/3""=A2+B3""=NOW()"等。

公式中可包含数字、字符常量、单元格引用及函数等，以运算符号相连接。

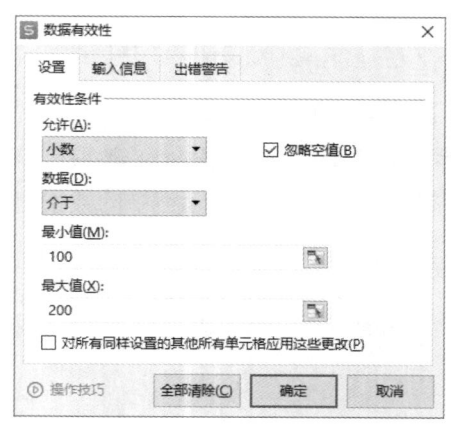
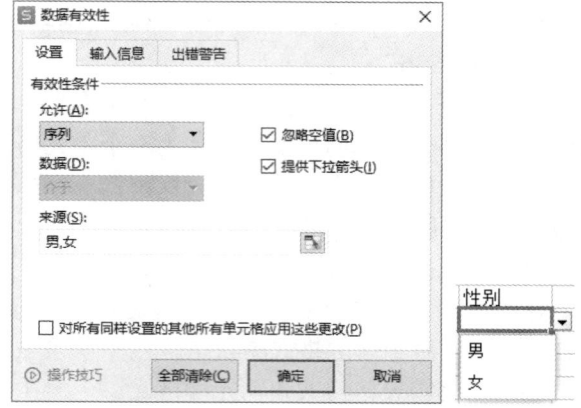

图 4-4 "数据有效性"对话框　　　　图 4-5 利用数据有效性条件设置下拉式输入及效果

（2）引用

引用的作用是标识工作表中的单元格或单元格区域，这样，可以在公式中以引用的方式使用该单元格或单元格区域中的数据进行计算。引用的方式包括相对引用、绝对引用和混合引用。

相对引用是默认的引用方式，其基于公式所在的单元格与引用单元格的相对位置。在复制粘贴、自动填充等操作中均默认使用相对引用。如果公式所在的位置发生改变，相对引用公式也随之自动改变。例如，在 B5 单元格中的公式为"=B3+B4"，将该公式复制到 F6 单元格中，并不是将 B5 单元格的结果值复制过去，而是复制了相对引用的公式，其意义仍然是公式所在单元格 F6 左面两个相邻单元格之和，也就是"=F4+F5"。

绝对引用是在引用的单元格列标和行号之前加符号"$"，该符号可直接输入，也可用功能键 F4 在单元格列标和行号上切换。公式中的绝对引用（如$A$1）是固定不变的，即使公式所在的位置发生改变。通常，绝对引用可用于对某个固定值（如系数）所在单元格的引用，改变该值会立即影响所有使用了该绝对引用的计算结果。

混合引用就是引用的单元格行号和列标中一个使用绝对引用而另一个使用相对引用。如果公式所在的位置改变，相对引用部分将发生改变，而绝对引用部分固定不变。例如，如果 B5 单元格中的公式为"=B$3"，将该公式复制到 F6 单元格中，公式将变为"=F$3"。

公式中若需要引用另一个工作表中某单元格中的数据，可使用"!"连接符将工作表名称与单元格引用连起来使用，如"Sheet3!B3"。

公式中还可以引用另一个工作簿文件中的单元格，工作簿文件名应放于方括号中，如"=[test.xlsx]Sheet1!D4"。还可指定磁盘和路径，但如果所引用的工作簿文件名或工作表名称中包含非英文字母的字符（包括中文、数字、空格等符号），则必须将相应名称（或路径）用单引号"'"括起来，例如"=SUM('D:\Student Works\[data.xlsx]数据'!C10:C25)"。

（3）函数

公式中可以使用内置工作表函数库中的函数来执行运算操作。函数可直接在单元格中输入，也可单击 fx 按钮插入。常用的函数说明如下。

- 求和：SUM(number1,[number2],…)。

- 求算术均值：AVERAGE(number1,[number2],…)。
- 求最大值：MAX(number1,[number2],…)。
- 求最小值：MIN(number1,[number2],…)。
- 随机数：RAND()，返回大于或等于 0 及小于 1 的均匀分布随机实数。若要产生一个下限（含）至上限（含）之间的随机整数，应嵌套使用"INT(RAND() * (上限-下限+ 1) + 1)"。
- 求模：MOD(number,divisor)，返回两数相除的余数，返回结果的正负号与除数相同。如果 divisor 为 0，则返回除 0 错误"#DIV/0!"。
- 四舍五入：ROUND(number,num_digits)，其中 num_digits 为保留的小数位数，可以是 0 或负整数。
- 取整数：INT(number)，将数字向下舍入到最接近的整数。若 number 为正，则直接取整数，若 number 为负，则结果为绝对值比整数部分多 1 的负整数。
- 计数：COUNT(value1,[value2],…)，计算包含数字的单元格以及参数列表中数字（仅数字）的个数。
- 与：AND(logical1,[logical2],…)，所有参数值均为 TRUE，则返回 TRUE。
- 或：OR(logical1,[logical2],…)，只要有一个参数的值为 TRUE，就返回 TRUE。
- 条件返回：IF(logical_test,[value_if_true],[value_if_false])，进行逻辑判断，若表达式 logical_test 值为 TRUE，则返回前一个方括号内的值，否则返回后一个方括号内的值。

在公式中可使用嵌套函数，即在公式中可以将一个函数的结果作为另一个函数的参数，例如：

`=IF(B3>=90,"A",IF(B3>=80,"B",IF(B3>=70,"C",IF(B3>=60,"D","E"))))`

6. 单元格区域

对于经常使用的单元格区域，可为其定义名称并直接在计算中使用名称。例如，将某些特定的单元格选中，在名称框中输入名称"secs1"并回车，以后用"secs1"就可指定选取这些单元格，用"=average(secs1)"可以计算该区域所有单元格中数据的平均值。

单击"公式"→"名称管理器"，在打开的对话框中可对已命名的单元格区域进行编辑、改名、删除命名等操作。

7. 剪贴板操作

剪贴板操作前首先要选择单元格或单元格区域。

单击可选中一个单元格；单击行标签或列标签可选中一行或一列；单击全选按钮（左上角行列标签交叉处 ）或 Ctrl+A 组合键可选择整个工作表；同时按 Shift 键单击可选择连续的单元格或行、列；同时按 Ctrl 键单击可选择不连续的单元格或行、列。

在工作表编辑操作中，常会隐藏一些信息，分类汇总等统计操作也会隐藏工作表中的一些信息，若只需选中可见单元格而忽略隐藏的信息，可先选中大致区域，再通过"开始"→"查找"→"定位"，打开"定位"对话框，选择"可见单元格"，即可只选中这些可见单元格，如图 4-6 所示。

对单元格的复制、粘贴操作默认为相对引用，如果需要粘贴最终结果，可使用选择性粘贴，对话框如图 4-7 所示。

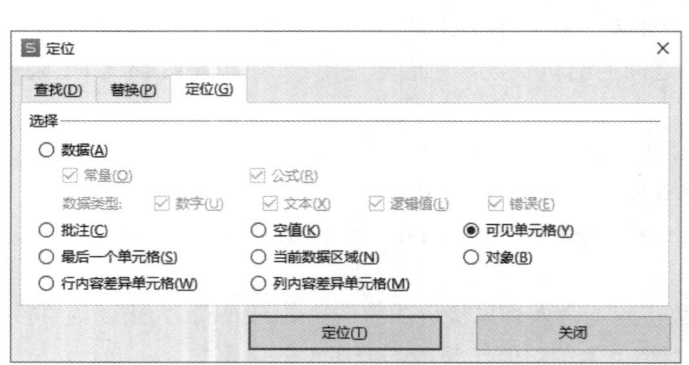
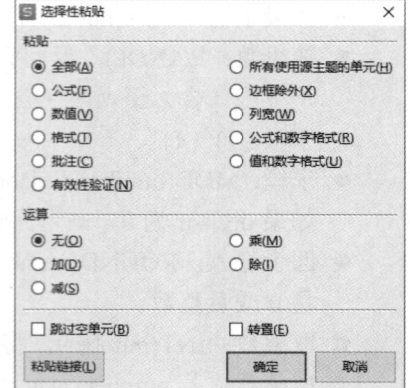

图 4-6 "定位"对话框　　　　图 4-7 "选择性粘贴"对话框

用选择性粘贴还可以粘贴格式、批注、有效性验证等。勾选"转置"复选框进行选择性粘贴，可将所复制单元格区域的行、列互换。

4.1.3　工作表的格式化

1. 行、列格式

用鼠标拖动行间、列间的接缝，可调整行高、列宽，双击该接缝，可自动调整行高、列宽以适应单元格内容。

内容为数值类型的单元格如果列宽不够，会显示为"#####"，双击列间接缝，可自动调整列宽以适应数值宽度。

右击行或列，可通过快捷菜单命令设置行高或列宽。

2. 套用表格格式

选中单元格区域，使用"表格样式"可套用不同颜色、标题栏、效果的表格样式。选择"无"可去除所套用的表格样式。

3. 条件格式

在大量枯燥的数字表格中，可以通过格式的变化直观地显示出数值的差异，这就是条件格式。应用条件格式可根据设置规则让处于不同取值范围的单元格呈现不同的格式，从而突出显示所关注的单元格，强调特殊值和可视化数据。使用条件格式可以帮助用户直观地查看和分析数据、关注变化转折、识别数学模式和发现变化趋势等，如图 4-8 所示。

上海市 2023 年 10 月 5 日整点气温情况																								
时间/h	9	10	11	12	13	14	15	16	17	18	19	20	21	22	23	0	1	2	3	4	5	6	7	8
温度/℃	30	31	31	31	32	32	32	31	31	30	29	28	28	28	28	28	27	27	27	27	26	27	27	29

图 4-8　色阶条件格式示例

选中目标单元格区域，单击"开始"→"条件格式"，弹出下拉列表，如图4-9所示。

- 突出显示单元格规则：为包含的值符合规则的单元格（大于、小于、介于范围、文本包含、发生日期或重复值）设置突出显示格式。
- 项目选取规则：为最大或最小值排名前几项或前百分之几，以及高于或低于平均值的单元格设置突出显示格式。
- 数据条：以填充色条的长度直观地比较数值的大小。
- 色阶：分为双色刻度和三色刻度，以不同的颜色区分每个单元格数值位于所有选中单元格数值的不同区段。
- 图标集：以不同的方向、形状、标记和等级（类似于手机信号强弱指示）等图标区分每个单元格数值位于所有选中单元格数值的不同区段。

图4-9 设置条件格式

- "新建规则"或"管理规则"：用于设置条件格式细节。如果需要自动判别更为复杂的条件，可以使用公式来设置条件格式。选择"新建规则"，在对话框中单击"使用公式确定要设置格式的单元格"，在"只为满足以下条件的单元格设置格式"列表框中输入公式（公式必须以等号开头且必须返回逻辑值），单击"确定"按钮即可。例如，公式"=MOD(ROW(),2)=1"表示使用函数MOD()和ROW()设置为每隔一行加底纹。
- "清除规则"：用于取消条件格式设置。

4.1.4 图表

图表将数据以图形形式显示，使用户可以直观理解和比较大量数据，并发现不同数据系列之间的关系。

1. 创建图表

选中工作表中需创建图表的数据区域（包括系列和记录的标题），在"插入"选项卡中选择要使用的图表类型，即可将这些数据绘制成图表，如图4-10所示。

图4-10 选择图表类型

根据要表达的数据可视化意义，可选择不同的图表类型。

- 直接数值比较：将数据系列中的所有数值直接可视化展示，包括柱形图、条形图、散点图、折线图、面积图、曲面图、雷达图等。
- 堆积数值比较：将同一类别的多个数据系列累加为一个整体，与另一类别的累加整体进行比较，包括堆积柱形图、条形图、折线图等。

● 百分比堆积比较：将一个类别的多个数据系列的贡献（占比）累加并归一化为100%，比较各个数据系列的贡献，包括百分比堆积柱形图、条形图、折线图等。事实上，饼图和环形图也是百分比堆积图，它们只有一个数据系列。

2. 图表编辑

（1）图表元素设置

通过对图表元素的添加、隐藏、移位、调整格式等操作可创建满足数据可视化需求的个性化图表，图表元素如图4-11所示。

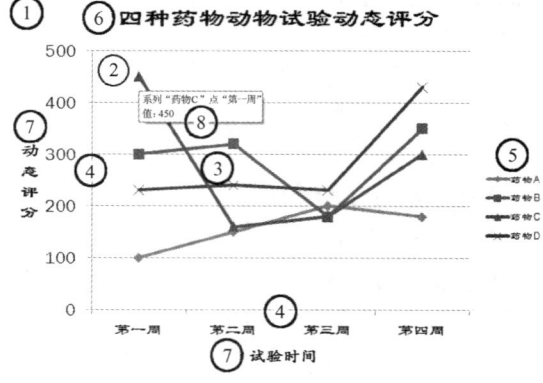

图4-11　图表元素

① 图表区：整个图表及其全部元素。
② 绘图区：由坐标轴界定的区域，包括所有数据系列。
③ 数据系列：图表中绘制的全部数据点。
④ 分类（横）坐标轴和值（纵）坐标轴。
⑤ 图例：用于标识数据系列或分类的图案或颜色。
⑥ 图表标题：图表的说明性文本。
⑦ 坐标轴标题：坐标轴的说明性文本。
⑧ 数据标签：用于标识数据系列中数据点的详细信息或附加信息的标签，由鼠标指针触发显示。

创建图表后，可以快速为图表应用预定义的图表布局和图表样式。图表样式是基于用户所应用的文档主题为图表设置的格式。

选中图表元素，利用"图表工具"选项卡中相关功能可对图表元素的属性进行个性化设置。

● 图表坐标轴的显示：指定坐标轴的刻度并调整显示的值或分类之间的间隔，在坐标轴上添加刻度线。
● 添加标题和数据标签：为了帮助阐明图表中显示的信息，可以添加图表标题、坐标轴标题和数据标签。
● 调整图例：显示或隐藏图例，更改图例的位置或者修改图例项。
● 填充图表元素：使用颜色、纹理、图片和渐变填充特定的图表元素使其更加醒目。
● 更改图表元素的轮廓：使用颜色、线型和线条粗细来强调图表元素。
● 添加特殊效果：为图表元素应用特殊效果（如阴影、发光、柔化边缘等），使图表具有精美的外观。
● 设置文本和数字的格式：为图表的标题、数据标签及文本框中的文本和数字设置格式，甚至应用艺术字样式。

（2）添加双坐标轴

如果用于创建图表的两个数据系列的数量级差别较大，在同一坐标系中绘图时会有一个数据系列不能显著呈现，可使用双坐标轴，如图4-12所示。

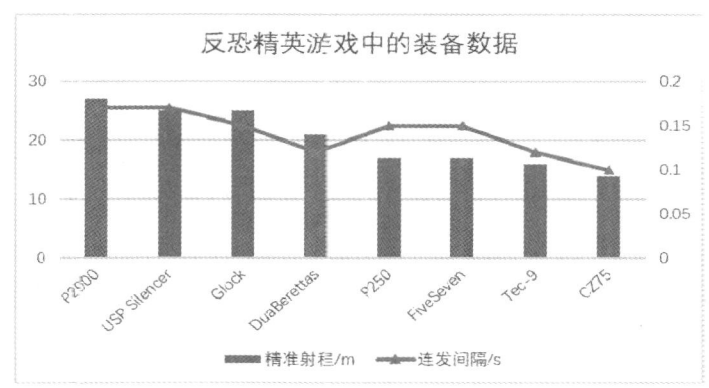

图 4-12 使用双坐标轴的图表示例

选中图表,单击"图表工具"→"更改类型",在对话框中选择"组合图",然后勾选要添加次坐标轴的数据系列,在图表中添加次坐标轴。

(3) 趋势线和误差线

选中图表,单击"图表工具"→"添加元素"→"趋势线"→"更多选项",在打开的对话框中选择目标数据系列,然后在右侧属性窗格的"趋势线选项"中为选中的数据系列添加指数、线性、对数、多项式、幂,或者移动平均趋势线,系统会根据数据系列变化趋势,自动拟合出数学公式并给出相关系数,设置和结果如图 4-13 和图 4-14 所示。

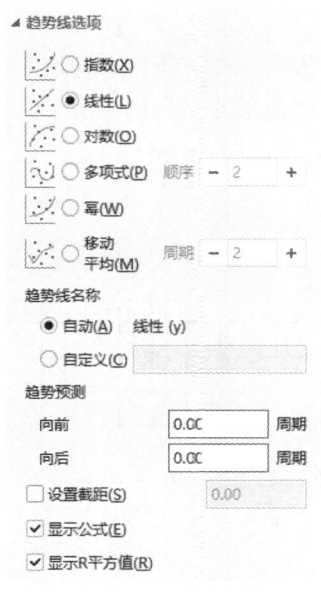

图 4-13 属性窗格中的"趋势线选项"设置　　图 4-14 趋势线示例

选中图形,单击"图表工具"→"添加元素"→"误差线"→"更多选项",在打开的对话框中选择目标数据系列,然后在右侧属性窗格的"垂直误差线"中为选中的数据系列添加正或负方向固定值、百分比、标准误差的误差线,也可利用另一数据系列逐点为选中的系列添加误差线,设置和结果如图 4-15 和图 4-16 所示。

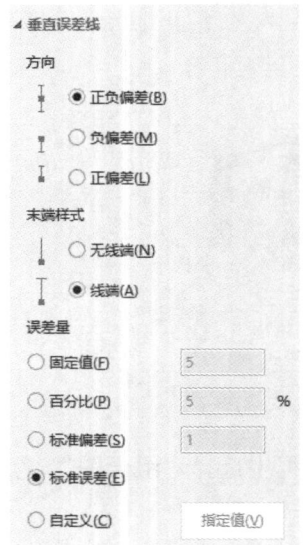
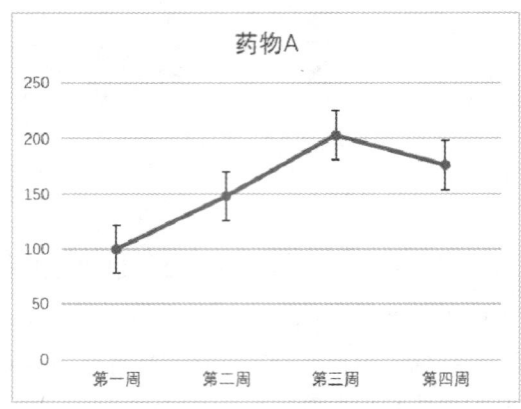

图 4-15　属性窗格中的"垂直误差线"设置　　　　图 4-16　误差线示例

3. 迷你图

迷你图是放在单元格中的微型图表，在单元格旁边可视化地汇总数据趋势，供用户粗略地直观了解数据的变化。

选择欲创建迷你图的单元格，单击"插入"→"迷你图"→"折线"、"柱形"或"盈亏"，打开"创建迷你图"对话框，如图 4-17 所示，设置数据范围即可创建，结果如图 4-18 所示。迷你图单元格支持自动填充柄拖动填充和复制粘贴。

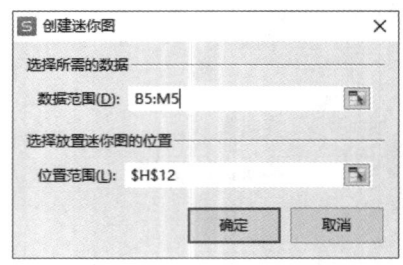

	A	B	C	D	E	F	G	H	I	J	K	L	M	N
1		部分城市按月平均最低气温（℃）												
2	月份	1	2	3	4	5	6	7	8	9	10	11	12	迷你图
3	哈尔滨	-22	-16	-4	1	9	17	19	18	11	4	-6	-19	
4	上海	3	5	9	13	18	22	27	26	21	18	13	3	
5	广州	10	12	15	19	23	25	26	25	24	21	18	8	

图 4-17　"创建迷你图"对话框　　　　图 4-18　迷你图示例

4.1.5　排序和筛选

1. 简单排序

若需按某列数据对整个数据表或数据区域排序，单击该列中的任意位置，单击"开始"→"排序"可实现简单的升序或降序排列。

该排序所依据的是单元格中数值类型数据的大小或文本类型数据的码值大小。简体汉字的码值随拼音字母顺序增大。

排序对连续的数据区域均有效，若某些行不参加排序（如总计或平均值行），可预先插入空行将其与连续的数据区域隔开，排序后再删除该空行即可。

2. 自定义排序

自定义排序即按指定条件排序。指定数据区域后，用 自定义排序(U)... 可打开"排序"对话框，自定义排序条件，如图4-19所示。

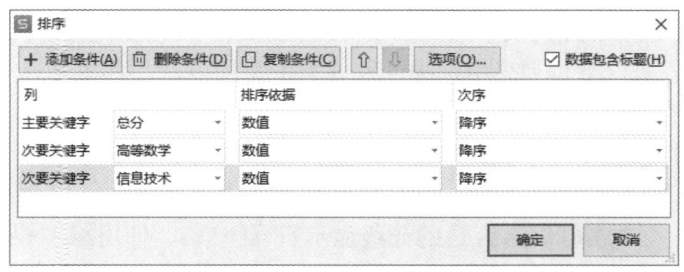

图4-19 "排序"对话框

① 多条件排序。如果有多个条件，第一个条件为主要关键字条件，当该条件相同时，按次要关键字排序，再相同则依次下推。可添加多个次要关键字条件依次完成多条件排序。

② 按笔画排序。对中文内容，可按笔画排序，单击"选项"按钮，打开"排序选项"对话框，如图4-20所示，在"方式"栏中可选择"笔画排序"单选项。

③ 按行排序。按行排序是指按活动单元格所在的行进行横向比较，带动相应数据区域中的其他行依次排序。

④ 按颜色或图标排序。自定义排序不仅可以按条件关键字排序，还可以在"排序依据"下拉列表中选择按单元格颜色、字体颜色或条件格式图标排序，如图4-21所示。

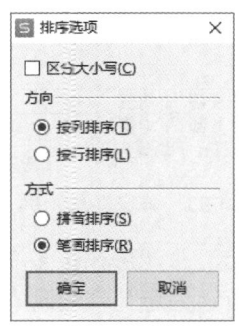

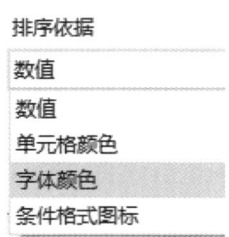

图4-20 "排序选项"对话框　　　　　图4-21 排序依据

3. 筛选

要筛选工作表中的信息，可设置一个或多个数据列条件，创建用来限定要显示的数据的筛选器，显示列表中符合条件的内容。

在筛选数据时，只显示满足筛选条件的行，而不满足筛选条件的行会隐藏起来。

与排序类似，不仅可以按数值或文本筛选，也可按单元格颜色等条件筛选。

4.1.6 分类汇总

分类汇总是以指定列作为分类依据进行统计并分级显示的数据报表。

创建分类汇总报表时，事先要按包含分类依据的数据列进行排序。此排序无所谓升序或降序，其目的是通过排序将具有相同分类字段的记录集中在一起。单击“数据”→“分类汇总”，在“分类汇总”对话框中设置分类汇总参数，如图 4-22 所示。

- 在“分类字段”下拉列表中选择需要分类汇总的列，也就是排序所依据的关键字列。
- 在“汇总方式”下拉列表中选择计算分类汇总的方法，如求和、平均值、计数等。
- 在“选定汇总项”列表框中，勾选要进行分类汇总计算的列。

分类汇总创建汇总报表时将工作表明细数据的行或列进行了分组，分级显示可以显示和隐藏每个分类汇总的明细数据行，可汇总整个工作表或其中的一部分。若只显示分类汇总和总计的结果，可单击行编号旁边的分级显示符号 1 2 3 。使用 + 和 − 符号可显示或隐藏各个分类汇总的明细数据行，如图 4-23 所示。

在完成分类汇总之后，如果改动明细数据，分类汇总也会立即自动重新计算分类汇总和总计。

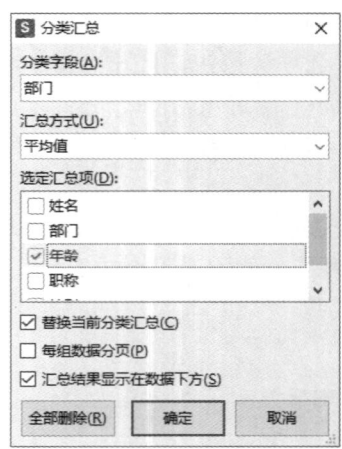

图 4-22 “分类汇总”对话框

	A	B	C	D	E
1	姓名	部门	年龄	职称	性别
7		后勤部 平均值	34.8		
13		技术部 平均值	35.2		
14	邱晓萍	开发部	30.0	技术员	女
15	孙楠	开发部	28.0	助工	男
16	杨玉铭	开发部	43	工程师	男
17	叶磊	开发部	40	工程师	男
18	叶志荣	开发部	27.0	助工	女
19		开发部 平均值	33.6		
25		业务部 平均值	34.2		
26		总计平均值	34.5		

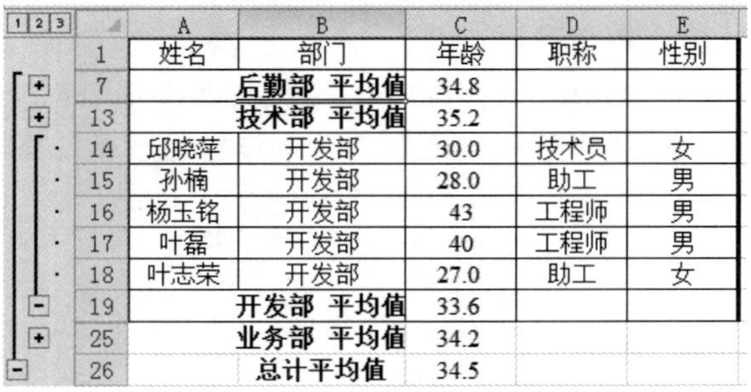

图 4-23 分类汇总示例

为了使用不同汇总方式或不同的分类字段进行分类汇总，可在按多字段条件排序后，依次嵌套使用分类汇总。再次使用“分类汇总”命令前，为避免覆盖现有的分类汇总，应取消勾选“替换当前分类汇总”复选框。

若需解除分类汇总结果而不改变原有数据，可单击“全部删除”按钮。

4.1.7 数据透视表

1. 创建数据透视表

数据透视表能够汇总、分析、浏览和提供工作表数据之外的聚合数据或分类汇总数据，让用户看到数据内部所包含的进一步汇总信息。

要创建数据透视表，应确保数据区域包含列标题并且其中没有空行，作为数据透视表的数据源。

单击“插入”→“数据透视表”，在对话框（见图 4-24）中选择源数据区域和产生透视表的位置，显示“数据透视表”窗格（见图 4-25），从“字段列表”中拖动要添加到透视表中的字段到下方的“数据透视表区域”中：根据透视表的设计布局，将分类字段拖到“行”或“列”格中，将需要统计汇总的字段拖到“Σ值”格中。单击“分析”→“表选项”，打开“数据透视表选项”对话框，如图 4-26 所示，可进一步对所生成的透视表（见图 4-27）进行格式设置。

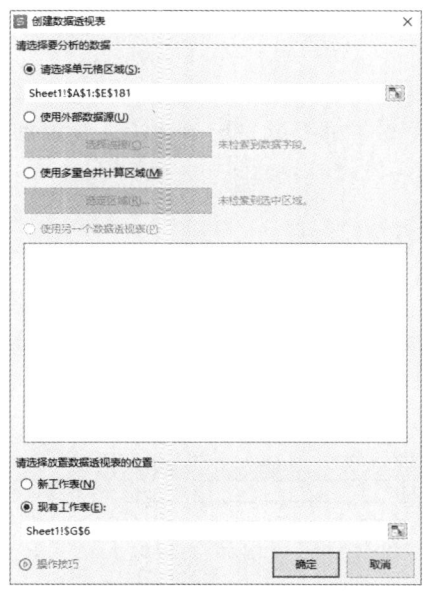

图 4-24 “创建数据透视表”对话框

图 4-25 数据透视表“字段列表”窗格

图 4-26 “数据透视表选项”对话框

学院	求和项:实际招生
电子科学与工程学院	516
计算机科学与技术学院	482
历史学院	469
软件学院	464
商学院	1151
社会学院	437
生命科学学院	309
外国语学院	767
文学院	626
物理学院	571
新闻传播学院	456
信息管理学院	482
医学院	463
总计	**7193**

图 4-27 透视表示例

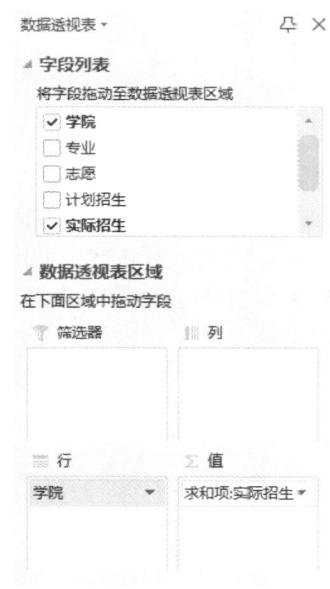

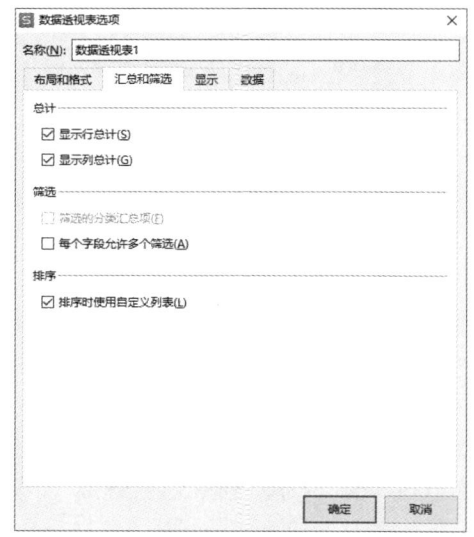

图 4-28 切片器示例

2. 切片器

切片器是能够用直观交互的方式来快速筛选数据透视表中的数据的可视控件。在透视表上插入切片器,可使用按钮对数据进行快速分段和筛选,仅显示所需数据。例如,在图 4-27 示例中插入"学院"切片器(见图 4-28),可只筛选按钮所代表学院的部分数据参加透视表。

4.2 基于电子表格的数据分析

4.2.1 单变量求解

单变量求解就是解一元方程。通过自动迭代修正可变单元格中的值,求出满足给定条件的目标值,完成变量求解。

【例 4-1】 解方程 $56x^4+8x^3+34x+8=0$。

在工作表中列出方程内容,如图 4-29 所示。在 F3 单元格中输入公式"=A3*G3^4+B3*G3^3+C3*G3^2+D3*G3+E3"。单击"数据"→"模拟分析"→"单变量求解",打开"单变量求解"对话框设置"目标单元格"为 F3 单元格,"可变单元格"为 G3 单元格,"目标值"为 0,单击"确定"按钮,执行求解,如图 4-30 所示。

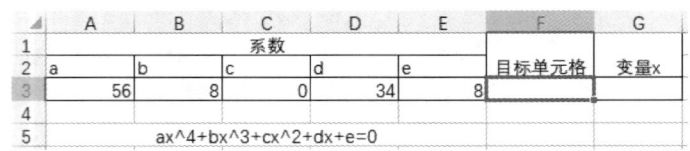

图 4-29 在工作表中列出方程内容

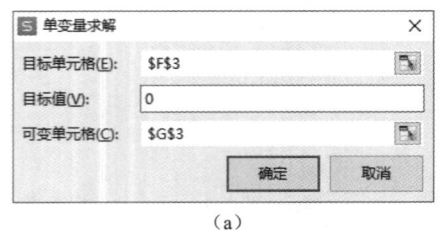
(a)

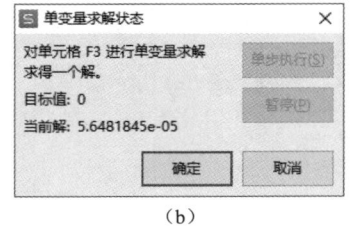
(b)

图 4-30 单变量求解的设置及求解状态

当目标单元格 F3 的值约为 5.648×10^{-5} 时(近似为 0),求得 x 近似解为-0.237。

在默认情况下,单变量求解最多执行 100 次迭代,且迭代终止条件为与目标值的误差不超过 0.001,求解一般不能达到完全匹配。要获得更高的精度和更多的迭代次数,可单击"文件"→"选项",打开"选项"对话框,在"重新计算"中设置,如图 4-31 所示。

【例 4-2】 投资获利问题。小明计划每月存款 1000 元,若存款利率为 1.55%,计算需存多少年能达到 45000 元。

FV(rate, nper, pmt, [pv], [type])是基于固定利率和等额分期付款方式计算投资未来值的函数，其中，rate 为利率，nper 为支付总期数，pmt 为定期支付额，pv 和 type 是可选参数，分别表示现值与是否初期支付。存款行为是付出行为，通常以负数表示。

在 B4 单元格中输入公式"=FV(B2/12,B3*12,B1)"，其中存款和计利的周期均为月。设置单变量求解的"目标单元格"为 B4 单元格，"目标值"为 45000，"可变单元格"为 B3 单元格，执行求解，可得存款时间约为 3.65 年，如图 4-32 所示。

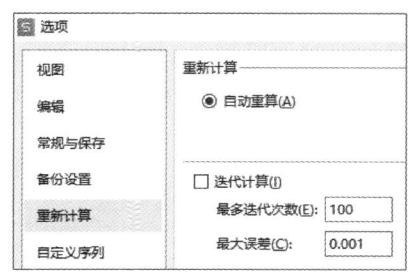

图 4-31　设置最多迭代次数和最大误差　　图 4-32　例 4-2 的运算结果

4.2.2　模拟运算表

单变量模拟运算表是 Excel 提供的功能，用于展示当一个参数发生变化时，引起的中间变量和最终结果的变化。通常，在要展示的模拟运算数据起始处输入以固定数据进行运算的公式，然后在模拟运算表设置中用行数据或列数据替代"输入引用行的单元格"或"输入引用列的单元格"中的固定数据完成模拟运算。

【例 4-3】　炮弹射程问题。用单变量模拟运算表展示物理理想状态下榴弹炮不同发射角变化造成的射程数据变化。

在模拟运算表起始处 B8 单元格中输入公式"=2*B1^2*SIN(B3*PI()/180)*COS(B3*PI()/180)"，其中发射角使用 B3 单元格中的固定数据，然后选中 B7:G8 区域，打开"模拟运算表"对话框，设置"输入引用行的单元格"为$B$3，如图 4-33（a）所示，单击"确定"按钮，执行模拟运算可得图 4-33（b）所示的结果。

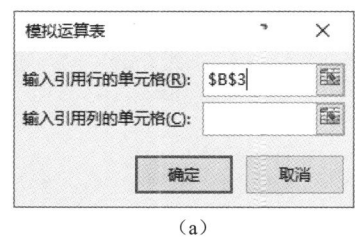

（a）　　　　　　　　　　　　　　　　（b）

图 4-33　例 4-3 的设置和运算结果

双变量模拟运算表用于研究当两个参数发生变化时，引起的中间变量和最终结果的变化。

【例 4-4】　还贷问题。某小微企业创新创业项目需要贷款 300 万元购置设备，已知贷款的年利率基准为 3.2%，若能申请到享受 0.3、0.5、0.8、1 倍利率折扣的不同级别的小微企业贷款优惠政策，列出分别以 5、10、15、20、25、30 年期还贷的双变量模拟运算表。

PMT(rate, nper, pv, [fv], [type])是基于固定利率和等额分期付款方式计算贷款每期付款额的函数，其中，rate 为利率，nper 为支付总期数，pv 为现值，fv 和 type 是可选参数，分别表示终值与是否初期支付。还款行为是付出行为，通常以负数表示。

先在 B6:B13 单元格区域根据 A6:A13 单元格区域的折扣和$D$2 单元格的利率基准计算出实际利率。欲展示模拟运算表的单元格区域为 B5:H13，在其行列交叉的单元格 B5 中输入公式"=PMT(F2/12,H2*12,B2)"，其中还贷和计利的周期均为月，利率和贷款年限均使用 F2 和 H2 单元格中的固定数据。以 B5 单元格为模拟运算表的左上角，选择 B5:H13 单元格区域，设置"输入引用行的单元格"为$H$2，"输入引用列的单元格"为$F$2，执行模拟运算可得图 4-34 所示结果。

	A	B	C	D	E	F	G	H
1				月还贷金额模拟运算表/元				
2	贷款总额	3000000	利率基准	3.20%	实际利率		0.032	贷款年限	10
3								
4	利率折扣	实际利率			贷款年限			
5		¥-29,246.01	5	10	15	20	25	30
6	0.3	0.0096	-51229.59313	-26229.18805	-17902.11099	-13743.36044	-11251.93432	-9594.163821
7	0.5	0.016	-52059.972	-27069.93808	-18757.64548	-14614.74586	-12139.55621	-10498.17125
8	0.8	0.0256	-53321.48977	-28362.89668	-20088.52003	-15984.92253	-13549.33228	-11947.42453
9	1	0.032	-54173.11647	-29246.00617	-21007.23587	-16939.88489	-14540.36946	-12974.00596

图 4-34　例 4-4 的运算结果

4.2.3　规划求解

规划求解是通过迭代满足对可变单元格、目标函数和约束条件三方面的限制达到求解目标。求解方法可根据数学模型的特点选择非线性内点法和单纯线性规划法等。最多迭代次数和最大误差的设置与单变量求解相同。

【例 4-5】　已知 m 和 n 满足下列条件：$m+n-5\geq 0$，$m-n+1\geq 0$，$3m-2n-4\leq 0$。求 $m+n$ 的最大值。

如图 4-35 所示，先将约束条件在单元格中逐一表达为公式，选中 B6 单元格，打开"规划求解参数"对话框，逐一设置约束条件，单击"求解"按钮即可得到迭代结果。

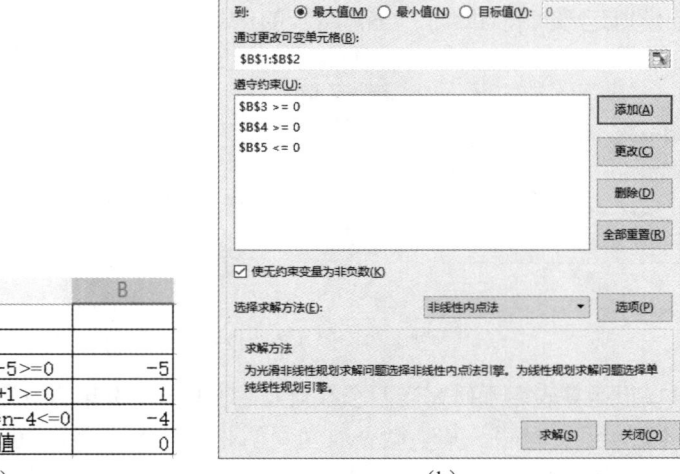

图 4-35　例 4-5 的求解过程

第 4 章 数据处理

	A	B
1	m	5.999999999
2	n	6.999999999
3	条件1: m+n-5>=0	7.999999998
4	条件2: m-n+1>=0	1.92739E-10
5	条件3: 3*m-2*n-4<=0	-6.28443E-10
6	m+n最大值	13

(c)

图 4-35 例 4-5 的求解过程（续）

【例 4-6】 路径优化问题。C4:I10 单元格区域列出了保障中心和各驻守岛礁之间的距离。用规划求解给出由保障中心出发，不重复途经每个岛礁，最终回到保障中心的最短距离路径。

在指定单元格区域中返回特定行、列交叉处单元格（目标单元格）的值或引用的函数如下：
INDEX(给定单元格区域,目标单元格所在行,[目标单元格所在列,可选])

例如，图 4-36（a）中 INDEX(C4:I10,3,4) 的返回值为 17，即指定单元格区域 C4:I10 的第 3 行第 4 列。

在第 14 行单元格中应填入从一个点到下一个点的距离。在 A14 单元格中输入公式 "=INDEX($C$4:$I$10,A$13,B13)"，用自动填充柄在 B13:G13 单元格区域填充相应公式。

在 B16 单元格中计算总行程距离 "=SUM(A14:G14)"。

设置规划求解参数如图 4-36（b）所示，设置目标单元格 $B$16 为最小值；$B$13:$G$13 为可变单元格，且其内容均为小于或等于 6 的整数，各不相同；用"演化"求解方法。

在第 20 行将第 13 行的结果显示为岛礁名称。在 B20 单元格中输入公式 "=INDEX($B$4:$B$10,B13)"，用自动填充柄在 C20:G20 单元格区域填充相应公式，可得图 4-36（c）的最终结果。

	A	B	C	D	E	F	G	H	I	J
1						目标相互距离				
2		目标编号	1	2	3	4	5	6	7	
3	目标编号		胜利岛	巨浪礁	海鸥岛	草莓岛	红旗岛	鸟粪礁	保障中心	
4	1	胜利岛	0	34	36	37	31	33	100	
5	2	巨浪礁	34	0	29	23	22	25	35	
6	3	海鸥岛	36	29	0	17	12	18	34	
7	4	草莓岛	37	23	17	0	32	30	29	
8	5	红旗岛	31	22	12	32	0	26	58	
9	6	鸟粪礁	33	25	18	30	26	0	30	
10	7	保障中心	100	35	34	29	58	30	0	
11										
12			保障中心依次到下一个点，最后回到保障中心的距离							
13		7	1	2	3	4	5	6	7	
14										
15										
16	总距离									
17										
18										
19					结果路线					
20	保障中心							保障中心		
21										

(a)

图 4-36 例 4-6 的求解过程

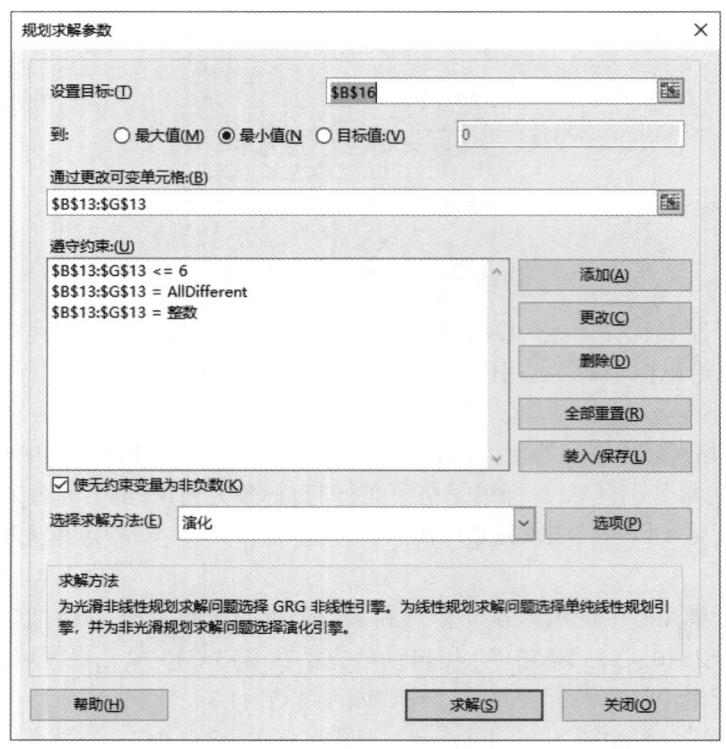

（b）

12	保障中心依次到下一个点，最后回到保障中心的距离							
13	7	4	3	5	2	1	6	7
14	29	17	12	22	34	33	30	
15								
16	总距离	177						
17								
18								
19	结果路线							
20	保障中心	草莓岛	海鸥岛	红旗岛	巨浪礁	胜利岛	鸟粪礁	保障中心

（c）

图 4-36　例 4-6 的求解过程（续）

【例 4-7】　排班问题。某灾难救援临时医疗机构集合了全科医师 20 人，根据各医疗岗位的配备需求，周一至周日分别需要 6、4、5、6、7、8、7 人。若每名全科医师每周连续上 5 天班，利用规划求解优化排班效率，计算需要参加排班的最少全科医师人数。

在给定的几组数组中，将数组间对应的元素相乘并返回乘积之和的函数如下：

SUMPRODUCT(区域 1,区域 2,⋯,区域 n)。注意，所有数组或区域的维数要一致。

	A	B	C	D
1	1	2		2
2	3	4		1

图 4-37　函数 SUMPRODUCT()举例

例如，“=SUMPRODUCT({1,0,1},{2,1,0})”的结果为 2。

若数组区域的维度不一致，可用“*”代替“,”，每个维度的元素分别对应乘积后加和。图 4-37 中，若在某单元格中用公式“=SUMPRODUCT(A1:B2*D1:D2)”可得到结果 13，相当于用公式“=A1*D1+B1*D1+A2*D2+B2*D2”的结果。

本例的 B2:H21 单元格区域是排班区域，将连续 5 天排班赋值为 1，不排班赋值为 0。先按 20 人 7 天、平均约 3 人连续排班进行粗排，如图 4-38（a）所示。

J22 单元格公式为"=SUM(J2:J21)"。

连续 5 天排班，B22 单元格公式应为" =SUMPRODUCT(B2:B21*J2:J21) + SUMPRODUCT(E2:H21*J2:J21)"，即当前 1 天和前 4 天排班。相应地，其他单元格公式如下：

C22 为"=SUMPRODUCT(B2:C21*J2:J21) + SUMPRODUCT(F2:H21*J2:J21)"，

D22 为"=SUMPRODUCT(B2:D21*J2:J21) + SUMPRODUCT(G2:H21*J2:J21)"，

E22 为"=SUMPRODUCT(B2:E21*J2:J21) + SUMPRODUCT(H2:H21*J2:J21)"，

F22 为"= SUMPRODUCT(B$2:F$21*$J$2:$J$21)"，可用自动填充柄填充 G22、H22。

	A	B	C	D	E	F	G	H	I	J
1		星期一	星期二	星期三	星期四	星期五	星期六	星期日		是否排班
2	D01	1	0	0	0	0	0	0		1
3	D02	1	0	0	0	0	0	0		1
4	D03	1	0	0	0	0	0	0		1
5	D04	0	1	0	0	0	0	0		1
6	D05	0	1	0	0	0	0	0		1
7	D06	0	1	0	0	0	0	0		1
8	D07	0	0	1	0	0	0	0		1
9	D08	0	0	1	0	0	0	0		1
10	D09	0	0	1	0	0	0	0		1
11	D10	0	0	0	1	0	0	0		1
12	D11	0	0	0	1	0	0	0		1
13	D12	0	0	0	1	0	0	0		1
14	D13	0	0	0	0	1	0	0		1
15	D14	0	0	0	0	1	0	0		1
16	D15	0	0	0	0	1	0	0		1
17	D16	0	0	0	0	0	1	0		1
18	D17	0	0	0	0	0	1	0		1
19	D18	0	0	0	0	0	1	0		1
20	D19	0	0	0	0	0	0	1		1
21	D20	0	0	0	0	0	0	1		1
22	规划	14	14	14	14	15	15	14	实排	20
23	需求	6	4	5	6	7	8	7		

（a）

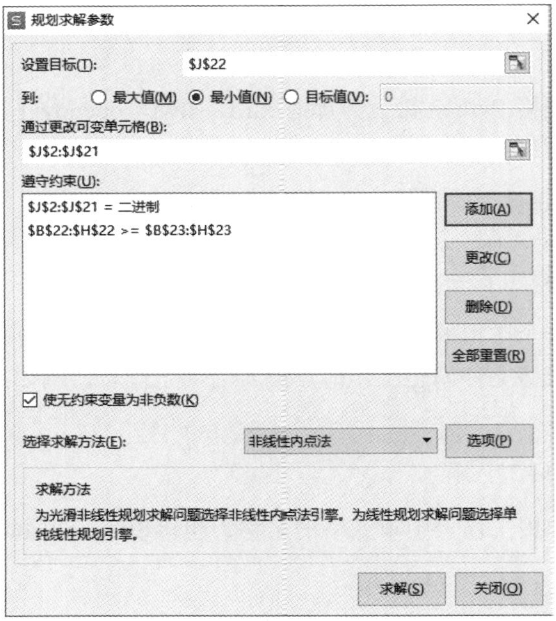

规划求解参数

设置目标(T): $J$22

到: ○ 最大值(M) ● 最小值(N) ○ 目标值(V): 0

通过更改可变单元格(B):
$J$2:$J$21

遵守约束(U):
$J$2:$J$21 = 二进制
$B$22:$H$22 >= $B$23:$H$23

☑ 使无约束变量为非负数(K)

选择求解方法(E): 非线性内点法

求解方法
为光滑非线性规划求解问题选择非线性内点法引擎。为线性规划求解问题选择单纯线性规划引擎。

（b）

图 4-38　例 4-7 的求解过程

	A	B	C	D	E	F	G	H	I	J
1		星期一	星期二	星期三	星期四	星期五	星期六	星期日		是否排班
2	D01	1	0	0	0	0	0	0		0
3	D02	1	0	0	0	0	0	0		0
4	D03	1	0	0	0	0	0	0		0
5	D04	0	1	0	0	0	0	0		0
6	D05	0	1	0	0	0	0	0		0
7	D06	0	1	0	0	0	0	0		1
8	D07	0	0	1	0	0	0	0		0
9	D08	0	0	1	0	0	0	0		1
10	D09	0	0	1	0	0	0	0		1
11	D10	0	0	0	1	0	0	0		1
12	D11	0	0	0	1	0	0	0		1
13	D12	0	0	0	1	0	0	0		1
14	D13	0	0	0	0	1	0	0		0
15	D14	0	0	0	0	1	0	0		0
16	D15	0	0	0	0	0	1	0		0
17	D16	0	0	0	0	0	1	0		1
18	D17	0	0	0	0	0	1	0		0
19	D18	0	0	0	0	0	0	1		0
20	D19	0	0	0	0	0	0	1		0
21	D20	0	0	0	0	0	0	1		0
22	规划	6	4	5	6	7	9	8	实排	9
23	需求	6	4	5	6	7	8	7		

(c)

图 4-38　例 4-7 的求解过程（续）

在"规划求解参数"对话框中，设置 J22 作为目标单元格，目标期望为最小值；设置排班列 \$J\$2:\$J\$21 内容为二进制，规划列 \$B\$22:\$H\$22 内容应大于或等于需求列 \$B\$23:\$H\$23 内容；采用非线性内点法（或非线性 GRG）求解，如图 4-38（b）所示。可得最少需 9 人参加排班，如图 4-38（c）所示。

4.3　通过 Python 编程处理电子表格数据

4.3.1　基本操作

常见的处理电子表格 Python 第三方库有 xlrd、xlwt、openpyxl 等，本节以 openpyxl 为例进行介绍。首先，加载该库：

```
import openpyxl
wb=openpyxl.Workbook()
ws=wb.active
```

在内存中创建了一个虚拟的工作簿对象 wb，并激活了一个虚拟工作表 ws：
也可以读入电子表格文件创建工作簿及读入活动工作表，例如：

```
wb=openpyxl.load_workbook('./新建工作表.xlsx')
ws=wb['Sheet1']
```

访问单元格既可以用工作表中单元格的名称，也可以用 cell(row, column, value) 函数。例如：

```
ws['A3'] = 1.25        #为 A3 单元格赋值
celldata = ws.cell(3,2).value      #第 3 行第 2 列的值
```

在虚拟的工作簿对象 wb 中编辑完成后，可以持久化保存为电子表格文件：

```
wb.save('C:/data/test.xlsx')
```

4.3.2　大量数据表的数据汇总

工作中有时需要从大量数据文件中汇总数据，可利用 Python 编写程序逐一打开数据表，写入虚拟的工作簿对象，最后再保存为汇总数据文件。

【例 4-8】　在“C:/体检”文件夹中存放了百余个体检报告电子表格文件，如图 4-39（a）所示，将其汇总为图 4-39（b）所示的形式。

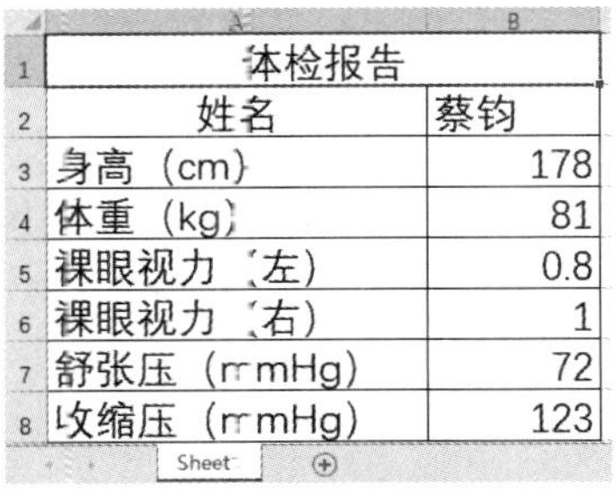

体检报告	
姓名	蔡钧
身高（cm）	178
体重（kg）	81
裸眼视力（左）	0.8
裸眼视力（右）	1
舒张压（mmHg）	72
收缩压（mmHg）	123

（a）个人体检报告

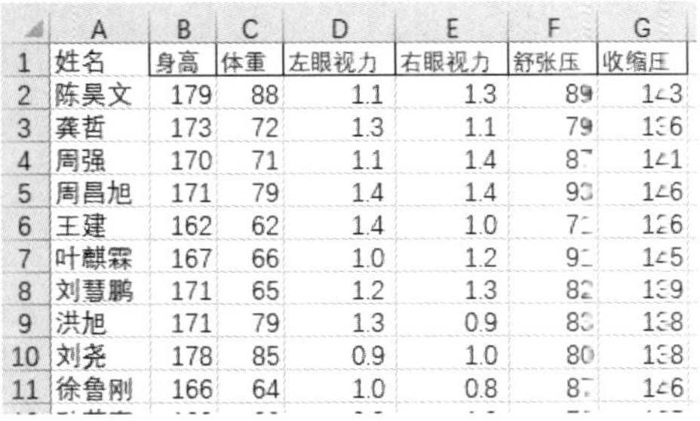

姓名	身高	体重	左眼视力	右眼视力	舒张压	收缩压
陈昊文	179	88	1.1	1.3	89	143
龚哲	173	72	1.3	1.1	79	136
周强	170	71	1.1	1.4	87	141
周昌旭	171	79	1.4	1.4	93	146
王建	162	62	1.4	1.0	72	126
叶麒霖	167	66	1.0	1.2	91	145
刘慧鹏	171	65	1.2	1.3	82	139
洪旭	171	79	1.3	0.9	83	138
刘尧	178	85	0.9	1.0	80	138
徐鲁刚	166	64	1.0	0.8	87	146

（b）体检数据汇总

图 4-39　数据汇总

```
import openpyxl,os
wb=openpyxl.Workbook()
ws=wb.active
title=['姓名','身高','体重','左眼视力','右眼视力','舒张压','收缩压']
for i in range(1,8):
    ws.cell(1,i).value=title[i-1]  #列表从 0 起始，而列标从 1 起始
files=os.listdir('C:/体检/')
r=2  #从第 2 行开始汇总
for f in files:
    if f.upper()[-5:]=='.XLSX':  #无论大小写
        wb1=openpyxl.load_workbook(' C:/体检/'+f)
        ws1=wb1['Sheet1']
        for i in range(1,8):
            ws.cell(r,i).value=ws1.cell(i+1,2).value
        r+=1
wb.save(filename='./数据汇总.xlsx')
```

4.4　pandas 数据处理

NumPy 是基于 Python 的一种开源数值计算扩展工具，提供了针对数组运算的数学函数库，支持大量、高维度的数组与矩阵运算。

pandas 是基于 NumPy 的数据分析工具，支持丰富的数据结构和快速高效的数据处理方法。通常，在使用 pandas 进行数据分析前，应预先加载这两个库：

```
import numpy as np
import pandas as pd
```

4.4.1 Series 和 DataFrame 对象

在 pandas 中，Series 和 DataFrame 是两个重要的数据结构。

1. Series

Series 数据结构是一种带有标签的一维数组，由一组数据值（value）和一组标签组成，其中标签与数据值之间是一一对应的关系。Series 中的数据可以为任何数据类型，如整数、字符串、浮点数、Python 对象等。标签默认为整数，从 0 开始依次递增。

用 Series(data,[参数列表])可以创建 Series 对象。其中参数可包含唯一索引值 index、数据类型 dtype 等，如未提供均为默认。

例如，创建包含某系列药物效用值的 Series 对象 S：

```
>>> import pandas as pd
>>> data=[0.268,0.654,0.962,0.423,0.842]
>>> mark=['药物A','药物B','药物C','药物D','药物E']
>>> S=pd.Series(data,index=mark)
>>> S
药物A    0.268
药物B    0.654
药物C    0.962
药物D    0.423
药物E    0.842
dtype: float64
```

也可通过字典创建 Series 对象：

```
>>> dic1={'药物F':0.531,'药物G':0.312,'药物H':0.743}
>>> S1=pd.Series(dic1)
>>> S1
药物F    0.531
药物G    0.312
药物H    0.743
dtype: float64
```

Series 对象中的元素可以通过位置索引或者索引标签访问，也支持类似列表的切片访问：

```
>>> S[0]
0.268
>>> S['药物A']
0.268
>>> S[-3:]
药物C    0.962
药物D    0.423
药物E    0.842
dtype: float64
```

2. DataFrame

DataFrame 是一个二维表格型的数据结构，可以用 DataFrame (data,[参数列表])创建 DataFrame 对象，更多情况下是直接读取.csv 或.xlsx 文件或数据库中的表创建它。

（1）读取.csv 文件创建 DataFrame 对象

方法 read_csv()的语法格式：pd.read_csv(filepath_or_buffer, [参数列表])

常用参数如下。

filepath_or_buffer：文件路径。

sep：间隔符，默认为英文逗号。

header：指定作为列名的行，默认为 0，即取第 1 行的值为列名。若数据不包含列名，则设置 header = None。

names：重新定义列名的列表，默认为 names=None。

index_col：将某列定义为索引列，如 index_col = '列名'。

encoding：字符编码，通常为 gbk 或 utf-8。

（2）读取.xlsx 文件创建 DataFrame 对象

方法 read_excel()的语法格式：pd.read_excel(io, [参数列表])

常用参数如下。

io：Excel 文件的存储路径，自动支持.xls 和.xlsx 两种版本。

sheet_name：要读取的工作表名称。

其他常用参数与方法 read_csv()基本相同。

例如，“参赛作品.xlsx”的局部数据如图 4-40 所示，用下列语句可读取为 DataFrame 对象 df：

	A	B	C	D
1	作品编号	类别	作品名称	参赛院校
2	1024000001	微课与教学辅助	让查找变聪明-VLOOKUP函数的使用	A学院
3	1024000002	微课与教学辅助	开启希望盲盒-PPT触发器的使用	A学院
4	1024000003	数媒动漫与短片	大爱无疆	A学院
5	1024000004	微课与教学辅助	《将进酒》——品诗人李白的悲喜愤狂	B大学
6	1024000005	软件应用与开发	觉人间	B大学
7	1024000006	信息可视化设计	能耗管理平台	B大学
8	1024000007	微课与教学辅助	风雨雷雪，自然童趣	B大学
9	1024000008	信息可视化设计	安徽省国家级非物质文化遗产数据可视化	B大学
10	1024000009	物联网应用	基于物联网的智能重载列车制动数据采集系	B大学
11	1024000010	软件应用与开发	顺学升	B大学

图 4-40 “参赛作品.xlsx”的局部数据

```
>>> df=pd.read_excel('./参赛作品.xlsx',sheet_name=0)
>>> df[:5]    #显示前 5 行
```

结果如下：

```
         作品编号      类别                  作品名称  参赛院校
0  1024000001  微课与教学辅助  让查找变聪明-VLOOKUP函数的使用   A学院
1  1024000002  微课与教学辅助     开启希望盲盒-PPT触发器的使用   A学院
2  1024000003  数媒动漫与短片               大爱无疆   A学院
3  1024000004  微课与教学辅助    《将进酒》——品诗人李白的悲喜愤狂   B大学
4  1024000005  软件应用与开发                觉人间   B大学
```

由于未指定索引列，DataFrame 对象自动在左侧标记了索引。可以根据需要指定索引列，也可以在 read_excel()中用 index_col 参数指定索引列：

```
>>>df=pd.read_excel('./参赛作品.xlsx',sheet_name=0,index_col='作品编号')
>>> df[:5]    #显示前 5 行
```

显示数据规模：

```
>>> df.shape
(484, 3)    #不包含标题行，共 484 个数据行；不包含索引列（作品编号），共 3 个数据列
```

（3）读取数据库中的表创建 DataFrame 对象

read_sql()方法的语法格式：pd.read_sql(sql,con, [参数列表])

常用参数如下。

sql：数据库查询语句。

con：数据库连接对象。

index_col：将某列定义为索引列，如 index_col = '列名'。

例如：

```
>>> import sqlite3
>>> conn=sqlite3.connect('C:/素材/competition.db')
>>> sql='select 作品编号,类别,作品名称,参赛院校 from test'
>>> df=pd.read_sql(sql,conn)
>>> df.head()
```

4.4.2 DataFrame 对象的索引和查询

用列索引、loc 索引和 iloc 索引可以定位行、列，或使用切片操作可以获得 DataFrame 对象的特定局部。

1. 列索引

用列标签可以获取特定列的数据（其后可用方括号限定行，例如，用[:5]或.head()显示前 5 行）：

```
>>> df['参赛院校'][:5]
作品编号
1024000001    A学院
1024000002    A学院
1024000003    A学院
1024000004    B大学
1024000005    B大学
Name: 参赛院校, dtype: object
```

若欲获取多列数据，要用列标签列表（双方括号，其中的外方括号表示索引，内方括号是列表的界定符）：

```
>>> df[['类别','参赛院校']].head()
              类别        参赛院校
作品编号
1024000001    微课与教学辅助    A学院
1024000002    微课与教学辅助    A学院
1024000003    数媒动漫与短片    A学院
1024000004    微课与教学辅助    B大学
1024000005    软件应用与开发    B大学
```

注意，此例中 df 对象的索引列是"作品编号"，若将"作品编号"放在列标签位置会报错。

2. loc 索引和 iloc 索引

用 loc 索引和 iloc 索引可以对 DataFrame 对象定位对应行、列的元素。loc 索引和 iloc 索引也可定位多行和多列（行和列的位置不可省略，可用"："代替整行或整列，行在前，列在后）。二者的区别是，iloc 索引使用所在行、列的有序整数来索引数据（从 0 开始计数，切片规则与列表相同），而 loc 索引使用实际设置的行、列名称标签来索引数据（当行、列名称为纯数字时，loc 索引的是对应具体行、列名称的数字），例如

```
>>> df.loc[[1024000003,1024000006],['类别','参赛院校']]
```

或

```
>>> df.iloc[[2,5],[0,2]]
```

这两种方法是等效的，结果如下：

```
              类别       参赛院校
作品编号
1024000003    数媒动漫与短片  A学院
1024000006    信息可视化设计  B大学
```

值得注意的是，若 loc 索引的行标签全部为数字，会隐式转变为整数类型（可用 df.index 测试），引用时不带引号，而非数字标签引用时要带引号。例如：

```
>>> df.index
Index([1024000001, 1024000002, 1024000003, 1024000004, 1024000005, 1024000006,
       1024000007, 1024000008, 1024000009, 1024000010,
       ...
       1024000475, 1024000476, 1024000477, 1024000478, 1024000479, 1024000480,
       1024000481, 1024000482, 1024000483, 1024000484],
      dtype='int64', name='作品编号', length=484)
```

通常，用 iloc 索引较为简捷，例如：

```
>>> df.iloc[:,1]        #读取第 1 列
>>> df.iloc[:,1:3]      #读取第 1、2 列，切片规则与列表相同
>>> df.iloc[:,2:]       #读取第 2 列之后的数据
```

3. 条件筛选

用比较语句可获取符合有关条件的布尔型数据集 Series 对象：

```
>>> df['类别']=='数媒动漫与短片'

作品编号
1024000001    False
1024000002    False
1024000003    True
1024000004    False
1024000005    False
```

```
1024000006    False
                ...
1024000455    False
1024000456    False
1024000483    False
1024000484    False
Name: 类别, Length: 484, dtype: bool
```

将其作为筛选条件，可筛选出符合条件的数据子集 DataFrame 对象：

```
>>> df[df['类别']=='数媒动漫与短片']
```

作品编号	类别	作品名称	参赛院校
1024000003	数媒动漫与短片	大爱无疆	A学院
1024000015	数媒动漫与短片	万李医药志	C大学
1024000022	数媒动漫与短片	归汉·麻沸散绘卷	C大学
1024000031	数媒动漫与短片	济世五味——中医药	E大学
...			
1024000411	数媒动漫与短片	行一生，知医难	X大学
1024000435	数媒动漫与短片	容融	Y学院
1024000436	数媒动漫与短片	《时珍先生：见信如晤》	Y学院
1024000437	数媒动漫与短片	谁动了我的草药？	Y学院
1024000463	数媒动漫与短片	春生：望闻问切的传承	Z大学

用"&"、"|"和"~"符号连接逻辑表达式，可获得更为精准的筛选数据子集。例如，筛选"Y学院"类别为"数媒动漫与短片"或"软件应用与开发"的作品名称：

```
>>> df[(df['参赛院校']=='Y学院') & ((df['类别'] == '数媒动漫与短片') | (df['类别'] == '软件应用与开发'))]['作品名称']
作品编号
1024000421                          "六艺"校园节能控制系统
1024000427              基于CIM的常州市高铁新城碳排放评估与展示平台
1024000435                                      容融
1024000436                              《时珍先生：见信如晤》
1024000437                                谁动了我的草药？
1024000439        基于OpenCV和TensorFlow的AI绘图大师（EveryThing about img）
1024000442                        惠小摊——流动摊贩智能管理方案
1024000443                          医寻——医学文献智能识别系统
1024000445                            基于互联网下的健康管理系统
1024000447                                   智慧应急系统
1024000448                   献礼成工110周年——校园网站设计
1024000451                       基于人工智能分拣算法的海运物流系统
1024000453      光影助手——基于深度学习的尘肺CT影像切割与分析系统
Name: 作品名称, dtype: object
```

4.4.3 DataFrame 对象的数据操作

"那格列奈片治疗 2 型糖尿病 II 期临床研究.xlsx"中保存的是一组 254 列 236 行的临床研究数据。首先，用方法 read_excel() 创建 DataFrame 对象 df。

1. 排序

```
>>> df.set_index('BIRTH', inplace = True)
        #设'BIRTH'为排序字段,替换原索引
>>> df.sort_index()      #按设置的排序字段排序

>>> df.sort_values(by =, ascending = False)
        #按BMI值排序,逆序
>>> df.sort_values(by = ['BMI', 'SBP'], ascending = False)
        #'BMI'为第一关键字、'SBP'为第二关键字排序,逆序
>>> df.sort_values(by = ['BMI', 'SBP'], ascending = [False,True])
        #'BMI'为第一关键字、'SBP'为第二关键字排序,前者逆序,后者正序

>>> df.nlargest(10, 'BMI')    #BMI最大的前10个记录
>>> df.nsmallest(10, 'BMI')   #BMI最小的前10个记录
```

2. 数据统计

(1) 计数

```
>>> df.count()      #每列的非空数据个数
>>> df[df['HEIGHT']>170].count()    #身高在170以上的数据个数
>>> df['HEIGHT'].value_counts()
        #每个身高数据点上的个体数。本例df['HEIGHT']的数据类型是Series
```

(2) 最大、最小值及其对应的索引

```
>>> df['BMI'].max()      #求BMI最大值
>>> df['BMI'].idxmax()   #求BMI最大值出现的行索引,默认为索引号
>>> df['BMI'].min()      #求BMI最小值
>>> df.set_index('BIRTH', inplace = True)
>>> df['BMI'].idxmin()
#先将BIRTH设为索引并替换原索引,然后求BMI最小值出现的行索引,返回出生日期
```

(3) 求和与均数

```
>>> df['LAB19'].sum()     #所有LAB19的总和
>>> df['BMI'].mean()      #所有BMI的平均值
>>> df_groupby_sex_h=df.groupby(['SEX','HEIGHT'])
>>> df_groupby_sex_h['BMI'].mean()
#先按第一关键字'SEX'、第二关键字'HEIGHT'分组,然后进行平均值分类汇总
```

3. 新增数据

```
>>> data1 = {'BIRTH':'2000-1-1', 'SEX':1, 'HEIGHT':175, 'BMI':29, 'SBP':158, 'DBP':110, 'LAB19':1.0}
>>> df.append(data1,ignore_index = True)
```

```
#增加数据一般需将参数 ignore_index 设为 True 以忽略原来的行索引
#缺失的数据会自动填 NaN
    >>> df['WT']=df['BMI']*(df['HEIGHT']/100)**2   #计算并添加体重 WT 列
```

4. 删除数据

删除数据可使用方法 drop()，用参数 axis 指定行（axis=0，默认）或列（axis=1）。方法 drop()默认并不真正在原数据对象中删除数据，若需真正删除数据，可设置参数 inplace = True。

```
    >>> df.set_index('BIRTH', inplace = True)
    >>> df.drop(pd.Timestamp('1938-04-05'))
#先将 BIRTH 设为索引并替换原索引，然后删除以日期'1938-04-05'为索引的 1 行数据

    >>> df.drop('CENTER',axis=1)    #删除 CENTER 列数据
```

5. 更改数据

```
    >>> df['CENTER']=2       #将 CENTER 列数据全部改为 2
```

4.4.4 DataFrame 对象的数据持久化

1. 写入.csv 和.xlsx 文件

使用方法 to_csv()可将 DataFrame 对象中的数据保存到.csv 文件中：

```
    >>> df.to_csv('C:/data/data.csv',mode='w',header=True,encoding='gbk',index=False)
```

参数中，header=True 表示写入列标签；index=False 表示不需要保存索引，否则会专门有 1 个数据列来保存索引。

用方法 to_excel()可将 DataFrame 对象中的数据保存到.xlsx 文件中：

```
    >>> df.to_excel('C:/data/data.xlsx', sheet_name='Sheet1', header=True, na_rep='N/A', index=False)
```

参数中，sheet_name 为写入表的名称，na_rep 为缺失数据替代符号，没有 mode 参数，其他参数含义与方法 to_csv()一致。

2. 写入数据库

使用方法 to_sql(name, con, if_exists)可将 DataFrame 对象中的数据保存到数据库的指定表中。参数 name 为指定表名；con 为数据库连接对象；if_exists 为当数据库中已存在这个表时的操作方式，默认为 fail，即不操作，replace 为覆盖原表，append 为在后面追加。

以写入 sqlite 数据库为例，对其他数据库只需改变连接对象：

```
>>> import sqlite3
>>> conn=sqlite3.connect('c:/data/ngln_data.db')
>>> df.to_sql('df_data',conn,if_exists='fail',index=False)
```

巩固练习

一、单项选择

1. 在电子表格中，对单元格的引用有多种，被称为绝对引用的是_____。
   [A] $A$1   [B] A$1   [C] $A1   [D] A1

2. 在电子表格中，字符串连接符是_____。
   [A] &   [B] @   [C] %   [D] $

3. 在工作表的单元格中输入公式时，应先输入_____号。
   [A] =   [B] &   [C] @   [D] %

4. 在电子表格中，假定单元格 D3 中保存的公式为"=B3+C3"，若把该公式复制到 E4 单元格中，则 E4 单元格中保存的公式为_____。
   [A] =C4+D4   [B] =C3+D3   [C] =B4+C4   [D] =B3-C3

5. 在电子表格中，如果某单元格内容显示为"###.###"，这可能表示_____。
   [A] 列宽不够   [B] 格式错误   [C] 行高不够   [D] 公式错误

6. 在电子表格中，若要输入文本类型的数字字符串（如学号、产品条形码编号等），要在数字字符串前加一个英文（西文）输入状态下的_____。
   [A] 单引号   [B] 分号   [C] 逗号   [D] 双引号

7. 在电子表格中，可以实现表格行、列互换的操作是_____。
   [A] 复制后使用"选择性粘贴"   [B] 选择后使用"格式刷"
   [C] 复制后使用"条件格式"   [D] 选择后使用"套用表格格式"

8. 在电子表格中，对工作表的第 D 列第 7 行的单元格用$D7 来引用的方法称为对单元格的_____。
   [A] 混合引用   [B] 相对引用   [C] 绝对引用   [D] 交叉引用

9. 在电子表格中，完成筛选后，对于不符合筛选条件的记录，描述错误的是_____。
   [A] 记录被删除   [B] 记录不会被打印
   [C] 记录不显示   [D] 记录可恢复

10. 在电子表格中，错误的表述是：筛选掉的记录_____。
    [A] 会从表格中真正被删除   [B] 不会打印输出
    [C] 不显示在当前表格中   [D] 可重新恢复显示

11. 在电子表格中，创建分类汇总前，首先应根据分类字段对数据列表进行_____。
    [A] 排序   [B] 查找   [C] 筛选   [D] 计算

12. 在电子表格中，对数据表进行自动筛选后，所选数据表的每个字段名旁都对应着一个_____。
    [A] 下拉列表   [B] 对话框   [C] 窗口   [D] 工具栏

13. 电子表格中，_____不属于模拟分析工具。
    [A] 数据透视表　　　[B] 方案管理器　　[C] 模拟运算表　　[D] 单变量求解
14. 在电子表格中，_____是针对数据透视表显示的汇总数据而实行的一种图解表示方法。
    [A] 数据透视图　　　[B] 数据散点图　　[C] 数据直方图　　[D] 数据柱形图
15. _____是通过对过去和现在的数据进行分析来预测未来的趋势。
    [A] 预测分析　　　　[B] 规划求解　　　[C] 模拟数据表　　[D] 单变量求解
16. 关联分析算法主要分为广度优先算法和_____算法。
    [A] 深度优先　　　　[B] 时间优先　　　[C] 大小优先　　　[D] 速度优先
17. 进行单变量求解的时候，需要设置的参数包括目标单元格、可变单元格和_____。
    [A] 目标值　　　　　　　　　　　　　　[B] 输入行引用的单元格
    [C] 输入列引用的单元格　　　　　　　　[D] 结果单元格
18. 使用相关性分析数据时，若相关系数位于0.3～0.5范围内，表示数据之间_____。
    [A] 低度相关　　　　[B] 不相关　　　　[C] 显著相关　　　[D] 高度相关
19. 移动平均法常用于_____。
    [A] 预测分析　　　　[B] 因果分析　　　[C] 相关性分析　　[D] 指数平滑
20. 在使用移动平均进行预测分析时，要表示预测值与实际值的误差，应该选择_____。
    [A] 标准误差　　　　[B] 间隔　　　　　[C] 图表输出　　　[D] 输入区域
21. 在数据分析工具中，_____由预先设置的结果来确定相应的输入值。
    [A] 单变量求解　　　　　　　　　　　　[B] 单变量模拟运算表
    [C] 方案管理器　　　　　　　　　　　　[D] 双变量模拟运算表
22. 在电子表格中，公式"=SUM(12,13,14)"是计算_____。
    [A] 12、13、14的和　　　　　　　　　　[B] 12、13、14的平均值
    [C] 12、13、14的中位数　　　　　　　　[D] 12、13、14单元格的计数
23. _____用于研究其中一个或两个参数变化时，目标结果随之变化的情况。
    [A] 模拟运算表　　　[B] 方案管理器　　[C] 规划求解　　　[D] 相关性分析
24. 属于电子表格中模拟分析工具的是_____。
    [A] 模拟运算表　　　[B] 数据透视表　　[C] 分类汇总　　　[D] 图表
25. 在电子表格中，模拟运算表有_____种类型。
    [A] 2　　　　　　　　[B] 1　　　　　　 [C] 3　　　　　　 [D] 4
26. 在进行双变量模拟运算表分析时，必须输入两个可变量，在"模拟运算表"对话框中，应该_____。
    [A] 分别把两个可变量单元格位置输入到引用的行和列单元格区域
    [B] 在输入引用的列单元格区域输入两个可变量单元格位置
    [C] 在输入引用的行单元格区域输入两个可变量单元格位置
    [D] 任意指定两个可变量单元格位置
27. 要解决最优物流车辆调度问题，可以使用_____。
    [A] 规划求解　　　　[B] 模拟运算　　　[C] 移动平均　　　[D] 单变量求解

二、操作实践

以下实践所需配套资源见前言二维码。

1. 打开 Ex.xlsx 文件,按要求对各工作表进行编辑处理,注意计算时必须用公式。

(1) 在 Sheet1 中,设置 A1:I1 单元格区域合并后居中,在 A2 单元格输入副标题 "2024 级",设置 A2:I2 单元格区域跨列居中;设置正、副标题格式,字体为黑体,大小为 20,加粗;为 A3:I21 单元格区域添加 "所有框线";利用公式,在 G22 单元格中计算所有学生的平均视力,保留 2 位小数;利用函数和公式,在 I 列计算每位学生的当前年龄;利用条件格式,将 E 列 3 个体重最大值设置为橙色字体、红色填充,再将 D 列的学生身高用橙色数据条渐变填充。

(2) 在 Sheet2 中,对所有学生按 "性别" 进行排列;根据 Sheet2 中的数据,创建分类汇总,以 "性别" 为分类字段,汇总 "身高" 的平均值,汇总结果显示在数据下方,再汇总出 "体重" 的最大值,不要替换当前分类汇总,所有汇总结果保留 2 位小数。在 Sheet3 的 H 列中,利用函数求出每个学生的视力排名(降序);对 Sheet3 中所有学生,筛选体重高于平均值的学生信息;利用 Sheet3 中 A1:G19 单元格区域的数据,从 A22 单元格开始创建数据透视表,要求以 "学院" 为行标签,"性别" 为列标签,统计 "身高" 的平均值,所有结果保留 2 位小数,设置数据透视表样式为 "数据透视表样式 6"。

(3) 参照图 4-41,在 Sheet4 的 A21:P46 单元格区域中,创建学生体重与视力的折线图,图表快速布局使用 "布局 1" 和 "颜色 3",样式套用 "样式 4",在左侧添加数据标签,标题为 "学生体重与视力对照图",图例位置在右侧,不显示纵坐标轴标题。体重的数据标签包括 "类别名称" 和 "值",且标签位置靠右。"视力" 系列显示在次坐标轴上。绘图区用默认色、纯色填充。图表区的边框为 "圆角"、阴影为预设的 "外部-右下斜偏移"。

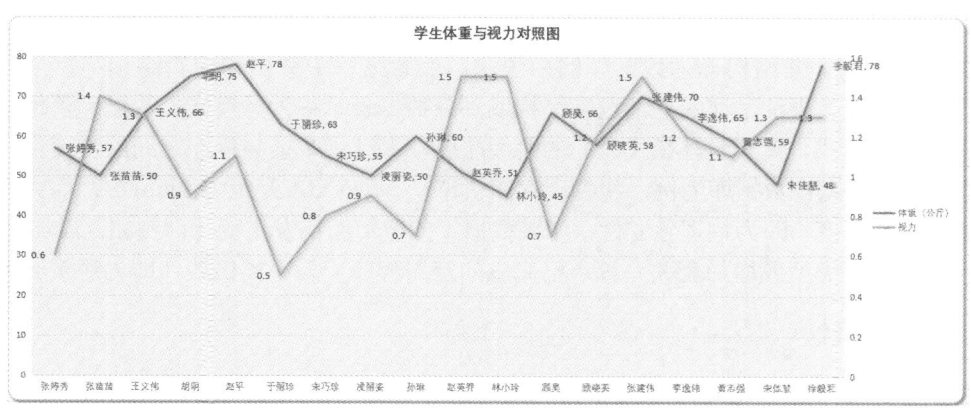

图 4-41 学生体重与视力对照图样例

2. 打开 "数据规划.xlsx" 文件,按要求用规划求解进行预算估计:某实验室拟开设 7 个实验,预算成本汇总为 50000 元。各实验试剂成本的最低限列于 E13:E18 单元格区域。人工成本统一为 1500 元。损耗成本为试剂成本与损耗率(F2 单元格)的乘积,并控制在 20% 以内。每个项目成本合计控制在 8000 元以内。

第 5 章 关系型数据库

本章教学目标：
- 初步理解数据库系统的基本概念和 E-R 图。
- 初步理解数据库设计的范式。
- 掌握表与关系的创建。
- 初步掌握单表查询、模糊查询、聚合函数与分组查询、连接查询。
- 初步掌握数据的写入、修改和删除。

5.1 关系型数据库概述

5.1.1 数据库系统的基本概念

1. 基本概念

数据库是按照一定的数据模型组织的数据集合。

利用数据库管理数据可降低数据的冗余度，提高数据的结构化和一致性，易于以服务实现数据的共享和并发访问，使数据结构独立于使用数据的应用程序，对数据的增、删、改、查操作均由标准的数据库管理语言进行管理和控制，并提高对数据的安全保障。

数据库管理系统（Database Management System，DBMS）是一种管理数据库的系统软件。

数据的结构化不仅用于描述数据本身，也可描述数据之间的关系，从而实现数据库的结构化。

数据的物理存储结构称为数据库的内模式，而数据库中数据的逻辑结构和特征称为模式，模式中部分被查询呈现的局部逻辑结构或部分数据表示称为外模式。数据库管理系统提供了内模式与模式、模式与外模式之间的两级映射，保证了数据与程序之间的物理独立和逻辑独立。以 MySQL 数据库为例，将物理存储引擎从 MyISAM 升级为 InnoDB，而数据的逻辑结构可保持不变，即为物理独立性；如果数据库的逻辑结构发生变化，例如，添加/删除数据项、修改数据类型或增加表关系等，已完成的应用程序一般不需修改，即为逻辑独立性。

2. ACID 特性

不同于电子表格，数据库管理系统通过对事务管理的 ACID（Atomicity，Consistency，Isolation，Durability）特性，确保单个事务内部的操作完整性以及多个并发事务之间的正确交互，从而维护数据库的一致性和可靠性。

（1）原子性（Atomicity）

事务是一个不可分割的工作单元，要么全部执行成功，要么全部不执行，这称为原子性。例如，在银行转账操作中，如果用户 A 要向用户 B 转账 1000 元，这个转账过程包含两个步骤：从 A 账户减去 1000 元，同时在 B 账户增加 1000 元。这两个步骤被视为一个完整的事务，原子性要求这两步要么都完成（事务提交），要么都不完成（事务回滚）。如果在任何过程中出现故障导致后面步骤无法完成，那么前面步骤也要撤销，以确保不会出现 A 账户被扣款而 B 账户未收到款项的情况。

（2）一致性（Consistency）

确保事务执行前后，数据库始终处于一致状态，满足所有的业务规则和约束条件，这称为一致性。在上述银行转账的例子中，一致性保证了转账前、后所有账户余额之和不变，且账户余额不能低于零。即使步骤失败造成事务回滚，系统也应该保持一致的状态。

（3）隔离性（Isolation）

确保并发执行的事务之间互不影响，这称为隔离性。当多个事务同时进行时，对每个单个事务来说，事务管理是完全独立的。例如，假设有多个同时发生的转账操作，隔离性要求这几个事务各自独立执行，不会因为并发而相互干扰造成资金的错误转移或者重复转移。

（4）持久性（Durability）

一旦事务被提交，其结果将被永久物理保存到数据库中，即使在系统崩溃或遇到其他问题后也能得到恢复，这称为持久性。即使在事务提交后数据库服务器突然停机，当系统恢复时，通过日志恢复机制，也能完成被日志记录下来的转账操作，保证数据不会丢失。

3. 数据模型

数据模型主要由数据结构、数据操作和数据完整性约束三部分组成。

数据结构主要对数据对象的类型、内容、属性，以及数据对象之间的相互关系进行描述。数据模型通常根据数据结构类型来分类，如层次（树状）、网状、关系等。随着数据科学的发展需求，数据模型也在不断进步和发展。近年来广泛运用于知识图谱领域的图数据库模型，突破了传统网状数据库模型节点属性需要预先定义的思想，进化为允许灵活地向节点或边添加属性的属性图数据库模型。

数据操作是通过计算机编程语言描述数据对象的实例允许执行的操作集合，数据库主要包括数据检索和更新操作。

数据完整性约束是通过计算机编程语言描述数据对象的数据完整性约束规则集合，用于保证数据库中数据的正确、有效和相容。

5.1.2 数据库管理系统分类

数据库管理系统（DBMS）是各种规模项目和企业级应用中用于存储、管理和检索数据的核心软件。随着对大数据、实时分析、云计算以及高度分布式架构的处理需求发生变化，数据库技术也相应不断发展进步。

1. 关系型数据库管理系统

关系型数据库管理系统（Relational Database Management System，RDBMS）是一种基于关系模型的数据库管理系统，以下简称为关系型数据库，其设计和组织数据的方式是通过表格的形式以及表格之间的关系来实现的。在关系型数据库中，数据以二维表格结构存储，每个表格代表一个实体集或对象集合，并由行（记录）和列（字段）组成。一行代表一个具体的实例，一列则定义了该实例的一个属性。

关系型数据库具有数据结构化的核心特征，采用标准化的 SQL 语言作为访问和管理数据的标准接口。目前国际上流行的关系型数据库如下。

- Oracle Database：甲骨文公司的旗舰产品，以其在事务处理、高可用性、安全性和分析工作负载上的强大性能而著称。
- MySQL：由 Oracle 公司拥有，是一个开源的关系型数据库。MySQL 支持 SQL 标准，并提供了诸如事务处理、视图、存储过程等功能。因其易用性、成本效益高和广泛社区支持而流行，尤其适合 Web 应用程序的开发。
- Microsoft SQL Server：微软开发的关系型数据库，适合大型商业智能工具的开发与集成服务。
- PostgreSQL：开源关系型数据库，强调对 SQL 标准的高度兼容性和扩展性。提供了比 MySQL 更丰富的企业级特性，如窗口函数、JSON 和 XML 数据类型支持、强大的索引功能、全文搜索、多版本并发控制以及灵活的权限管理和安全性，支持复杂的查询处理、地理空间数据以及丰富的插件生态系统。

2. NoSQL 数据库管理系统

NoSQL 数据库管理系统也称为非关系型数据库管理系统（Non-Relational Database Management System，NRDBMS）或不仅关系型数据库管理系统（Not-only-Relational Database）。其目标并非与传统的关系型数据库管理系统（RDBMS）相对立，而是关系型数据库管理系统在处理非结构化大数据应用需求上的拓展。

NoSQL 数据库管理系统（以下简称为 NoSQL 数据库）具有以下特征。

（1）模式自由：NoSQL 数据库通常不需要预定义的数据模式或固定的表结构，允许灵活地存储和管理不同结构的数据。

（2）多样化的数据模型：NoSQL 数据库支持多种数据模型，例如，文档型（如 MongoDB）、键值对型（如 Redis）、列族型（如 Cassandra 和 HBase）、图形型（如 Neo4j）、时序型（如 InfluxDB）等，这使得它们可以更高效地处理特定类型的应用需求。

（3）横向扩展性：大多数 NoSQL 数据库通过分布式架构设计实现水平扩展（Scale-out），即增加更多机器来分摊负载，而不是依赖昂贵且有限的垂直扩展（提升单台服务器性能）。

（4）不依赖 SQL 语言：不一定使用标准的 SQL 语言进行交互。NoSQL 数据库有独特的查询语法，有些也支持类 SQL 语言。

（5）适应互联网时代不断增长的数据规模和复杂性：尤其适合处理 Web 2.0 应用、实时分析、物联网（IoT）以及其他需要快速响应、灵活的数据模型和可扩展架构的应用场景。

3. 国产数据库管理系统

随着国家信息化战略的推进和信息安全需求的提升，国产数据库管理系统在数据安全和隐私保护方面自主可控，在性能、稳定性、功能丰富程度上已达到国际先进水平。主要国产数据库管理系统产品如下。

- 达梦数据库（DMDB）：是中国具有自主知识产权的大型通用数据库管理系统，其支持事务处理、数据分析等多种应用场景，广泛应用于政务、国防、能源、金融等行业。
- 人大金仓数据库 KingbaseES：由中国人民大学软件工程国家工程研究中心研发，是一款面向企业级应用的大型通用数据库管理系统。其支持 Oracle、MySQL、SQL Server、DB2、PostgreSQL 等多种异构数据库的数据同步。
- 高斯数据库 openGauss：源自开源的 PostgreSQL，是华为公司结合其在数据库领域的长期实践经验和企业级场景需求，并进行深度定制和优化研发，贡献给开源社区的关系型数据库管理系统。在保持对 SQL 标准支持的同时，融入高性能存储引擎、高可用性设计、智能化运维等特性，在云计算环境中有较好的适应性。
- 阿里云 POLARDB：阿里巴巴集团推出的云原生数据库管理系统，具有高度可扩展性以及高并发处理能力，兼容 MySQL、PostgreSQL 等开源数据库生态。
- 腾讯 TDSQL：腾讯公司研发的关系型数据库管理系统，提供分布式、云原生解决方案，服务于金融、电信等行业。

5.1.3 E-R 图

数据模型在信息系统分析中通常使用实体联系图（Entity-Relationship Diagram，简称 E-R 图或 E-R 模型）来描述。E-R 图主要由实体、实体的属性和实体间的联系构成，将数据模型所涉及的数据对象及其关系表达为概念模型，并不依赖于具体的软/硬件或数据库管理系统。

（1）实体指具有共同特征并能与其他对象相区别的事物对象集合。在 E-R 图中，实体用矩形表示，矩形内的文字是实体的名称。

（2）属性是实体所具有的特征。在 E-R 图中，属性用椭圆形表示，用直线与实体连接，椭圆内的文字是属性的名称。在实体中能够唯一地标识实体的属性集合称为实体的关键字（主属性），通常标有下画线。

（3）联系指实体之间的某种关联。在 E-R 图中，联系用菱形表示，菱形内的文字是联系的名称，用直线将有关联的实体进行连接。联系也可以具有属性。

联系可以分为一对一联系（1:1）、一对多联系（1:n）和多对多联系（$m:n$）三种类型，如图 5-1 所示。

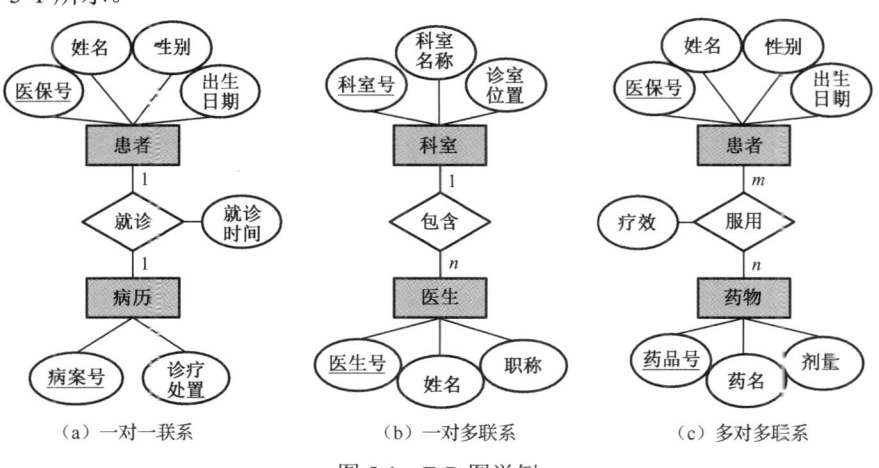

（a）一对一联系　　（b）一对多联系　　（c）多对多联系

图 5-1　E-R 图举例

5.1.4 关系运算

关系型数据库采用二维表的结构来表示实体及实体之间的联系。一个关系对应一个二维表。关系运算以关系代数为理论基础。表可以看作记录的集合，以并集、交集、差集、笛卡儿积等集合操作对表中的行进行基本操作，以选择、投影、连接操作对表中的列进行操作。

如果关系 R 和 S 具有相同或相容的关系模式（相容指两个关系有相同的属性结构，且对应属性的值域相同），则 R 和 S 可进行并集、交集、差集运算。

1. 并集

关系 R 和 S 的并集运算的形式化表示如下：
$$R \cup S = \{t \mid t \in R \vee t \in S\}$$
关系 R 和 S 的并集运算结果由属于 R 和属于 S 的所有元组 t 组成，其结果关系的属性的个数与 R 或 S 相同。并集运算实现了记录的合并，即向表中插入记录的操作。

2. 交集

关系 R 和 S 的交集运算的形式化表示如下：
$$R \cap S = \{t \mid t \in R \wedge t \in S\}$$
关系 R 和 S 的交集运算结果由既属于 R 又属于 S 的元组 t 组成，其结果关系的属性的个数与 R 或 S 相同。交集运算获得两个关系中相同的记录。

3. 差集

关系 R 和 S 差集运算的形式化表示如下：
$$R - S = \{t \mid t \in R \wedge t \notin S\}$$
关系 R 和 S 的差集运算结果由属于 R 但不属于 S 的元组 t 组成，其结果关系的属性的个数与 R 或 S 相同。差集运算实现了从表中删除记录的操作。

4. 选择

关系 R 关于选择条件 F 的选择操作记为
$$\sigma_F(R) = \{t \mid t \in R \wedge F(t) = \text{true}\}$$
选择操作是一元运算，它在关系中选择满足某些条件的元组 t，即在表中选择满足某些条件的记录。因此选择操作得到的关系模式与原来关系模式的定义相同，只是记录集合是原记录集合的子集。选择操作是对关系的水平分割，实现依据条件查询记录的操作。

5. 投影

关系 $R(A_1, A_2, \cdots, A_n)$ 中，t 是 R 的元组，A 为 R 中的属性（列），投影操作记为
$$\pi_A(R) = \{t[A] \mid t \in R\}$$

投影操作在关系中选择某些属性（列），结果的关系是原关系的子集。选择操作是对关系的垂直分割，可实现查询包含部分属性的记录集合的操作。

6. 笛卡儿积与连接

一个 n 列的关系 R 和一个 m 列的关系 U 的笛卡儿积是一个 $n+m$ 列的元组的集合，元组的前 n 列是关系 R 的元组 t_r，后 m 列是关系 U 的元组 t_u。若 R 有 k_1 个元组，U 有 k_2 个元组，则关系 R 和关系 U 的笛卡儿积有 $k_1 \times k_2$ 个元组。关系 R 和 U 的笛卡儿积运算的形式化表示如下：

$$R \times U = \{t_r \cap t_u \mid t_r \in R \land t_u \in U\}$$

笛卡儿积不要求参加运算的两个关系模式相同或相容，称为无条件连接。笛卡儿积运算的结果是获得两个关系中所有属性的可能组合。

连接操作是二元运算，指从 $R \times U$ 的笛卡儿积中选出同名属性符合相等条件的元组再进行投影，去掉重复的同名属性，组成新的关系。连接要求两个关系中进行比较的属性必须是相同的属性，并且在结果中去除了重复的属性列（自然连接），或分别列出重复的属性列（内连接）。

5.1.5 SQL 语言

结构化查询语言（Structure Query Language，SQL）被国际化标准组织（ISO）采纳为关系数据库语言的国际标准。SQL 语言可用于管理数据库、定义和操作数据、维护数据的完整性和安全性。

SQL 语言简单易学，具有很强的操作性。绝大多数数据库管理系统均支持 SQL 语言。用 SQL 语言操作数据库时，由数据库管理系统自动完成。SQL 语言细分如下：

DDL（Data Definition Language，数据定义语言）用来操作数据库、表、列等；
DQL（Data Query Language，数据查询语言）用来查询数据；
DML（Data Manipulation Language，数据操纵语言）用来操作数据库的表中的数据；
DCL（Data Control Language，数据控制语言）用来操作访问权限和安全级别。

5.2 数据库设计与管理

5.2.1 数据库设计

数据库应用系统是以数据库为基础和核心的计算机应用系统。数据库应用系统主要包括以下部分。① 数据库：集中存储和管理系统中的信息。② 应用软件：用户使用系统的交互环境，根据环境和功能需要有多种呈现方式。③ 支持环境：包括硬件和软件。④ 文档：在系统开发过程中形成的技术文档、系统使用说明、系统运维的规章制度等。

通常，采用生命周期（Life Cycle）法将整个数据库应用系统研发过程分解为目标独立的若干阶段：需求分析、概念设计、逻辑设计、物理设计、编程、测试、运行。其中，从概念设计到逻辑设计阶段的核心就是设计数据库，即从 E-R 图向关系模式的转换。数据库设计的基本任务是根据用户的信息需求、处理需求和运行环境设计数据模式。下面以一个社区诊所的数据模型为例进行说明。该数据模型由医生、患者、病案、处方和药品 5 个实体组成（见图 5-2）。在数据模型设计时，应尽可能满足较高等级的范式。

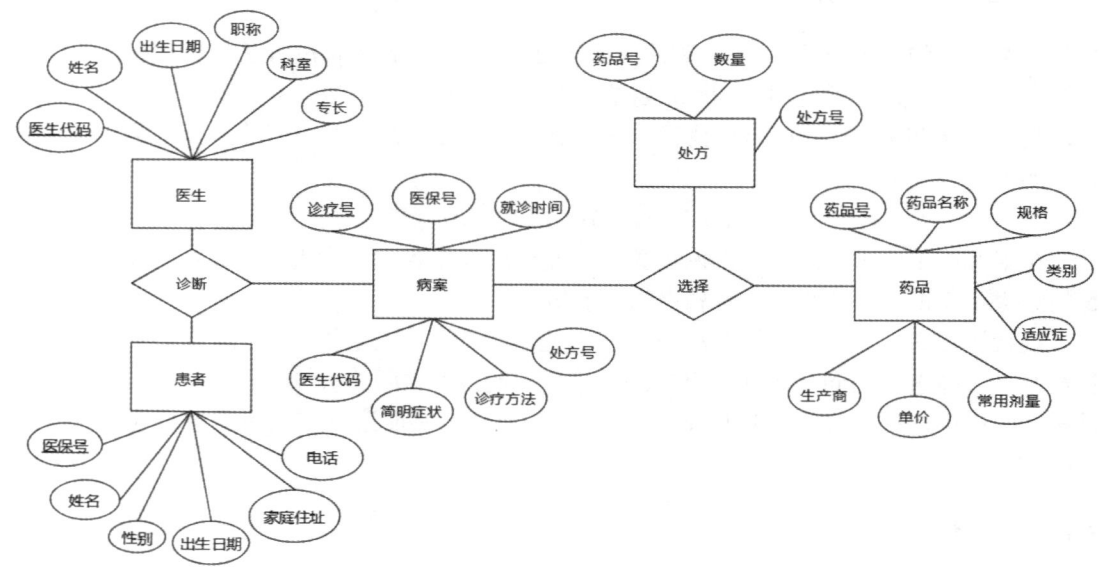

图 5-2　某社区诊所的 E-R 图

第一范式（the 1st Normal Form，1NF）是指实体的每个属性都应是不可分割的基本属性（原子性）。在社区诊所数据模型中，所有实体的属性都是独立的，所以该模型满足第一范式。

第二范式（the 2nd Normal Form，2NF）是指在满足第一范式的基础上，如果实体存在的其他属性都能够完全从属或依赖于某个或某几个联合属性的主属性，则称为满足第二范式。例如，医生实体中的属性"医生代码"、药品实体中的属性"药品号"等，就是该实体中为其他属性所依赖的主属性，所以该模型也满足第二范式。

第三范式（the 3rd Normal Form，3NF）是指在满足第二范式的基础上，任何非主属性不依赖于其他实体的非主属性。也就是说，满足第三范式的一个关系中不得包含已在其他关系中包含的非主属性信息，但反过来说，可以包含其他实体的主属性，并作为本实体数据的参照约束。例如，病案实体中可以存在医生实体的主属性"医生代码"、患者实体的主属性"医保号"、处方实体中的主属性"处方号"，这样使得病案实体不会发生记录了不存在的医生、不存在的患者或不存在的处方这样的数据错误。所以该模型也满足第三范式。

5.2.2　表与关系的创建

数据库中表的创建就是将 E-R 图所表达的逻辑关系转化为数据表的结构。

以达梦数据库 DM8 为例，它不但支持标准 SQL 语言中的数据类型（见表 5-1），并借鉴其他数据库所支持的数据类型进行了扩展，还支持集合类型、数组类型、自定义类型等复杂类型，方便数据迁移。

表 5-1 DM8 的主要数据类型

数 据 类 型	主要数据类型符号标识
整数型	BIGINT、INTEGER、SMALLINT、TINYINT、SMALLSERIAL、SERIAL、BIGSERIAL
浮点和定点型	REAL、FLOAT、NUMERIC、DECIMAL、DOUBLE、DOUBLE PRECISION、MONEY
字符和以字符串保存的数据类型	CHARACTER、CHAR、VARCHAR、LONGVARCHAR、TEXT、IMAGE、BLOB、CLOB
日期时间型	DATE、TIME、TIMESTEMP、TIMESTEMP WITH TIME ZONE
位和二进制型	BIT、BOOL、BINARY、VARBINARY、BFILE、BYTE

在设计表时，要根据需求为各字段选择恰当的数据类型，表中的每个字段都需要明确数据类型、范围和存储格式，既满足存储需求又尽量不造成过度冗余。

在达梦数据库的 DM 管理工具中，以默认用户名 SYSDBA 连接数据库服务器（见图 5-3）。连接服务器后，在 LOCALHOST（SYSDBA）连接对象下，右击，在快捷菜单中选择"模式"，新建模式 CLINIC_DB。

图 5-3 连接达梦数据库服务器

在达梦数据库中，一个模式就是一个 E-R 图的关系所表达的数据库逻辑关系，可以看作一个数据库。在模式 CLINIC_DB 下，可以新建若干表，作为 E-R 图中的实体，而每个实体的属性就是表中的字段。虽然 SQL 语句不区分大小写，但达梦数据库中对象的名称有大小写之别。建议给模式、表、视图、查询等对象命名时尽量用大写字母，以免在外部程序调用时出现兼容性问题。

按上述社区诊所 E-R 图中的实体分别新建医生、患者、病案、处方和药品 5 个表，并按需设定相应字段的类型。若需修改某个表的结构，可右击该表，在快捷菜单中选择"修改"。例如，修改"医生"表的结构，如图 5-4 所示。

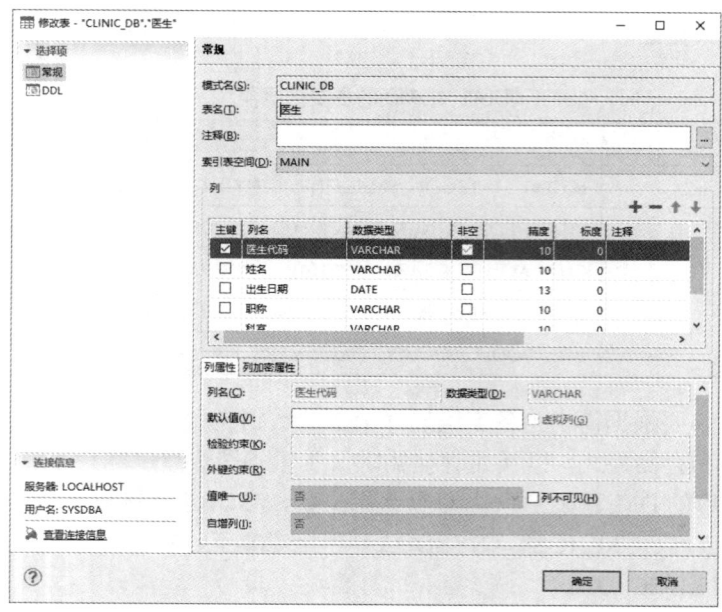

图 5-4　修改"医生"表的结构

为尽可能提高范式级别,保证数据的一致性和减少冗余,通常在定义表的数据结构时,还要进行数据完整性约束,见表 5-2。

表 5-2　数据完整性约束

约　束	项　目	作　用
实体完整性	主键约束（PRIMARY KEY）	主键不得出现重复值,确保表中记录的唯一性
	唯一性约束（UNIQUE）	非主键字段不出现重复值（主键字段已不需要此项）
域完整性	默认值约束（DEFAULT）	对没有插入值的列自动添加默认值
	非空值约束（NOT NULL）	限定记录的某列必须有值,即不允许空值
	检查约束（CHECK）	某列的取值必须符合检查限定
参照完整性	外键（FOREIGN KEY）	通过表间关系约束字段值的有效性

1. 实体完整性

实体完整性主要体现为表中记录的唯一性。

（1）主键是能保证表中记录唯一性的一个或多个字段的组合。主键的值不重复且不能为空。例如,"医生"表中的"医生代码"为主键。一个表中只能有一个主键,但主键可以是多个字段组合,例如,"处方"表中的"处方号"和"药品号"组合为主键。

（2）唯一性用于保证非主键列不出现重复值（可选）。

2. 域完整性

域完整性主要体现为表中字段值的有效性。

（1）默认值：为某个字段定义一个默认值，当添加的新记录在该字段无输入值时系统将自动填入默认值。

（2）非空值约束：限定某个字段必须有值，不允许空。这个设置通过在图 5-4 中勾选"非空"列实现。

（3）检查约束：某列的取值必须符合检查限定。例如，"患者"表中的"性别"字段可添加 `"性别" = '男' OR "性别" = '女'` 作为约束。

3. 参照完整性约束

参照完整性约束通过建立外键约束实现字段值的一致性。两个以相同字段建立关联关系的表，在其中一个表中该字段为主键，可以将其作为另一个表的外键，以约束这个字段的取值必须是主键表中存在的值或空值，并进一步规定违反约束时的处理方式。

例如，要想约束"处方"表中的药品号必须是已存在的药品号，应在"处方"表中新建外键，将外键选择为"药品号"，该字段在"药品"表中作为主键，就能作为参照字段对"处方"表形成约束，设置如图 5-5 所示。

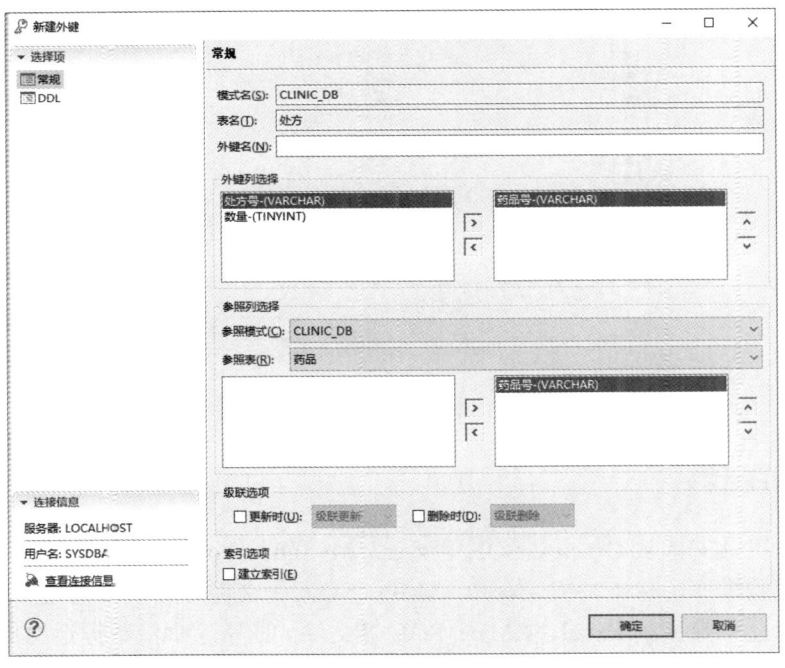

图 5-5 设置"处方"表的外键

当表的结构与关系创建完成后，不仅可以在数据库管理工具中进行本地访问，用第三方工具也可访问该数据库。图 5-6 为使用开源管理工具 DBeaver 对达梦数据库中的模式 CLINIC_DB 自动绘制的表关系图。

在 DM 管理工具中右击表对象，在快捷菜单中选择"浏览数据"，可填入数据。也可在浏览数据界面右击，在快捷菜单中选择"导入"，导入 .xlsx 文件中的已有数据，如图 5-7 所示。

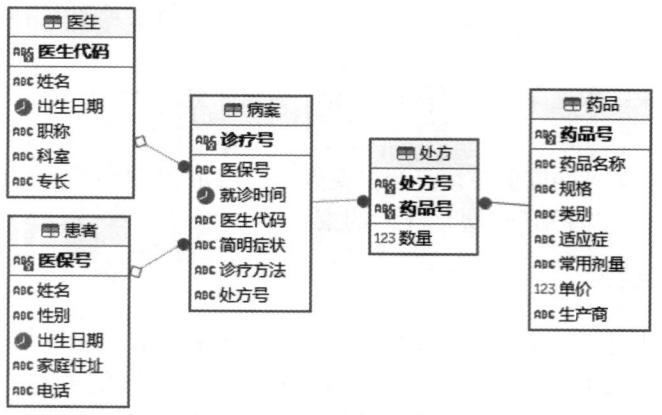

图 5-6　模式 CLINIC_DB 中表的关系

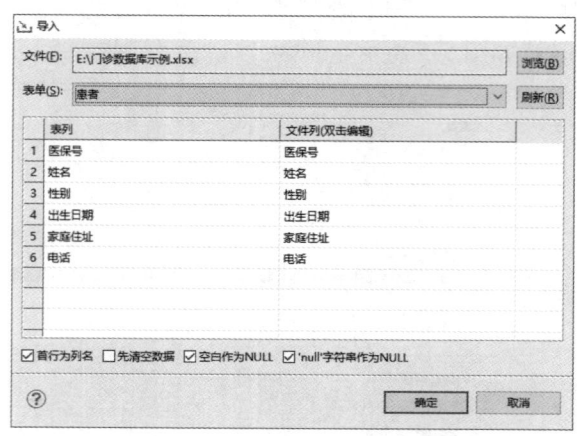

图 5-7　导入.xlsx 文件中已有数据

5.2.3　数据的迁移

DM 管理工具支持从 Oracle、SQL Server、MySQL、PostgreSQL、Access 等多种数据库迁移到达梦数据库，也支持由 Excel、XML、SQL 等文件迁移数据到达梦数据库，以及由达梦数据库迁移数据到 Excel、XML、SQL 等文件。通常，少量数据迁移用 SQL 文件较为方便。

1. 以 SQL 文件导出

在 DM 数据迁移工具中新建工程 backup，在其中新建迁移 to_sql。选择迁移数据方式，如图 5-8 所示，选择"DM ==> SQL"，单击"下一步"按钮。

填入登录信息后，单击"下一步"按钮，分别设置要导出的目标文件：定义脚本文件（用于创建表的结构）为 0.sql，数据脚本文件（用于添加数据）为 1.sql，迁移选项勾选"迁移对象定义和数据"，如图 5-9 所示。

第 5 章 关系型数据库

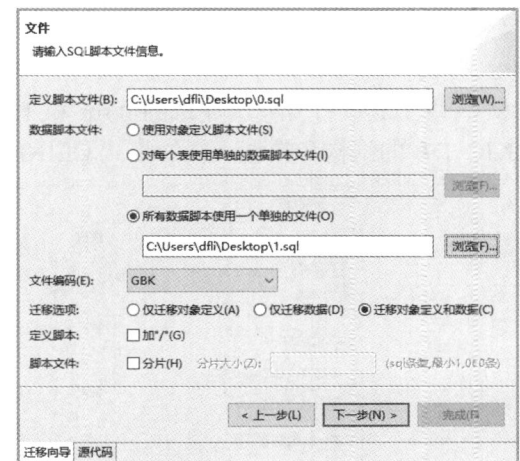

图 5-8 选择迁移数据方式　　　　图 5-9 设置要导出的目标文件

单击"下一步"按钮，选择要导出的模式（库）及其中的表、视图、函数等对象，如图 5-10（a）所示。单击"下一步"按钮，进一步选择要导出的表，如图 5-10（b）所示。单击"下一步"按钮，直至完成。

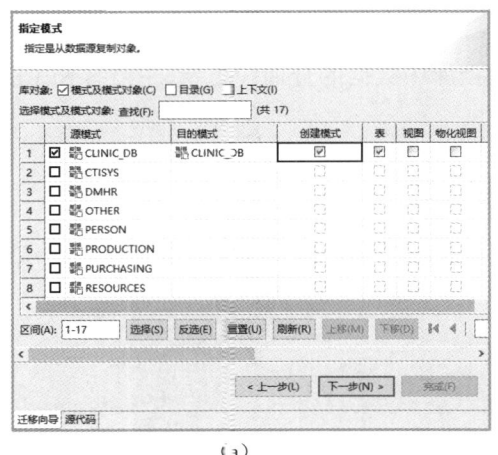
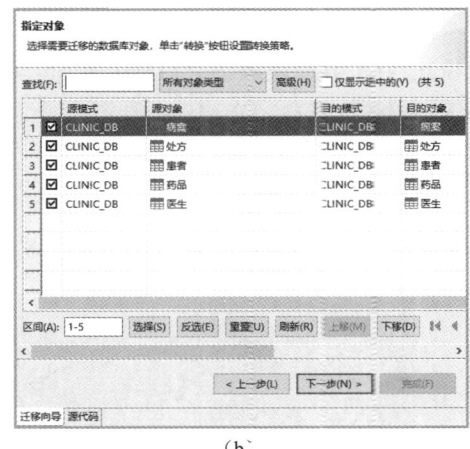

（a）　　　　　　　　　　　　　　　　（b）

图 5-10 选择要导出的对象

2. 以 SQL 文件导入

用前面导出的两个 SQL 文件，可以恢复或在新建模式中导入数据库的结构和数据。在 DM 管理工具中新建模式 CLINIC_DB1，并授权 SYSDBA 为模式拥有者，如图 5-11 所示。

由于 0.sql 和 1.sql 文件是由模式 CLINIC_DB 导出的，因此在导入前应先用记事本将两个文件中的模式名称 CLINIC_DB 替换为 CLINIC_DB1。

另外，由于 0.sql 文件中包含创建外键的信息，导入数据的先后顺序可能导致违反外键约束，所以在导入之前还应删除关于创建外键的"ALTER TABLE < 表名称> ADD

103

FOREIGN KEY(<外键名称>) REFERENCES <主表名称>(<主键名称>);"语句。也可将其另存为其他 SQL 文件，待数据导入后再执行。

在 DM 管理工具中打开修改完成的 0.sql 和 1.sql 文件，执行并提交事务，即可得到与模式 CLINIC_DB 的结构和数据一样的模式 CLINIC_DB1。

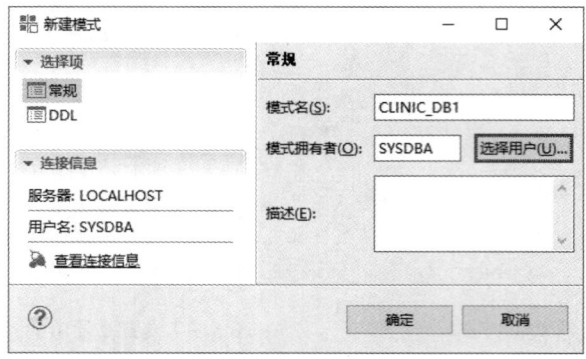

图 5-11 新建模式

5.3 数据查询与数据操作

SQL 中的数据操纵语言（DML）可实现对数据库中数据的查询和更新，主要有 SELECT、INSERT、UPDATE、DELETE 语句。

5.3.1 查询与视图

SELECT 语句的功能是查询表中的数据，并返回符合查询条件的数据记录。语法格式如下：

```
SELECT 字段列表
FROM 表名或视图
[WHERE 查询条件]
[GROUP BY 分组字段 [HAVING 分组条件]]
[ORDER BY 字段名 [ASC/DESC]]
[LIMIT 起始位置，记录数];
```

其中，[ ]表示可选子句。

SELECT 语句可以选择任意多个字段，字段与字段之间用逗号分隔；可以使用通配符"*"表示表中的所有字段；可以用"字段名 AS 别名"将原字段名以别名显示。

【例 5-1】 查询药品表中单价在 20 元以上的药品的名称和单价，按单价降序排列，仅显示 5 条记录。

在 DM 管理工具中新建查询，输入 SQL 语句，运行结果如图 5-12 所示。

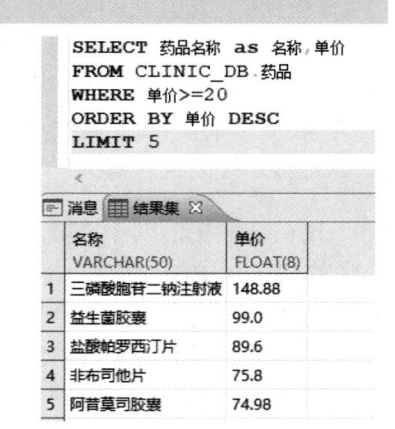

图 5-12 例 5-1 的运行结果

视图与查询一样，也是数据库的一种外模式对象，是使用查询语句定义的一个虚拟表。视图的数据来源于定义视图的 SELECT 语句所引用的基本表，并在使用视图时动态地从基本表中提取。

在 DM 管理工具的选定模式中右击，在快捷菜单中选择"视图"，填写视图名，并将查询语句写在模板语句的 AS 之后，即可创建视图，如图 5-13 所示。视图虽然是虚拟表，但外部程序也可以像调用基本表一样调用它。

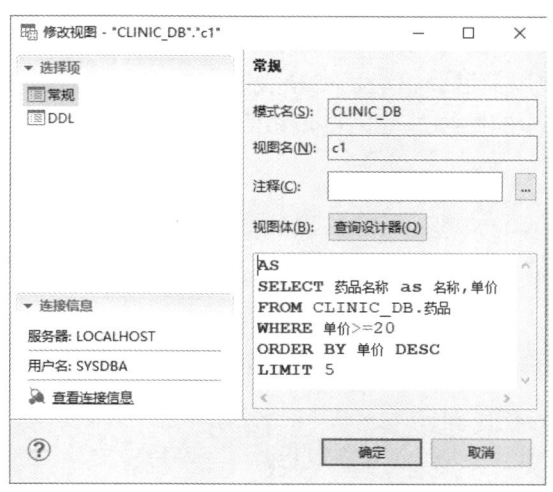

图 5-13　创建视图

在 WHERE 子句中，用 LIKE 可对字符串条件进行模糊查询。SQL 语言支持两个通配符："%"用于匹配 0 个至多个任意字符，"_"用于匹配 1 个任意字符。

【例 5-2】　查询患者表中姓名中包含"马"字的记录。

```
SELECT * FROM CLINIC_DB.患者
WHERE 姓名 LIKE '%马%'
```

5.3.2　聚合函数与分组查询

SELECT 语句中的字段可以是表达式，表达式中常用聚合函数呈现分组的统计结果。常用的聚合函数见表 5-3。

表 5-3　常用的聚合函数

函数表达式	功　　能
AVG([ALL | DISTINCT] expression)	计算分组中某个字段的平均值
COUNT([ALL | DISTINCT] expression)	统计分组中某个字段的个数
MAX([ALL | DISTINCT] expression)	查找分组中某个字段的最大值
MIN([ALL | DISTINCT] expression)	查找分组中某个字段的最小值
SUM([ALL | DISTINCT] expression)	计算分组中某个字段的总和

【例 5-3】 查询药品表，统计不同类别药品的平均单价。

```
SELECT  AVG(单价)   as 平均单价, 类别
FROM  CLINIC_DB.药品
GROUP  BY 类别;
```

5.3.3 连接查询

涉及两个或两个以上表的查询，需要说明表之间的连接关系。

在 FROM 子句中使用关键词 JOIN…ON 表明两个表之间的连接关系。

内连接先对两个表中的数据进行比较，将所有匹配的行连接在一起作为查询结果。语法格式如下：

```
FROM 表 1 [INNER] JOIN 表 2 ON 表 1.字段名 1 <比较运算符>表 2.字段名 2
```

其中，表 1、表 2 是被连接的表名；字段名是两表用于连接的相关字段的名称，比较运算符可以是=、<、>、<=、>=、<>。系统默认为内连接，可以省略关键词 INNER。

【例 5-4】 连接医生表和病案表，查询相匹配的医生所诊治的患者的简明症状。

```
SELECT 医生.姓名,病案.简明症状 FROM CLINIC_DB.医生 JOIN CLINIC_DB.病案
ON 医生.医生代码 = 病案.医生代码;
```

如果需要查询结果不仅包含内连接匹配的行，还包含某个表的更多信息，可使用外连接。外连接分为左连接和右连接，两者只是表名在语句中的先后位置不同。语法格式如下：

```
FROM 表 1 LEFT|RIGHT [OUTER] JOIN 表 2
ON 表 1.字段名 1 <比较运算符>表 2.字段名 2      -- OUTER 可省略
```

LEFT JOIN（左连接）：查询结果包含左表（写在 LEFT JOIN 左边的表）的全部记录以及两个表中连接匹配的记录。

RIGHT JOIN（右连接）：查询结果包含右表（写在 LEFT JOIN 右边的表）的全部记录以及两个表中连接匹配的记录。

【例 5-5】 连接医生表和病案表，查询所有医生诊治的患者的简明症状（没有参与诊治的医生，其简明症状列显示为 NULL）。

```
SELECT 医生.姓名,病案.简明症状 FROM CLINIC_DB.医生 LEFT JOIN CLINIC_DB.病案
ON 医生.医生代码 = 病案.医生代码;
```

5.3.4 数据写入

INSERT INTO 语句用于向一个表中插入数据记录。语法格式如下：

```
INSERT INTO 表[(字段 1,字段 2,…)]
VALUES(值 1,值 2,…);
```

字段列表中的"字段 1,字段 2,…"按顺序一一对应值列表中的"值 1,值 2,…"。空字段

可以跳过对应值。当插入一条完整的记录时，可省略字段列表，但值列表中的顺序要与表中字段的顺序完全一致。若插入的记录违反完整性约束，则操作事务无法提交执行。若成功执行，则显示"影响了 1 条记录，1 条语句执行成功"提示信息。

【例 5-6】 向患者表中插入一条记录，医保号为"YB12345"，姓名为"张三"，其他信息空缺。

```
INSERT INTO CLINIC_DB.患者(医保号,姓名)
VALUES('YB12345','张三');
```

5.3.5 数据修改

使用 UPDATE 语句可以实现对一条或多条符合条件的记录中某个或某些字段值的修改。若修改的记录违反完整性约束，则操作事务无法提交执行。若成功执行，则显示"影响了 n 条记录，1 条语句执行成功"提示信息，n 为受影响的记录数。语法格式如下：

```
UPDATE 表 SET 字段1=表达式1 [, 字段2=表达式2, …]
[WHERE 更新条件];
```

【例 5-7】 修改药品表，将解热镇痛药降价为原价的 90%。

```
UPDATE CLINIC_DB.药品
SET 单价=单价*0.9
WHERE 类别='解热镇痛药';
```

5.3.6 数据删除

使用 DELETE 语句可删除数据表中满足条件的记录。若删除的记录违反完整性约束，则操作事务无法提交执行。若成功执行，则显示"影响了 n 条记录，1 条语句执行成功"提示信息。注意，如果不带 WHERE 子句，将会删除表中所有记录，所以使用 DELETE 语句时要非常小心。语法格式如下：

```
DELETE FROM 表
[WHERE 删除条件];
```

【例 5-8】 删除药品表中的"巯甲丙脯酸片"记录。

```
DELETE FROM CLINIC_DB.药品
WHERE 药品名称='巯甲丙脯酸片';
```

巩固练习

一、单项选择

1. 常用的数据库管理系统不包括_____。

[A] Linux [B] Oracle [C] DB2 [D] SQL Server

2. 数据库系统的核心是_____。
[A] 数据模型　　　　　　　　　　　　[B] 数据库管理系统
[C] 数据库管理员　　　　　　　　　　[D] SQL 语言
3. _____是用二维表来表示实体及实体之间联系的数据模型。
[A] 关系模型　　　[B] 层次模型　　　[C] 网状模型　　　[D] 实体-联系模型
4. 数据库设计中，"学院"实体与"系"实体之间的联系类型是_____。
[A] 一对多　　　[B] 多对多　　　[C] 多对一　　　[D] 一对一
5. 1NF、3NF、2NF 三种范式之间的规范化程度变化趋势是_____。
[A] 先增后减　　　[B] 递减　　　[C] 递增　　　[D] 先减后增
6. 关于关系型数据库的描述，正确的是_____。
[A] 外键不是本关系的主键　　　　　　[B] 允许任何两个元组完全相同
[C] 主键不能是组合的　　　　　　　　[D] 不同的属性必须来自不同的域
7. 在 SQL 语言中，修改已经创建的表结构可以使用_____ TABLE 语句。
[A] ALTER　　　[B] FIX　　　[C] DROP　　　[D] UPDATE
8. 在 SQL 语言中，用于删除数据表的关键字是_____。
[A] DROP　　　[B] DELETE　　　[C] MODIFY　　　[D] ALTER
9. _____数据类型不是 SQL 语句支持的数据类型。
[A] 类　　　[B] 文本　　　[C] 数字　　　[D] 日期
10. 在 SQL 语言中，使用关键字_____可以把重复行屏蔽。
[A] Distinct　　　[B] Order By　　　[C] Index　　　[D] Union
11. 在 SQL 语言中，使用关键字_____可以对查询结果进行排序输出。
[A] Order By　　　[B] Index　　　[C] Group By　　　[D] Union
12. 在 SQL 语言中，插入记录的关键字是_____。
[A] INSERT　　　[B] MODIFY　　　[C] CREATE　　　[D] ALTER

二、操作实践

以下实践所需配套资源见前言二维码。

1. 数据库 Prescription 关系模式如下：

Herb(<u>HID</u>,HName,Efficacy)

Patient(<u>PID</u>,PName,Sex)

Formula(<u>PID</u>,<u>HID</u>,Dosage,<u>FormulaDate</u>)

Herb 为中药信息表，其中 HID 表示中药编号，HName 表示中药名，Efficacy 表示药物功效；Patient 为病人信息表，其中 PID 表示病人编号，PName 表示病人姓名，Sex 表示病人性别；Formula 为处方信息表，其中 PID 表示病人编号，HID 表示中药编号，Dosage 表示中药剂量（单位为克），FormulaDate 表示处方日期。写出实现以下功能的 SQL 语句：

（1）查询中药剂量大于 12（不包含 12）的处方记录。

（2）列出病人"张丽娜"的所有处方记录，要求显示中药名、中药剂量和处方日期，并按中药剂量降序排列。

（3）查询具有"抗疲劳"功效的所有中药名及其功效。
（4）查询统计不同中药的用药总剂量。
（5）向 Herb 表中插入一条记录，中药编号为 011，中药名为"玫瑰花"，药物功效为"美容养颜"。

2．数据库 University 关系模式如下：

Student(SNum,SName,Sex,Birthday)，其中 SNum 表示学号，SName 表示姓名，Sex 表示性别，Birthday 表示生日，主关键字为 SNum；

Course(CNum,CName,Credit,CTime)，其中 CNum 表示课程号，CName 表示课程名，Credit 表示学分，CTime 表示学时数，主关键字为 CNum；

SC(SNum,CNum,Grade)，其中 SNum 表示学号，CNum 表示课程号，Grade 表示成绩，主关键字为(SNum,CNum)。用 SQL 语句实现以下功能：

（1）查询所有 1990 年以后出生的学生基本信息。
（2）按课程名统计每门课程的平均成绩。
（3）查询所有女同学及其选修的课程名，并按照姓名降序排序。
（4）查询课程名称包含"英语"的课程信息。
（5）查询所有课程名称及选修该课程的学生姓名，未被选修的课程也需列出。
（6）将所有学时数小于 32 的课程记录的学时数增加 10%。
（7）删除所有学分为 0 的课程记录。

第 6 章　数字通信与网络

本章教学目标：
- 理解数字通信的基本概念。
- 理解计算机网络体系结构和网络互联设备。
- 理解 IP 地址与域名。
- 知道物联网的基本概念。
- 掌握 HTML 基本语法和静态网页的构建。

6.1　数字通信

6.1.1　基本概念

在计算机网络中，数据通常被理解为在网络中存储、处理和传输的二进制数字编码。信号（Signal）是携带信息的传输形式。在通信系统中常常使用的电信号、电磁信号、光信号、载波信号、脉冲信号、调制信号等术语就是指携带某种信息的传输形式或特性。

数字通信是计算机网络的基础，数字通信系统由数据源、数字通信网和数据宿三部分组成。

信道是数据源和数据宿之间的通信线路，即传送信号的通路。信道本身也可以是模拟的或数字的。从不同的角度，信道可有以下不同的分类。

- 按信道的传输媒体种类可分为有线信道和无线信道。对称电缆、同轴电缆、光纤电缆等为有线信道，短波、微波、卫星等为无线信道。
- 按信道多路复用的形式可分为频分多路复用信道、时分多路复用信道和码分多路复用信道等。
- 按信道中传输的信息可分为模拟信道、数字信道及"模拟-数字"混合信道。模拟信道传输连续的模拟信号，如电话通话等；数字信道传输离散的数字信号，即以二进制码 1 和 0 构成的数字序列。
- 按用途还可分为专用信道和公共交换信道等。

模拟信号是一个连续变化的物理量，例如，随时间连续变化的电流、电压或电磁波，可以利用其某个参量（如幅度、频率或相位等）来表示要传输的数据。

如果模拟数据是时间的连续函数，占有一定的频率范围，即频带，则对应的模拟信号可以直接用占有相同频带的电信号来表示。人类能够听到的音频数据的频率范围为 20Hz～20kHz，而大多数语音数据的可调节频率范围仅为 300～3400Hz，这个频率范围足够使语音清晰地传输，电话系统正是按此模拟信号传输方式运行的。

数字信号是时间离散的。数字化的数据是某一区间内对连续物理状态的有限的离散取值。

数字信号编码就是将二进制数形式的数据用两个不同的电平或电压极性来表示，形成矩形脉冲电信号，常用的方法是用两种不同的电平分别表示 0、1 比特序列的电压脉冲信号，例如，用高电平（电压）代表 1，低电平（电压）代表 0。模拟信号和数字信号如图 6-1 所示。

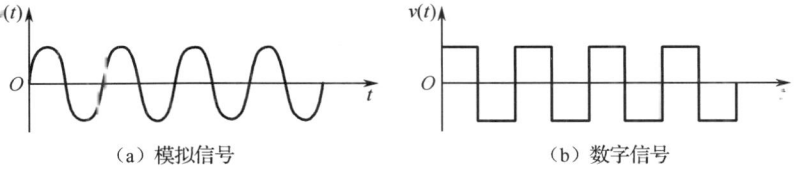

图 6-1　模拟信号和数字信号

数字数据可以直接用二进制数形式的数字脉冲信号在数字信道传输，即基带传输。但为了改善其传播特性，一般先要对二进制形式的数据进行编码。

也可以利用调制解调器（Modem）将数字数据调制转换为模拟信号后，通过模拟信道传输，即频带传输。例如，在普通的音频电话线上，可通过 Modem 将数据调制成模拟信号传输，在线路的另一端，Modem 再把模拟信号解调还原成原来的数字数据。

在同一物理介质上实现同时传送多路信号，称为多路复用。按频率分割为若干互不交叉的频段，每路信号占据其中一个频段，形成许多个子信道高效传输的技术称为频分多路复用（Frequency Division Multiplexing Access，FDMA），如图 6-2 所示。

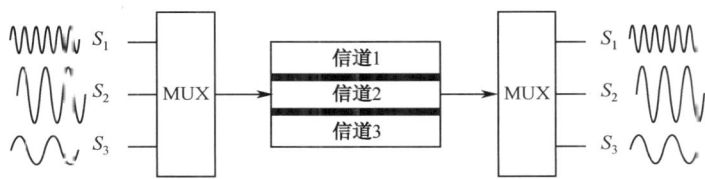

图 6-2　频分多路复用

例如，有线电视的 Cable Modem、非对称数字用户线路（Asymmetric Digital Subscriber Line，ADSL）等，都是 FDMA 的典型应用。

多路复用技术可提高线路的利用率，常用的多路复用技术还有时分多路复用（TDMA）和码分多路复用（CDMA）等。

6.1.2　主要技术指标

1. 传输速率

传输速率是衡量数字通信传输能力的主要指标，比特率是数字信号的传输速率，即单位时间传输二进制代码的位数，基本单位是 bit/s（位/秒，也有的写作 b/s 或 bps）。

在频带传输中，波特率是调制速率，单位为波特（Baud/s），是信号经调制后的传输速率，表示单位时间内通过信道传输的码元个数：

$$S = \frac{1}{T} \log_2 n \quad (\text{Baud/s})$$

式中，T 为一个数字脉冲信号的宽度或重复周期，单位为 s。一个数字脉冲信号也称为一个码元，n 为一个码元所取的有效离散值个数，也称调制电平数，n 一般取 2 的整数次方。若一个码元仅可取 0 和 1 这两种离散值，则该码元只能携带 1 位（bit）二进制信息；若一个码元可取 00、01、10 和 11 这 4 种离散值，则该码元能携带 2 位二进制信息；若一个码元可取 n 种离散值，则该码元便能携带 $\log_2 n$ 位二进制信息。

当一个码元仅取两种离散值时，$n=2$，$S=1/T$，表示传输速率等于码元的重复频率。此时比特率等于波特率。

2．差错率

差错率是衡量传输质量的主要指标：

$$码元差错率（误码率）p_e=差错码元数/总码元数$$

$$比特差错率 p_{eb}=差错比特数/总比特数$$

计算机网络中，一般要求误码率低于 10^{-6}，即平均每传输 10^6 位数据最多允许错 1 位。可以通过差错控制方法进行检错和纠错。

3．可靠性

可靠性是衡量传输系统质量的重要指标：

$$p_r=正常工作时间（t_r）/全部工作时间（T_r）$$

4．带宽

带宽是指信道能传送信号的频率宽度，即可传送的信号的最高频率与最低频率之差，也称信道容量，是波长、频率或能量带的范围。带宽的单位同频率的单位。

传输介质的带宽越大，信道可多路复用的资源越多，通信能力就越强。

在无线通信领域，例如，第五代移动通信技术（5G）中，带宽是指分配给 5G 网络服务的无线电频谱宽度。5G 相比于 4G，显著提升了带宽资源的利用效率，其工作频段更广，不仅包含传统的低频段，还包括了毫米波频段。毫米波频段一般指 26.5～300GHz 之间的频谱，提供了极大的可用带宽资源，远超过以往 4G LTE（Long-Term Evolution，长期演进）所使用的频段。5G 网络下载速度理论上最高可以达到数十 Gbit/s，相比 4G LTE 的最大 1Gbit/s 有了数量级的提升。

5G 通过扩大带宽，采用先进的编码方式、调制解调技术和多天线技术等关键技术，实现超高速率、大容量、低时延的通信服务，以满足未来移动互联网、物联网、自动驾驶、远程医疗、工业自动化等多样化的应用场景需求。

6.2 计算机网络

6.2.1 基本概念

计算机网络（简称为网络）是在网络协议控制下，通过通信设备和线路来实现地理位置不同且具有独立功能的多个计算机系统之间的连接,并通过网络操作系统等网络软件来实现数字通信和资源共享的系统。

计算机网络发展分为以下 4 个阶段。

① 20 世纪 60 年代初,美国研发了以一台中心计算机连接若干终端的单中心通信系统,中心计算机负责数据处理,终端则提供通信交互功能。1969 年出现了以 ARPANET（Advanced Research Project Agency Network）为代表的共享系统资源计算机网络,网络中的主从关系逐渐模糊,多用户可通过网络实现软件资源和硬件资源的共享。

② 20 世纪 70 年代,面向终端的网络架构逐步发展形成了局域网组织体系。

③ 20 世纪 80 年代初,国际标准化组织（ISO）的开放系统互连（OSI）参考模型逐步成为国际上网络体系构建的公认标准。

④ 20 世纪 90 年代以来,相继出现了快速以太网、光纤分布式数字接口（FDDI）等新型网络技术,诞生了以 Internet 为代表的高速综合互联网络,成为计算机网络的快速持续发展阶段。

1. 计算机网络的功能

计算机网络的功能主要有数字通信、资源共享两方面。因此,可将网络划分为通信子网和资源子网。

（1）数字通信。通信是网络最基本的功能。网络中各个节点之间的通信提供了快捷、方便地与他人交换信息的方式。例如,在网上发送电子邮件,发布新闻消息,进行电子商务、远程教育、远程医疗等活动。

（2）资源共享。资源共享包括部分或全部地共享网络中的硬件、软件和数据资源。例如,共享网络中的大容量存储器、软件、数据库等资源。通过资源共享,可以使网络中的各组织互通有无、分工协作,从而大大提高资源的利用率。

网络技术的发展为实现分布式处理、云计算等提供了物质基础。分布式处理是将一项复杂的任务划分成若干子模块,在网络上的每台计算机分别同时运行一个或几个子模块,使多台计算机连成一个具有较高性能的计算机系统,从而完成较复杂的任务。

当某台计算机负担过重时,网络可将任务转交给空闲的计算机来完成,这样能均衡各计算机的负载,充分利用网络资源,并且扩大计算机的处理能力,增强实用性和实时性。而云计算则能以共享和虚拟化的方式高效地利用网络上的算力资源。

2. 计算机网络的组成

计算机网络的组成根据应用范围、目的、规模、结构以及采用的技术有所不同,一般包括计算机系统、通信线路与通信设备、网络协议及网络软件 4 个部分。

（1）计算机系统主要负责数据的收集、处理、存储、传播和提供资源共享。网络中连接的计算机可以是巨型机、大型机、小型机、工作站、微机以及其他数据终端设备。

（2）通信线路与通信设备。通信线路是指传输介质及其连接部件,包括光缆、同轴电缆、双绞线等。通信设备是指网络接入设备、网络互联设备,包括网络适配器（网卡）、集线器、中继器、交换机、网桥、路由器以及调制解调器等。通信线路和通信设备负责控制数据的发出、传送、接收或转发，包括信号转换、路由选择、编码与解码、差错校验、通信控制管理等组成结构。

（3）网络协议是通信双方之间彼此共同遵守的规则和约定。现代网络都采用层次结构，网络协议规定了分层原则、层间关系、信息传递方向、分解与重组等。

（4）网络软件是在网络环境下使用和运行，或者控制和管理网络系统的软件。根据软件的功能，网络软件可分为网络系统软件和网络应用软件两大类。

网络系统软件用于控制和管理网络运行，提供网络通信和网络资源的分配与共享功能，以及为用户提供访问网络和操作网络的人机界面。网络系统软件主要包括各种网络协议软件和网络通信软件、网络操作系统（Network Operating System，NOS）等。

网络操作系统是一组对网络内的资源进行统一管理和调度的程序集合。同时，网络操作系统也是网络用户和网络系统之间的接口。网络操作系统除了一般的操作系统功能，还包括网络环境下的通信、网络资源管理、网络应用等特定的网络功能，是网络软件的核心程序，是网络应用软件的基础。

网络应用软件是指为某种特定的应用目的而开发的网络软件，如远程教学软件、电子图书馆软件等。

3. 计算机网络的地理范围分类

按地理范围划分，计算机网络可分为广域网、城域网和局域网。

（1）广域网

广域网（Wide Area Network，WAN）的作用范围通常为几十到几千千米，可以跨越辽阔的地理区域进行长距离的信息传输，所包含的地理范围通常是省或国家、洲。在广域网内，用于通信的传输装置和介质一般由电信部门提供，网络则由多个部门或国家联合组建，网络规模大，能实现较大范围的资源共享。

（2）局域网

局域网（Local Area Network，LAN）是一个单位或部门组建的小型网络，一般局限在楼宇或园区内，其作用范围通常为在几千米以内。局域网规模小、速度快，应用非常广泛。

（3）城域网

城域网（Metropolitan Area Network，MAN）的作用范围介于广域网和局域网之间，是一个城市或社区组建的网络，作用范围一般为几十千米。

需要指出的是，广域网、城域网和局域网的划分只是一个相对的分界，并没有绝对的界限。

6.2.2 网络体系结构与协议

为了把用户的数据转换为能在网络上传送的电信号，数据发送方的计算机需要对这组数据分步骤地进行加工处理，其中的每组相对独立的步骤就可以看作一个"层"。用户的数据经过多个层的加工处理后，就会成为一个个包含对方地址、本地地址、用户数据段、数据校验信息等在内的能在网络上传输的比特流。

1. 网络协议及其分层

在计算机网络中,用于规定信息的格式以及发送和接收信息的一系列规则、标准或约定称为网络协议(Protocol)。组成网络协议的三个要素是语法、语义和时序。

- 语法:数据与控制信息的结构或格式(如何通话)。
- 语义:控制信息的含义,定义了发送者或接收者要完成的工作及响应(通话内容)。
- 时序:规定操作的时间顺序(何时通话)。

网络体系结构(Architecture)是计算机网络各层的划分方法及其协议、层间接口的集合。采用分层方法把网络互联的复杂问题划分为若干个较小的单一问题在不同层上解决。各层之间相互独立,高层不必关心低层的实现细节;利于实现和维护,某个层次的实现细节的变化对其他层不会产生影响;易于标准化。

在协议分层中,只要接口保持不变,每层的协议与其他层完全无关。

20 世纪 80 年代,国际标准化组织(International Standards Organization,ISO)提出了开放系统互连(Open System Interconnection,OSI)参考模型。该参考模型将网络体系结构清晰地划分为服务(该层的功能)、接口(该层的服务如何被其他层访问)和协议(该层功能的实现方法)。

OSI 参考模型由自下而上的 7 个层次组成:物理层(Physical Layer)、数据链路层(Data Link Layer)、网络层(Network Layer)、传输层(Transport Layer)、会话层(Session Layer)、表示层(Presentation Layer)和应用层(Application Layer),如图 6-3 所示。这种网络层次结构模型,将网络通信问题分解成若干个容易处理的子问题,然后对各层"分而治之",逐个加以解决。

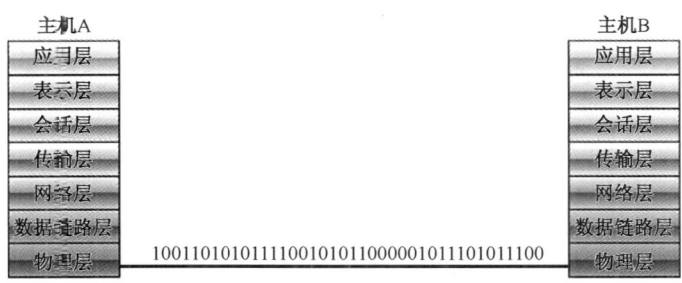

图 6-3 OSI 参考模型网络体系结构示意

(1)物理层

物理层是 OSI 参考模型的最低层,其任务是为数据链路层提供物理连接。该层将信息按比特逐位地从一个实体经物理通道送往另一个实体,以实现两个实体间的比特流传送。

物理层包括设备间的物理接口和从一个设备到另一个设备传输比特的规则。

通常属于物理层的设备有中继器、集线器等。

- 中继器(Repeater):连接两个相同的局域网的网络设备,在物理层实现信号放大和再生,可延长传输距离但带宽不变。由于信号在网络传输介质中会出现衰减或受到噪声影响,使有用的数据信号变得越来越弱,为了保证有用数据信号的完整性,并在一定范围内传输，要用中继器把所接收到的弱信号分离、放大以使之与原数据信号相同。

- 集线器（Hub）：多端口中继器，可改变网络物理拓扑形式，将总线拓扑结构转为星形拓扑结构，如图6-4所示。

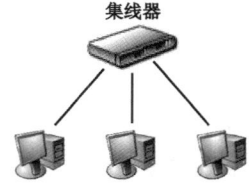

图6-4 集线器连接

（2）数据链路层

数据链路层在两个相邻节点间以帧（frame）为单位提供可自纠差错的数据传输服务。帧由一组字符组成，包括一定数量的数据和一些必要的控制信息。数据链路层接收来自上层的数据，并加上差错校验位、数据链路协议控制信息和分界标志等形成帧，然后从物理信道上发送出去，同时处理接收端的应答、重传出错或丢失的帧，保证按发送顺序正确地传送帧。

数据链路层为上层提供的主要服务是差错检测和控制。

通常属于数据链路层的设备有网桥、交换机等。

- 网桥（Bridge）：又称为桥接器，在数据链路层用于相同类型网络的互联，是一个局域网与另一个局域网之间建立连接的桥梁，具有信号过滤功能，如图6-5所示。
- 交换机（Switch）：实现网段分割的设备，与网桥属同类设备，其端口多、速度快，因此又称为高速网桥，如图6-6所示。

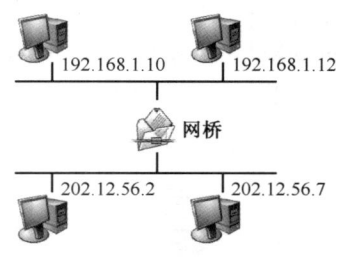

图6-5 网桥连接

图6-6 交换机

（3）网络层

网络层为多个局域网间数据的交换提供服务，可进行路由选择和拥挤控制。该层以报文分组为单位，即把较大的数据按固定长度分成若干段，为每段加上呼叫控制信息和差错控制信息等，形成报文分组。网络层接收来自数据源的报文，分组后选择由算法确定的路由送到指定的数据宿。

通常属于网络层（或网络层以上）的设备有路由器、三层交换机等，网关可设置在网络层及以上。

- 路由器（Router）：在网络层实现多个网络之间的互联，在异型网络间转发分组，如图6-7所示。路由器是不同网络之间互相连接的枢纽，是构成基于TCP/IP协议的互联网的主体网络设备之一。

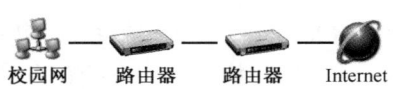

图6-7 路由器连接示意

- 三层交换机（Third-Layer Switch）：工作在网络层，具有三层转发（路由）的交换机。

- 网关（Gateway）：在网络层以上实现基于不同协议网络的互联，用来完成不同协议之间的转换。

（4）传输层

传输层（也称传送层）提供端对端的数据传输服务。以面向连接的传输控制协议（TCP）确保完整、有顺序、可靠的连接，或者以面向无连接数据报的用户数据报协议（UDP）提供响应速度快但不保正不丢包的连接。

（5）会话层

会话层在两个应用间建立、管理、拆除连接，完成连接管理、会话数据交换和同步等任务，是端口级的会话连接。

（6）表示层

表示层提供实体间数据的表示服务，解决应用系统之间格式和数据表示的差别，定义所交换的数据的语法。由于各种计算机系统都有其内部的数据格式，需要有某种转换机制来确保它们之间的相互理解。此外，该层还完成数据压缩与恢复、数据加密与解密等功能。

（7）应用层

应用层是 OSI 参考模型的最高层，为网络用户之间的通信提供专用的应用服务和协议，如电子邮件、文件传输、数据库存取等。

OSI 参考模型禁止不同主机的对等层之间直接通信，每层必须依靠相邻层提供的服务，最终由物理层建立与另一台主机的通信。

2．计算机网络的硬件系统

计算机网络硬件系统包括计算机（服务器和客户机）、传输介质和网络互联设备等。

（1）服务器。服务器是在网络中提供资源和特定服务的计算机，在其上运行网络操作系统，是网络控制的中心。

（2）客户机（工作站）。客户机是网络用户入网操作的节点，分别运行各自的操作系统。

（3）传输介质。传输介质是网络中用于传输数据、连接各网络站点的实体。常用的有线介质有双绞线、同轴电缆、光纤等，无线介质有无线电波、微波和红外光等。

（4）常用网络接入设备和网络互联设备。包括网卡、调制解调器、集线器、中继器、交换机、路由器、网关等。

6.2.3 局域网

1．局域网的特点

局域网是由地理位置上彼此相隔不远的一组计算机或其他设备互联而成的系统，其允许用户相互通信和共享资源。局域网具有以下的特点。

- 作用范围较小，仅用于办公室、机关、工厂、学校等内部，其作用范围没有严格的定义，但一般在几千米以内。
- 高传输速率和低误码率。局域网传输速率一般为 1～10000Mbit/s，而误码率一般为 10^{-11}～10^{-8}。

- 局域网一般由单位或部门内部控制管理和使用，因而对共享信息的准确性和传输的安全性要求则较弱。
- 通常采用同轴电缆、双绞线等建立单位内部专用线。

2. 局域网的拓扑结构

网络拓扑结构是指网络节点和连接线路所构成的网络几何图形。网络中的装置称为网络节点，在两个节点间承载信息流的线路称为链路。网络节点根据承担的角色不同可分为转接节点和访问节点两类。转接节点通常有集线器、交换机、路由器等。访问节点一般包括计算机或终端设备。

局域网有几种典型的拓扑结构：总线（Bus）、星（Star）形、环（Ring）形三种基本拓扑结构，以及树（Tree）状、网（Net）状等衍生拓扑结构。

（1）总线拓扑结构

总线拓扑结构是指将网络中所有的设备都通过一根公共总线连接，通信时，信息沿总线进行广播式传送。总线拓扑结构曾经是局域网中采用最多的一种拓扑形式。总线拓扑结构的局域网采用集中控制、共享介质的方式，所有节点都可以通过总线发送和接收数据，但为避免数据传送冲突，在某一时间段内只允许一个节点通过总线以广播方式发送数据，其他节点以收听方式接收数据。总线拓扑结构简单，增删节点容易，但网络中任何节点的故障都会造成全网的瘫痪，可靠性不高。最有代表性的总线网是以太网（Ethernet）。

（2）星形拓扑结构

星形拓扑结构由一个中央节点和若干子节点组成。星形拓扑结构是变形的总线拓扑结构，其中央节点可以与子节点直接通信，而子节点之间的通信必须经过中央节点的转发。

星形拓扑结构简单，建网容易，传输速率高。每个子节点独占一条传输线路，避免了数据传送冲突现象。一台计算机及其接口的故障不会影响整个网络，扩展性好，配置灵活，网络易于管理和维护。但是，星形拓扑结构的网络可靠性依赖于中央节点，中央节点一旦出现故障将导致全网瘫痪。目前，星形拓扑结构的中央节点多采用交换机、集线器等网络转接、交换设备。近年来，由于集线器、双绞线大量用于局域网，星形拓扑结构在局域中使用较多。

（3）环形拓扑结构

在环形拓扑结构中，所有设备连接成环，每台设备只能和相邻节点直接通信。与其他节点通信时，信息必须依次经过两者间的每个节点。

环形拓扑结构控制简便，结构对称性好，传输速率高。最典型的环形拓扑结构是IBM令牌网（Token Ring）。

环形拓扑结构传输路径固定，无路由选择问题，实现简单。但任何节点的故障都会导致全网瘫痪，可靠性较差。当环形拓扑结构需要调整时，一般需要对整个网络重新进行配置，其扩展性、灵活性差，维护困难。

环形网一般采用令牌来控制数据的传输，只有获得令牌的计算机才能发送数据，可避免冲突现象。环形网有单环和双环两种结构。双环结构常用于以光导纤维作为传输介质的环形网中，目的是设置一条备用环路，当主环发生故障时，可迅速启用备用环，提高环形网的可靠性。最常用的环形网有令牌环网和FDDI（光纤分布式数据接口）。

在基本拓扑结构基础上，还有树状、网状等衍生的拓扑结构。

第 6 章 数字通信与网络

3. 以太网

以太网是一种应用总线拓扑结构的广播式网络。以太网包括一根称为以太（Ether）的同轴电缆，多台计算机使用总线拓扑结构连接在这根电缆上，并共享单一介质，当一台计算机发送数据时，该计算机独占整个电缆，其他计算机必须等待。

以太网采用介质访问控制方法（信道访问控制方法），主要有固定分配、需要分配、适应分配、探询访问和随机访问等方法。其作用是利用简单的协议，获得有效的通道利用率，对网上各站点的用户公平合理。

以太网的核心技术是随机争用型介质访问控制方法，即带有冲突检测的载波侦听多路访问（Carrier Sense Multiple Access / Collision Detection，CSMA/CD）方法。在以太网中，如果一个节点需要发送数据，它以"广播"方式把数据通过作为公共传输介质的总线发送出去，连在总线上的所有节点都能"收听"到这个数据。由于网络中所有节点都可以利用总线发送数据，并且网中没有控制中心，因此发生冲突是不可避免的。为了有效地实现分布式多节点访问公共传输介质的控制策略，CSMA/CD 的发送流程可以概括为：先听后发、边听边发、冲突停止、随机延迟后重发。

网络适配器又称网络接口卡（Network Interface Card，NIC），简称网卡。它是插到主板总线插槽上的一个硬件设备，用于将用户计算机与网络相连，属于数据链路层设备，如图 6-8 所示。

在局域网中，每个网络中的主机都有一个硬件地址，硬件地址又称为物理地址或 MAC（介质访问控制）地址。IEEE 802 标准为局域网中的每张网卡规定了独一无二的 48bit（6B）硬件识别码，以 12 位十六进制数表示，并固化在网卡的 ROM 中，作为局域网对内部计算机进行寻址时所用的物理地址。

图 6-8　网卡

在银河麒麟系统的终端窗口中执行 ifconfig 命令，可查看本机的网络适配信息，其中 ether 后面以冒号分隔的 6 组十六进制位串就是网卡的 MAC 地址，如图 6-9（a）所示。图形化界面网络设置中也可显示"物理地址"，如图 6-9（b）所示。

（a）ifconfig 命令的执行结果　　　　　　　　（b）物理地址

图 6-9　查看网络适配信息

119

以太网有下列技术特性。

① 以太网采用基带传输。

② 以太网采用的标准是 IEEE 802.3，使用 CSMA/CD 介质访问控制方法，对单一信道的访问进行控制、分配介质的访问权，以保证同一时间只有一对网络站点使用信道，避免发生冲突。

③ 以太网是一种共享型网络，网络上的所有站点共享传输介质和带宽。

④ 以太网采用的拓扑结构主要是总线拓扑结构和星形拓扑结构。最典型的是总线拓扑结构，如果在物理层将所有的节点都集中到一个集线器上，其拓扑结构就变为星形拓扑结构。

⑤ 以太网有多种以太标准，它们支持不同的传输速率（10Mbit/s、100Mbit/s、1000Mbit/s、1Gbit/s 等）。

6.3 互联网及其应用

6.3.1 TCP/IP 模型

Internet（互联网，也称因特网）通过物理网络连接、网络通信协议、应用软件以分层结构实现资源共享，其本质是高速的数字通信网络。

Internet 上的资源分为信息资源和服务资源两类，其功能主要有网上信息查询、网上交流、电子邮件收发、文件传输和远程登录等。

TCP/IP（Transmission Control Protocol/ Internet Protocol）是 1969 年随 ARPANET 的出现而产生的标准。随着 Internet 的发展，TCP/IP 成为 Internet 上通用的网络协议组。TCP/IP 协议组并不是 TCP 和 IP 两个单独的协议，而是一组协议结构模型。

TCP/IP 模型在数据传输过程中也采用分层的方式，如图 6-10 所示。从根本上说，7 层的 OSI 参考模型借鉴了来自 TCP/IP 模型的部分概念，而 TCP/IP 模型采用了传输效率相对更高的应用层、传输层、网络层和网络接口层的 4 层结构，但没有 OSI 参考模型划分得那么细致，却涵盖了 OSI 参考模型中不同的位置。TCP/IP 协议是一个工业标准或"事实标准"，它具有统一的网络地址分配方案。TCP/IP 协议是一个开放的协议标准，可以免费使用，可用于局域网、广域网和互联网中。下面简单介绍 TCP/IP 模型的 4 层结构。

（1）网络接口层

网络接口层为 TCP/IP 模型的第 1 层，对应 OSI 参考模型中的物理层和数据链路层，提供各种通信网络和 TCP/IP 模型之间的接口，是 TCP/IP 模型实现的基础，包括如下协议：MILNET、IEEE802.3 CSMA/CD、IEEE802.4 TOKEN

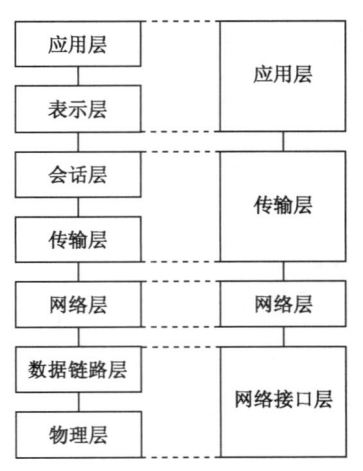

图 6-10　OSI 参考模型与 TCP/IP 模型

BUS 及 IEEE802.5 TOKEN RING 等。

（2）网络层

网络层（也称互联网层）为 TCP/IP 模型的第 2 层，对应 OSI 参考模型的网络层，网络层位于传输层的下方，由 IP（Internet Protocol，网际协议）、ICMP（Internet Control Message Protocol，网际报文控制协议）、ARP（Address Resolution Protocol，地址分析协议）、RARP（Reverse Address Resolution Protocol，反向地址分析协议）等多个协议组成，IP 是其中最重要的一个协议，它仅提供一种无连接服务，而数据传输的正确性则由传输层协议来保证。

- IP 协议：负责传送由 TCP 或 UDP 协议所组装的数据包，实现在不同主机间进行数据传送。
- ICMP 协议：通过响应特定的信息使管理者确认是否发生某个硬件设备错误。这个协议通常与 IP 协议一体，作为网络容错处理的工具。

在 TCP/IP 网络环境下，每个主机都分配了 32 位 IP 地址，即互联网地址。为了让报文能够在物理网上传送，就必须知道相互的地址，这样就要把互联网地址变换为物理地址，因此，需要在网络层建立一组协议 ARP，将 IP 地址转换为相应的物理地址。

无 IP 地址的站点可以通过 RARP 协议获得 IP 地址。

（3）传输层

传输层为 TCP/IP 模型的第 3 层，对应 OSI 参考模型的传输层和会话层，传输层协议包含 TCP（Transmission Control Protocol，传输控制协议）和 UDP（User Datagram Protocol，用户数据包协议）。

- TCP 协议：提供可靠的并在运行过程中保持连接状态的传输。数据包信息中包含了对整个数据包的完整信息描述，若在传输中出现错误，能发出重传指令，以确保整个数据包正确无误。
- UDP 协议：一种非连接式的通信协议，不提供类似 TCP 协议中的可靠性控制功能，也无须确保在传输过程中远程和本地的连接正常，出现传输错误时并无重传指令。

（4）应用层

应用层为 TCP/IP 模型的第 4 层，对应 OSI 参考模型中的表示层和应用层，包括 SMTP（Simple Mail Transfer Protocol，简单邮件传送协议）、POP（Post Office Protocol，邮局协议）、DNS（Domain Name Service，域名服务）、FTP（File Transfer Protocol，文件传输协议）、HTTP（Hyper Text Transfer Protocol，超文本传输协议）、Telnet（Telecommunication Network，通信网络）协议、RPC（Remote Procedure Calls，远程过程调用）服务等。

- SMTP 协议和 POP 协议：端对端方式直接发送电子邮件的传输协议和直接通过邮件服务器收取邮件的协议。
- DNS 服务：提供主机域名与 IP 地址对应转换的服务。
- FTP 协议：支持文件在不同系统或主机间相互传输，并在指定权限下允许用户进行复制、删除、新建、修改、上传、下载等文件操作。
- HTTP 协议：是 WWW（World Wide Web）服务的主要支持协议，支持以网站形式提供信息服务，网页以 HTML 格式存在，包括表格、表单、图像、声音等元素，通过超链接与其他 HTML 元素形成引用关系。

- Telnet 协议：为用户提供远程登录的工作模式，可通过 Internet 登录到大型机，利用其高速运算。
- RPC 服务：当本地某个程序需要与远程过程进行通信时，通过该协议可进行远程过程调用。

6.3.2 IP 地址与域名

1. IPv4

互联网上，每台计算机（包括服务器、客户端、路由器等）都是用 IP 地址来标识的。IP 地址是互联网上通用的地址格式，在互联网范围内，IP 地址是唯一的。

IP 地址由 NIC（Network Information Center）统一分配。其中，Internet NIC 负责美国及其他地区，ENIC 负责欧洲地区，APNIC 负责亚太地区。我国 IP 地址资源由中国互联网络信息中心（CINIC）负责统一分配管理。

TCP/IP 协议规定，每台在网络上的计算机都至少要有一个特定的 IP 地址。通过 IP 地址信息，计算机所送出的数据包能够找到目标计算机，即当含有 IP 地址信息的数据包进入网络后，路由器对局域内的计算机送出一个广播信息，询问有无对应 IP 地址的计算机。若有 IP 地址，则该计算机的网卡便将其 MAC 地址传给路由器，接着路由器把数据包传送给该计算机，完成数据包的传递。

每个物理网络的物理地址各不相同，互联网对各种物理网络地址的"统一转换"通过 IP 地址在网络层完成，可以有效地屏蔽物理网络间的地址差异。使用 IP 地址可以将计算机指定到互联网的一个特定连接上，也可以将多个 IP 地址绑定到一个物理连接上。

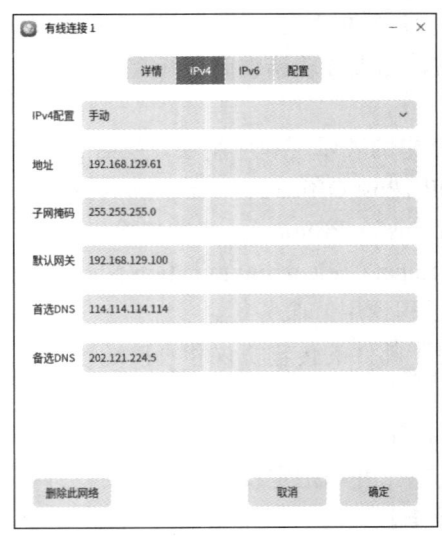

图 6-11 银河麒麟中 IPv4 网络设置

IP 地址是运行 TCP/IP 协议的唯一地址逻辑标识，目前所广泛采用的统一格式是 IPv4，如图 6-11 所示为银河麒麟中 IPv4 网络设置，每个 IP 地址长度为 4 字节，即 32 位二进制数，其通常由 4 组点分十进制整数组成，包含网络地址和主机地址。寻址时先根据网络地址确定物理网络，再根据主机地址定位。

IPv4 规定，A 类地址第一段以二进制数 0 开头，对应的十进制数范围为 1～126，第一段为网络号，后三段为主机号；B 类地址第一段以二进制数 10 开头，对应的十进制数范围为 128～191，前两段为网络号，后两段为主机号；C 类地址第一段以二进制数 110 开头，对应的十进制数范围为 192～223，前三段为网络号，后一段为主机号；D、E 类地址用于广播和保留调试。A、B、C 类 IPv4 地址结构如图 6-12 所示。

网络地址不能以 127 开头（已保留给诊断用，如 127.0.0.1 为本机），首尾两组 8 位的二进制数不能都是 1（十进制数 255，已作为广播地址使用），也不能都是 0（最后一组为 0，通常用于网络标识，而 0.0.0.0 通常表示任意地址或未指定地址）。

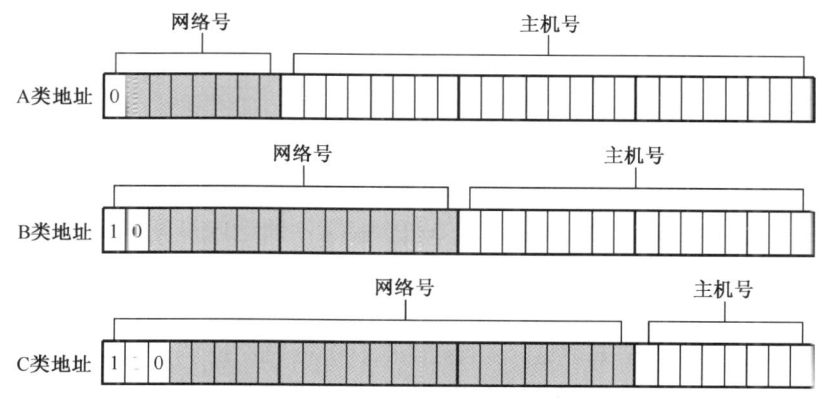

图 6-12　A、B、C 类 IPv4 地址结构

随着 2019 年 11 月 25 日 15:35（UTC+1）欧洲网络信息中心从可用池中进行了最后的分配，全球所有 43 亿个 IPv4 地址都已分配完毕。目前 IP 地址短缺的问题有如下两种解决方案。

- 使用网络地址转换技术（Network Address Translation，NAT）。在本地网络中使用私有地址，而在连接互联网时使用 NAT 将私有地址转换为全局 IP 地址。
- 使用 IPv6 技术持续互联网的长久发展。

子网掩码的作用是识别子网和判别主机属于哪一个网络，用一个 32 位的二进制数表示，采用点分十进制记法。

在局域网内，相邻主机不需要路由器即可直接通信，而当计算机需要与外网主机通信时，则需要通过网关作为路由。这种自动判断是通过子网掩码实现的，例如，一个 C 类主机地址 192.168.173.X，与其默认子网掩码 255.255.255.0（二进制数 11111111.11111111.11111111.00000000）进行"与"运算后，结果为 192.168.173.0，即网络标识，跟 X 的值无关，说明子网掩码可用"与"运算拒绝相同网段的 IP 地址主机通过网关路由，过滤掉不必通过网关的内部通信，从而减少对网关的通信压力。

设置子网掩码的规则：IP 地址中，表示网络地址的那些位，子网掩码中的对应位置为 1；表示主机地址的那些位，子网掩码中的对应位置为 0。

在网络工程中，还常用 CIDR（Classless Inter-Domain Routing，无类别域间路由）地址块表示方法。IPv4 的 CIDR 地址块的表示方法是在 IP 地址后面加/n，n 为 0～32 之间的数字，表示子网掩码前面连续的 1 的位数。例如 130.39.37.100/24，本来作为 B 类地址，默认子网掩码应为 255.255.0.0，但根据具体子网划分的需求，实际子网掩码为 255.255.255.0，按 C 类地址划分网络与主机。

在较大的网络中，若不能保证每个主机的 IP 地址的唯一性，可采用子网寻址技术，用子网掩码人为划分网络标识位和主机标识位。例如：

用子网掩码 255.255.255.128（二进制数 11111111.11111111.11111111.10000000）可将 192.168.173.X 划分成 192.168.173.（1～126）和 192.168.173.（129～254）两个子网段。其

中 192.168.173.0 和 192.168.173.128 分别为两个子网的网络标识，192.168.173.127 和 192.168.173.255 分别为两个子网的广播地址。

用子网掩码 255.255.254.0（二进制数 11111111.11111111.11111110.00000000）可将 192.168.173.X（173 的二进制数为 10101101）与 192.168.172.Y（172 的二进制数为 10101100）合为同一个直接通信的子网。其网络标识为 192.168.172.0，广播地址为 192.168.173.255，192.168.172.1～192.168.173.254 之间的地址均在同一子网中。

在终端中用 ping 命令可以测试本机与目标网络上主机的网络连通情况。在 Linux 终端中执行 ping <目标域名或 IP 地址>命令，本机会持续不断地向目标机发送数据包并接收目标机的回应数据包，直到关闭终端或输入终止命令。若需限制次数，则可用-c 带一个数字作为参数。例如，分别用 4 次数据包测试本机对 192.168.129.66 和 192.168.129.220 网络连通情况，如图 6-13 所示。结果可见，对 192.168.129.66 网络的测试数据包全部有回应，无丢失（0% packet loss），而对 192.168.129.220 网络的测试数据包全部丢失，提示无法连接目标主机（Destination Host Unreachable）。

```
dfli@dfli-pc:~$ ping -c4 192.168.129.66
PING 192.168.129.66 (192.168.129.66) 56(84) bytes of data.
64 bytes from 192.168.129.66: icmp_seq=1 ttl=128 time=1.16 ms
64 bytes from 192.168.129.66: icmp_seq=2 ttl=128 time=0.645 ms
64 bytes from 192.168.129.66: icmp_seq=3 ttl=128 time=0.530 ms
64 bytes from 192.168.129.66: icmp_seq=4 ttl=128 time=0.718 ms

--- 192.168.129.66 ping statistics ---
4 packets transmitted, 4 received, 0% packet loss, time 3045ms
rtt min/avg/max/mdev = 0.530/0.764/1.164/0.240 ms
dfli@dfli-pc:~$ ping -c4 192.168.129.220
PING 192.168.129.220 (192.168.129.220) 56(84) bytes of data.
From 192.168.129.70 icmp_seq=1 Destination Host Unreachable
From 192.168.129.70 icmp_seq=2 Destination Host Unreachable
From 192.168.129.70 icmp_seq=3 Destination Host Unreachable
From 192.168.129.70 icmp_seq=4 Destination Host Unreachable

--- 192.168.129.220 ping statistics ---
4 packets transmitted, 0 received, +4 errors, 100% packet loss, time 3082ms
pipe 4
```

图 6-13　测试网络连通情况

2. IPv6

随着网络的不断普及和发展，IP 地址资源及认证、数据完整性、隐私性的要求都对 IPv4 提出了挑战，IPv6 应运而生。

IPv6 采用 128 位（16 字节）地址长度，几乎可以不受限制地提供地址，因而有人形象而夸张地说可以"让地球上每粒沙子都有一个地址"。

IPv6 地址长度是 IPv4 地址的 4 倍，表达的复杂程度也是 IPv4 地址的 4 倍。IPv6 地址的基本表达方式是 $X:X:X:X:X:X:X:X$，其中 X 是一个 4 位十六进制数（16 位），共计 128 位（16 位×8）。例如，2001:0:5EF5:79FB:345D:2F17:3F57:7E24，1030:0:0:0:C9B4:FF12:48AA:1A2B，2000:0:0:0:0:0:0:1 等，其中，2000:0:0:0:0:0:0:1 可以简写为 2000::1。

为兼容现行标准，可将一个合法的 IPv4 地址组合在一起表达，例如，0:0:0:0:0:0:10.0.0.1 也可以表示为::10.0.0.1。

与 IPV4 相比，IPv6 除了有更大的地址空间，还具有以下优势。

① IPv6 使用更小的路由表。IPv6 的地址分配一开始就遵循聚类（Aggregation）的原

则，能在路由表中用一条记录（Entry）表示一片子网，大大减小了路由表的长度，提高了路由器转发数据包的速度。

② IPv6 增强了对组播（Multicast）和流（Flow）的支持，为数字媒体应用提供了发展的机会，为服务质量（Quality of Service，QoS）控制提供了良好的网络平台。

③ IPv6 加入了对自动配置（Auto Configuration）的支持，这是对 DHCP 协议的改进和扩展，使网络管理更加方便快捷。

④ IPv6 具有更高的安全性。IPv6 网络中的用户可以对网络层的数据进行加密并对 IP 报文进行校验，增强了网络的安全性。

3. 域名系统（DNS）

域名是企业、政府、非政府组织等机构或者个人在域名注册商所提供的服务上注册的名称，是互联网上企业或机构间相互联络的网络地址。

在 DNS（Domain Name System，域名系统）中，域名采用分层结构。整个域名空间成为一个树状分层结构，每个节点上都有一个名字，每个主机域名序列的节点间用"."分隔。

DNS 采用类似目录树的等级结构，用分层命名方法对网络中每台计算机赋予直观的唯一标识名，即计算机主机名.机构名.网络名.顶级域名。

顶级域名有两种划分方式，即以所从事的行业领域作为顶级域名和以国别（地区）作为顶级域名。例如，行业领域顶级域名 com 表示商业机构、net 表示网络服务机构、org 表示非营利性组织、gov 表示政府机构、edu 表示教育机构等。又如，国别（地区）顶级域名中国是 cn、法国是 fr、日本是 jp 等。

国际域名由美国商业部授权的互联网名称与数字地址分配机构（The Internet Corporation for Assigned Names and Numbers，ICANN）负责注册和管理，而国内域名则由中国互联网络管理中心（China Internet Network Information Center，CINIC）负责注册和管理。

访问一台计算机时，既可以用 IP 地址，也可以用域名。一个域名必须对应一个 IP 地址，而一个 IP 地址不一定有域名，也可对应多个域名。

DNS 服务器由解析器和域名服务器组成。域名服务器是指保存有该网络中所有主机的域名和对应的 IP 地址，并能将域名转换为 IP 地址的服务器。域名服务器提供两种形式的服务，即主域名和转发域名。

将域名映射为 IP 地址的过程称为域名解析。在浏览器地址栏中输入一个域名，计算机会通过网络向 DNS 服务器搜索对应的 IP 地址，找到后，将该 IP 地址返回给浏览器，浏览器根据这个 IP 地址发出浏览请求，完成域名寻址的过程。操作系统会把用户常用的域名对应的 IP 地址保存起来，当用户再次浏览时，可以直接从系统的 DNS 缓存里提取对应的 IP 地址，加快连接网站的速度。

6.4 物联网

物联网（Internet of Things，IoT）通过将各种实体物品与互联网连接起来，实现相互交流、传输数据和智能化管理服务。物联网的核心是赋予日常物品以感知、传输和处理数据的能力,从而构建一个全球化的、智能的网络环境。

顾名思义,"物联网就是物物相连的互联网",其含义包括:第一,物联网的核心和基础仍然是互联网,是在互联网基础上延伸和扩展的网络;第二,其用户端延伸和扩展到了任何物品与物品之间,可进行信息交换和通信。因此,物联网的定义是,通过射频识别RFID、红外感应器、全球定位系统、激光扫描器等信息传感设备,按约定的协议,把任何物品与互联网相连接,进行信息交换和通信,以实现对物品的智能化识别、定位、跟踪、监控和管理的一种网络。物联网具有通信与识别、互联和智能化三个重要特征。

物联网应用中以传感器技术、电子标签技术和嵌入式系统技术作为关键技术,基于互联网信息承载体,让所有能够被独立寻址的物理对象实现互联互通,并利用云计算、模式识别等各种智能技术实现应用需求。

从技术架构上来看,物联网可分为感知层、网络层和应用层。

(1)感知层(传感器与设备)包括各类嵌入式传感器、RFID标签、智能设备等,负责收集环境信息、物体状态以及用户行为等实时数据。

感知层由各种传感器以及传感器网关构成,包括浓度传感器、温度传感器、湿度传感器、二维码标签读写器、RFID标签读写器、摄像头、GPS等感知终端。其作用相当于人的感觉器官,主要功能是识别物体,采集信息。

(2)网络层(通信网络)通过无线或有线方式(如Wi-Fi、蓝牙、5G等)将感知层的数据传输至云端或其他处理中心。

网络层由各种私有网络、互联网、有线和无线通信网、网络管理系统和云计算平台等组成,相当于人的神经、神经中枢和大脑,负责传递和处理感知层获取的信息。

(3)应用层(数据处理与存储及解决方案服务)利用云计算、边缘计算等技术对海量数据进行整合、分析和存储,提供数据管理和业务支撑能力,实现行业应用。

应用层是物联网和用户(包括人、组织和其他系统)的接口,与行业需求相结合,实现物联网的智能应用。目前各个行业均有物联网应用的成功案例。

- 智能家居:将各种家居设备(如家电、照明、安防等)连接到互联网上,实现远程控制和智能化管理。例如,通过手机应用程序可以远程控制家电的开关,或者通过传感器检测到房间内的人体活动,自动调整照明亮度和温度等。
- 智慧交通:将车辆、道路、交通信号灯等连接到互联网上,实现交通信息的实时采集和智慧化管理。例如,通过传感器检测车辆的行驶速度和位置,实现交通流量的优化和缓解拥堵。
- 工业自动化:将各种工业设备(如机床、机器人、传感器等)连接到互联网上,实现设备的远程监控和智慧化管理。例如,通过传感器检测设备的运行状态,实现设备的预测性维护和故障诊断等。
- 智慧物流:将货物、车辆、仓库等连接到互联网上,实现物流信息的实时采集和智慧化管理。例如,通过传感器检测货物的位置和状态,实现货物的追踪和管理等。
- 智慧农业:将农田、农机、气象站等连接到互联网上,实现农业信息的实时采集和智慧化管理。例如,通过传感器检测土壤的水分和温度,实现灌溉和施肥的自动化管理等。

第 6 章 数字通信与网络

- 智慧医疗：将医疗设备、药品、病人信息等连接到互联网上，实现医疗信息的实时采集和智慧化管理。例如，通过传感器检测病人的生理指标，实现疾病的预防和诊断等。

6.5 超文本标记语言与网页

6.5.1 站点和主页

在网络上，提供资源的计算机作为服务器，使用资源的计算机作为客户机，即形成了客户-服务器（C/S）的访问结构，通常以 HTTP 协议作为应用层服务协议。客户机向服务器发送一个请求，服务器处理后返回一个响应，客户机收到服务器传送的 HTML 文档并在浏览器上解释运行以呈现网页。

在服务器上，网页及其相关文件按照一定的组织结构和链接方式形成一个整体，即网站。网站在服务器上发布后，以 HTTP 协议提供信息服务。网站中通常有一个默认访问的网页，担负着引导该网站其他信息的作用，称为主页。

制作一个网站的具体步骤：站点创建、主页建立、其他页面布局规划、网页元素的嵌入编辑、调试、上传到服务器、发布。

制作网站首先应创建站点，设置站点的根文件夹，定义要建立的站点的根结构。这样，在本站点上各网页的元素就建立了以此为起点的相对路径关系。在此根文件夹下，通常将发布时默认的首页命名为 index.htm 或 default.html，作为主页。

设计完成的网站只有发布在 Web 服务器上，才能通过 HTTP 协议及服务器应用程序，为访问者提供访问服务。

目前常用的 Web 服务器有 Apache Tomcat、Nginx、Windows 操作系统上的 Internet Information Server（IIS）以及国产的东方通 TongWeb 等，它们都具有发布静态 HTML 网页的能力。要实现具有表单对象与后台数据库交互的动态网页，则需要应用程序提供动态内容处理技术。目前常用的技术有 Python 框架、Java 语言的 JSP、PHP、ASP 以及构建于.NET Framework 或.NET Core 框架上的 ASP .NET。

6.5.2 静态网页的构建

1. 超文本标记语言

超文本标记语言（HyperText Markup Language，HTML）是由纯文本和标记标签（Markup Tag）组成的高级语言。HTML 源程序并不编译成可执行文件，而是由浏览器解释运行，生成相应的网页。所以，HTML 是用来描述网页的语言。HTML 文档通常以.htm 或.html 为扩展名，也被称为网页。

HTML 文档由一些格式标签和资源引用构成，HTML 标签不区分大小写，用尖括号括起来，通常是成对出现的，如<html></html>标签对，第一个标签是开始标签，第二个标签是结束标签。例如，将下列代码输入记事本，并保存成扩展名为.htm 的网页文件，双击该文件，将会默认用浏览器打开并呈现一个简单的网页。

```
<html>
<head>
    <title>我的网页标题</title>
</head>
<body>
    <h1>我的第一个网页</h1>
    <p>网页的段落</p>
</body>
</html>
```

其中：

<html>与</html>之间以 HTML 代码描述网页内容；

<head>与</head>之间是网页的头部；

<title>与</title>之间的文本作为网页标题显示在浏览器窗口的标题栏上；

<body>与</body>之间是可见的页面内容；

<h1>与</h1>之间的文本显示为一级标题样式；

<p>与</p>之间的文本显示为一个段落。

上述代码写成逐行回车和缩进的格式只是为了体现可读性，实际上在浏览器解释运行 HTML 文档时会忽略这些回车和空格。

常见的标签还有<font>，一般用于描述文本的字体、大小等，<div>标签用于定义文档中的分区或节（division/section），<img>标签用于引导插入图片的路径、对齐方式和大小等。

HTML 文档中，可以用一对"<!--"和"-->"进行注释。对不会导致歧义的标签，也可将内容写在起始标签中，并用"/>"结尾，例如：

```
<meta charset="utf-8" />
```

制作网页不一定需要用记事本逐行输入 HTML 代码，许多网页编辑软件如 Dreamweaver、HBuilder 等均可实现代码补全、可视化、即见即得的网页编辑功能。

目前，HTML 5 以包括 HTML、CSS 和 JavaScript 在内的技术组合，强化了网页的表现性能，减少了浏览器提供网络应用服务时对插件的依赖，并提供了更多增强网络应用的标准集。

2. CSS

CSS（Cascading Style Sheets，串联样式表，也称层叠样式表）用于设置页面的外观属性，并将页面内容与样式设定分开来。CSS 的优势是可保证使用同样 CSS 样式的内容呈现的形式一致，并且当 CSS 规则更新时所有定义为该样式的内容格式自动更新。

CSS 可由网页内部 CSS 以代码形式在 HTML 的头部定义，也可以一个外部.css 文件保存，作为外部样式表。

例如，选中某段落"测试文字"，为其设定红色、楷体 12 像素的样式，在 CSS 属性面板中新建仅限该文档的 CSS"类"规则".p1"并进行相应设定后，即建立了相应的样式类：

```
<style type="text/css">
.p1 {
    font-family: "楷体";
    font-size: 12px;
    color: #F00;
}
</style>
```

CSS 规则通常由选择器和声明组成。选择器是执行样式的对象，通常包括标签选择器、类选择器、id 选择器和伪类选择器等。声明包含在花括号中，采用以英文冒号分隔的属性与属性值来定义元素样式。定义格式如下：

选择器名{属性1:属性值1; 属性2:属性值2; 属性3:属性值3; …}

标签选择器将 HTML 标签名称作为选择器名，为页面中某类标签指定统一的 CSS 样式。类选择器通常用英文点号"."引导类名作为选择器名，标签调用格式：class="类名"。id 选择器使用"#"引导 id 名作为选择器名。常见的伪类选择器名包括链接（a:link）、已访问链接（a:visited）、鼠标经过链接（a:hover）、活动链接（a:active）等。

CSS 语句中可用一对"/*"和"*/"进行注释。

在 HTML 文档的<body></body>标签对中应用 CSS 可保持样式的一致性，并且可以通过更改 CSS 的设置来统一更新样式。将上面定义的.p1 类在<body></body>标签对中应用的代码如下：

```
<p class="p1">测试文字</p>
```

6.5.3 网页基本元素编辑

1. 页面属性

页面属性包括网页标题（Title）、编码（Charset）、背景图像和颜色、文本的默认外观、链接样式等属性信息。例如：

```
<html>
<head>
<meta charset="utf-8" />
<title>我的主页</title>
<style type="text/css">
body,td,th {
    color: #00F;
}
body {
    background-color: #FCF;                 /*背景颜色*/
    background-image: url(images/bj.jpg);   /*背景图像*/
}
```

```
        a:link {
            color: #3F0;                                    /*链接颜色*/
        }
        a:visited {
            color: #60C;
        }
        a:hover {
            color: #F60;
        }
        a:active {
            color: #03F;
        }
        </style></head>
        <body>
        </body>
        </html>
```

2. 文本

文本通常处于 HTML 网页中的<body></body>标签对中。文本段落包含于<p></p>标签对中，以回车为一个段落的结束。如果不结束段落而仅换行，可用
作为换行标签。

由于 HTML 默认对空格和换行不直接解释呈现，而是以 HTML 代码" "描述空格。若需要添加若干个连续空格，在 HTML 代码中就是添加若干个" "。

对包含在<p></p>标签对中的段落文本，可设置应用"一级标题""二级标题"等标准样式以及段落的对齐、缩进、凸出等段落格式。

对有并列项内容的文本段落，可使用<ul></ul>标签对设置一组项目列表，这类似于 Word 文档的项目符号，其中嵌套每项均用<li></li>标签对界定；有先后顺序的文本段落可使用<ol></ol>标签对设置编号列表，这类似于 Word 文档中的编号，其中嵌套的每项也用<li></li>标签对界定。

3. 表格与单元格

表格在<table></table>标签对内标注，其组成部分嵌套有行<tr></tr>标签对，行嵌套有单元格<td></td>标签对。例如，建立一个 3 行 3 列表格，在第 2 行第 2 列单元格中有文字"单元格示例"，其他单元格中为 1 个空格，代码如下：

```
<table width="200" border="3" cellspacing="1" cellpadding="2">
  <tr>
    <td> </td>
    <td> </td>
    <td> </td>
  </tr>
  <tr>
```

```
        <td> </td>
        <td>单元格示例</td>
        <td> </td>
    </tr>
    <tr>
        <td> </td>
        <td> </td>
        <td> </td>
    </tr>
</table>
```

如上述代码所示,表格宽为 200,边框(border)为 3,单元格间距(cellspacing)为 1,单元格边距(cellpadding)为 2,单位均为像素(px)。

单元格的合并均在合并起始处标注。例如,某行合并 5 列:

```
<td colspan="5"> </td>
```

某列合并 2 行:

```
<td rowspan="2"> </td>
```

拆分单元格只需在要拆分的局部直接加 HTML 代码即可。用 HTML 代码也可实现表格的嵌套。

4. HTML 元素

在网页中可以用插入 HTML 代码的方式描述一些特殊对象,例如,"<hr />"为水平线,"&copy;"为版权符号©,"&reg;"为注册商标符号®,"&#8364;"为欧元符号,"&#8212;"为破折号等。

5. 网页中的超链接

超链接描述了不同网页之间、不同站点之间的关系,由链接载体和链接目标组成。网页中的文本、图像、图像热区、动画、锚记等都可以作为链接载体,网页(本站点或外部网站)、图像、多媒体文件、电子邮件地址等任意网络资源都可以作为链接目标。

(1)内部链接

内部链接创建超链接的目标在本站点内,单击这个超链接,页面会跳转到链接目标处。例如,将文字"回到首页"链接到 index.html 网页文件:

```
<a href="index.html">回到首页</a>
```

如果需要链接目标在一个新窗口打开而不影响原窗口中网页的呈现,应加入 target 属性:

```
<a href="index.html" target="_blank">回到首页</a>
```

在框架网页上，target 属性为"_parent"将在父框架或父窗口中打开链接；target 属性为"_self"将在同一框架或窗口中打开链接；而 target 属性为"_top"将在当前页面窗口的顶层（通常是本网站的首页，忽略当前框架）打开链接。

（2）外部链接

外部链接创建超链接的目标在本站点外部，链接的 href 字符串应包含完整的访问协议和绝对地址，例如，创建以新窗口打开人民网链接：

```
<a href="http://www.people.com.cn" target="_blank">人民网</a>
```

（3）对图像热区的链接

如果需要在网页中对图片的局部区域建立链接，可使用热区链接。先在 img 属性中对图片对象划定链接区域"#Map"，再对链接区域定义目标及打开方式。示例代码如下：

```
<img src="images/pic.jpg" width="600" usemap="#Map">
  <map name="Map">
    <area shape="poly" coords="406,208,441,282,405,266"
          href="test.html" target="_blank">
  </map>
```

（4）对 E-mail 地址的链接

链接的 href 字符串为"mailto:电子邮件地址"。例如：

```
<a href="mailto:abc@def.com">联系我们</a>
```

（5）对命名锚记的链接

如果一个网页很长，要快速找到其中标记了书签的位置，则应使用锚记。先在目前位置插入一个命名锚记，例如，名称为 maoji：

```
<a name="maoji"></a>
```

所选中的链接载体若需链接到此锚记，如果在本页面中，可直接在"链接"文本框输入"#maoji"；如果是另一个网页（例如，page1.htm）中的锚记，可链接"page1.htm#maoji"；如果是外部网页中的锚记，可链接"http://127.0.0.1/page1.htm#maoji"。

6. 网页中的多媒体元素

（1）图像和图像占位符

在网页中要插入图像的源文件应已在本站点文件夹中，否则应先将图像文件复制到本站点文件夹中。因此，图像文件的路径应是基于本站点文件夹的相对路径，例如：

```
<img src="images/pic.jpg" width="600">
```

有的图像信息在网页中需要调用数据库资源才能呈现，编辑网页时仅需要定义图像的位置和大小，则可以插入图像占位符作为最终呈现的图像的临时占位图像，例如：

```
<img name="pic1" src="" width="320" height="240" alt="">
```

图像的高度和宽度可用像素作为单位，也可用百分数作为占浏览器窗口百分比的相对值。若图像的高度和宽度都填写，则图像按此高度和宽度可能产生变形；若只填写高度或宽度之一，则图像以此高度或宽度为基础按比例缩放。

（2）鼠标经过图像

当鼠标经过图像区域时，可触发将"原始图像"替换为"鼠标经过图像"事件。单击时还可触发新的链接（可选）事件。例如：

```
<a href="#" onMouseOut="MM_swapImgRestore()"
    onMouseOver="MM_swapImage('Image1','','images/pic0.jpg',1)">
<img src="images/pic1.jpg" name="Image1" width="100"></a>
```

6.5.4 表单

除了静态 HTML 页面，多数网站在后台数据库的服务支持下，还可以利用 ASP、ASPX（基于.NET 的 ASP）、PHP、Python、JSP 等 CGI（Common Gateway Interface，通用网关接口）动态网页技术实现网页与浏览客户端的交互。表单网页常用来作为数据采集的网络信息交互界面。

表单由三个基本部分组成：① 表单域，包括处理表单数据的提交服务器的方法；② 表单对象，包括文本域、单选按钮、复选框、下拉列表和列表框等；③ 按钮，包括提交、重置等按钮，用于数据传送等处理脚本的触发。

1. 表单域

表单域就是在 HTML 源代码中插入了<form name="form1" method="post" action=""></form>语句，所有使用的表单对象均应包含在<form></form>标签对内。

2. 表单对象

（1）文本域

文本域可以接收数字、文本等类型的输入。例如：

```
<input name="textfield" type="text" id="textfield" value="" size="20"
    maxlength="50">
```

其中，type="text"为明码方式显示，type="password"为密码方式显示；value 属性可赋值为默认值；size 是显示的最大宽度；maxlength 是文本域最多能容纳的字符数。

（2）单选按钮和单选按钮组

单选按钮组由两个或多个共享同一名称的单选按钮组成，只允许选择其中一个。单独创建的单选按钮之间不能自动创建互相排斥的关系，需要将单选按钮的 name 属性设置为相同的值，则它们组成了一组，选择任意其中一个就会禁止选择该组中的其他所有单选按钮。标签中有 checked 属性的表示已默认勾选。

```
<label><input type="radio" name="gender" id="gender" value="男" checked>
男</label>
```

```
        <label><input type="radio" name="gender" id="gender" value="女">女
</label>
```

（3）复选框和复选框组

在复选框组中，用户可以选择任意多个适用的选项。例如：

```
        <label><input type="checkbox" name="mult1" value="音乐" id="mult1_0"
checked>音乐</label>
        <label><input type="checkbox" name="mult1" value="运动" id="mult1_1">
运动</label>
```

复选框和复选框组的差别不大，name 属性相同的就是一组。标签中有 checked 属性的表示已默认勾选。

（4）下拉列表/列表框

使用列表/菜单可以为用户提供可供选择的项目列表，以方便用户操作。下拉列表的 size 属性设置为 1，初始状态下只显示 1 行，单击下拉按钮，在下拉列表中显示选项且只能单选；列表框的 size 属性可设置显示行数，在带滚动条的多行列表中显示选项，并且如果有 multiple 属性，则可以支持用 Shift 或 Ctrl 键多选。下拉列表举例如下：

```
        <select name="select" size="1" multiple id="select">
            <option value="301">临床医学</option>
            <option value="311">麻醉学</option>
            <option value="308">护理学</option>
        </select>
```

3. 按钮

按钮在单击时执行操作，这些操作包括提交或重置表单。按钮名称或选项卡可以自定义，也可以用预定义的"提交"或"重置"选项卡。例如：

```
        <input type="submit" name="submit" id="submit" value="提交">
        <input type="reset" name="reset" id="reset" value="重置">
```

6.5.5　网页布局

1. 表格布局

网页可以使用表格进行整体布局，即在<table></table>标签对内构建容器并在其中定位页面元素的位置。表格整体宽度可以用像素（绝对值）或百分比（相对于浏览器窗口宽度）表示。通常，用于布局的表格宽度设置为浏览器窗口宽度的 90%并居中，可以自动根据浏览器窗口的大小调整布局；单元格边距粗细设为 0，可仅作为单元格容器，用于限制其中页面元素的位置而不显示边框。

2. DIV-CSS 布局

DIV-CSS 布局符合结构、呈现和行为代码分离的 W3C 标准，其加载速度快，易于维护。

但代码编写有一定的难度，要求较高，且可能存在不同版本浏览器的兼容性问题。

例如，如下代码以 DIV-CSS 布局呈现 3 栏网页，整体宽度为浏览器窗口的 90%，中间栏目为 60%，左、右侧栏目各为 15%。其运行结果如图 6-14 所示。

```html
<html>
  <head>
    <title>DIV-CSS 布局示例</title>
    <meta http-equiv="content-type" content="text/html; charset=utf-8">
    <style type="text/css">
        .container {
      width: 90%;
      margin: 0 auto;
      }
      .left, .middle, .right {
        float: left;
        background-color: #fbedfa;
        border-right: 1px solid #c1bff9;
        padding: 10px;
      }
      .middle {
        width: 60%;
      }
      .left,.right {
        width: 15%;
      }
    </style>
  </head>
  <body>
    <div class="container">
    <div class="left">
            <h2>左侧栏目</h2>
            <p>左侧栏内容</p>
        </div>
        <div class="middle">
            <h2>中间栏目</h2>
            <p>中间栏内容</p>
        </div>
        <div class="right">
            <h2>右侧栏目</h2>
            <p>右侧栏内容</p>
        </div>
        </div>
    </body>
</html>
```

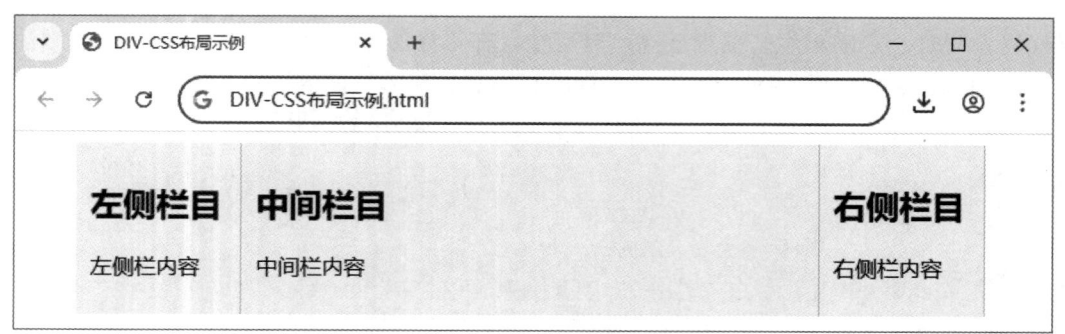

图 6-14　DIV-CSS 布局示例

3. 框架网页布局

框架网页布局是将浏览器窗口划分为多个部分，在每个部分单独显示一个网页文件的布局方式。整个页面由一个 HTML 文件作为框架集文件，在其中定义一组框架的布局属性，包括框架的数目、大小、位置及每个框架中单独显示的网页文件等，最终以框架集 HTML 文件与网页 HTML 文件共同组成在浏览器窗口中呈现的框架网页。

例如，创建一个"上方固定，左侧嵌套"的框架网页，即创建一个含有<frameset>标签的框架集文件 index.htm，该框架集以 HTML 代码描述了对 topFrame、leftFrame 和 mainFrame 的框架区域划分。再将三个框架区域链接为三个网页 HTML 文件，形成由 index.htm、top.html、left.html 和 main.html 这 4 个 HTML 文件组成的框架网页。

巩固练习

一、单项选择

1．在数据通信中，根据传输信号的类型，信道可分为_____。
[A] 模拟信道和数字信道　　　　　　　　[B] 物理信道和逻辑信道
[C] 有线信道和无线信道　　　　　　　　[D] 同步信道和异步信道
2．_____是调制解调器的作用之一。
[A] 将数字信号调制成模拟信号　　　　　[B] 将二进制数据转为十进制数
[C] 去掉传输信号中的干扰信号　　　　　[D] 减少信号传输中的损失
3．一个数据通信的系统模型不包括_____部分。
[A] 数据内容　　　[B] 数据源　　　[C] 数据通信网　　　[D] 数据宿
4．对模拟信号和模拟信道，其带宽的基本单位是_____。
[A] Hz　　　　　　[B] bit/s　　　　[C] b/m　　　　　　[D] p/m
5．数字信号传输时，传输速率（bit/s）是指_____。
[A] 每秒传输的二进制位数　　　　　　　[B] 每分传输的二进制位数
[C] 每秒传输的字节数　　　　　　　　　[D] 每分传输的字节数
6．如果某种设备能够处理的频率或速率的范围越宽，它的带宽就越宽，数据传输的速

度就越_____。

  [A] 快   [B] 窄   [C] 慢   [D] 宽

 7. _____是微波线路通信的主要缺点。

  [A] 只能直线传播，受环境条件影响较大   [B] 传输距离比较近

  [C] 传输速率比较慢   [D] 传输差错率大

 8. 有关 5G 的描述，不正确的是_____。

  [A] 高时延   [B] 精定位   [C] 高速率   [D] 高可靠性

 9. TCP/IP 体系结构由 4 层组成，自下而上依次是网络接口层、网络层、_____和应用层。

  [A] 传输层   [B] 物理层   [C] 会话层   [D] 表示层

 10. 不同体系结构的网络互联时，需要使用_____。

  [A] 网关   [B] 中继器   [C] 天线   [D] 集线器

 11. 在 OSI 参考模型中，处于数据链路层与传输层之间的是_____。

  [A] 网络层   [B] 物理层   [C] 会话层   [D] 表示层

 12. 为进行网络中的数据交换而建立的规则、标准或约定称为_____。

  [A] 网络协议   [B] 网络拓扑结构   [C] 网络体系结构   [D] 网络系统

 13. FTP 协议实现的基本功能是_____。

  [A] 文件传输   [B] 邮件发送   [C] 邮件接收   [D] 远程登录

 14. 中继器的作用就是将信号_____，使其传播得更远。

  [A] 整形放大   [B] 压缩   [C] 缩小   [D] 滤波

 15. 星形拓扑结构局域网中，中央节点大多采用可靠性很高的_____。

  [A] 交换机   [B] 路由器

  [C] 网关   [D] 调制解调器

 16. 以太网是专用于_____的技术规范。

  [A] 局域网   [B] 广域网   [C] 城域网   [D] 物联网

 17. 当前的互联网体系结构以_____协议为核心。

  [A] TCP/IP   [B] FTP   [C] HTTP   [D] ICMP

 18. _____不是正确的 IP 地址。

  [A] 128.256.33.78   [B] 159.128.23.15

  [C] 16.2.30.80   [D] 210.122.187.15

 19. A 类 IP 地址的默认子网掩码是_____。

  [A] 255.0.0.0   [B] 255.255.0.0

  [C] 255.255.255.0   [D] 255.255.255.255

 20. IPv4 地址的二进制位数为_____。

  [A] 32 位   [B] 16 位   [C] 8 位   [D] 64 位

 21. 域名 www.tsinghua.edu.cn 的顶级域名是_____。

  [A] cn   [B] edu.cn

  [C] edu   [D] tsinghua.edu.cn

22．用于完成 IP 地址与域名地址映射的服务器是_____。
[A] DNS 服务器　　　　　　　　　　　　[B] WWW 服务器
[C] IRC 服务器　　　　　　　　　　　　[D] FTP 服务器

23．_____是厘米范围内的近距离无线通信技术，主要用于手机支付、门禁卡、交通卡、信用卡等。

[A] NFC　　　　　　[B] 红外　　　　　　[C] Bluetooth　　　　　[D] GSM

24．在物联网的体系框架中，_____主要用于传输数据信息。
[A] 网络层　　　　　[B] 感知层　　　　　[C] 表示层　　　　　　[D] 应用层

25．感知层是物联网的初始层级，也是数据的基础来源，其基础元件是_____。
[A] 传感器　　　　　[B] 存储器　　　　　[C] 运算器　　　　　　[D] 控制器

26．物联网的三大特征是_____。
[A] 互联网特征、识别与通信特征、智能化特征
[B] 互联网特征、定位特征、通信特征
[C] 互联网特征、识别特征、通信特征
[D] 互联网特征、通信特征、监控管理特征

27．在 HTML 网页中，表格的宽度可以被设置为 100%，表示_____。
[A] 表格的宽度会随着浏览器窗口大小变化而自动调整
[B] 表格的宽度为 100 像素
[C] 表格的宽度是固定不变的
[D] 表格的宽度为 100mm

28．在网页中，HTML 代码<align=center>表示_____。
[A] 文本或图像居中对齐　　　　　　　　　[B] 文本加注上标线
[C] 文本闪烁　　　　　　　　　　　　　　[D] 文本加注下标线

29．在网页设计中，_____是一组格式设置规则，用于控制页面元素的外观布局。
[A] CSS　　　　　　[B] CS　　　　　　　[C] Head　　　　　　　[D] Form

30．在网页制作过程中，_____不是网页布局通常使用的方法或工具。
[A] 表单　　　　　　[B] 层　　　　　　　[C] 框架　　　　　　　[D] 表格

二、操作实践

以下实践所需配套资源见前言二维码。

1．设计你的个人站点或班级站点（内容和样式均可自由发挥）。
2．按图 6-15 所示样例创建"网络使用情况调查表"表单站点，要求如下。
（1）用下拉列表按样例提供用户身份选择。
（2）分别用不同组的单选按钮调查平均网络使用时间和对网速的满意度。
（3）用复选框调查经常使用网络的场所。
（4）用单行文本框（初始已填"@"）让被调查者留下 E-mail 地址。
3．利用 wy 文件夹下的素材编辑网页（参考图 6-16），要求如下。
（1）打开主页 index.html，设置网页标题为"预防禽流感"，网页背景图为 bg.jpg；设

置表格属性，居中对齐，边框线宽度，单元格填充和单元格间距都设置为 0。

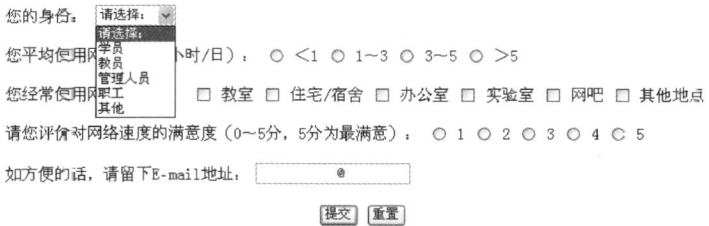

图 6-15　网络使用情况调查表样例

（2）设置第 1 行单元格的背景颜色为#4B71B2；设置"如何预防禽流感"的文字格式（CSS 目标规则名为.f）,字体为黑体，大小为 36px，居中显示。

（3）在第 2 行第 2 列插入鼠标经过图像，原始图像为 qin1.jpg,鼠标经过图像为 qin2.jpg；设置第 2 行第 3 列中的"禽流感"文字超链接至百度网址，在新窗口中打开。

（4）合并第 2 行第 1 列和第 3 行第 1 列，并添加"姓名："文本域，设置字符宽度为20；添加"您的建议："文本区域，设置字符宽度为 20，行数为 5；添加"提交"和"重置"按钮。

（5）对文字添加编号；在"版权所有宇宙公司"上方插入水平线，并修改颜色为#4B71B2，在"版权所有宇宙公司"文字中插入版权符号。

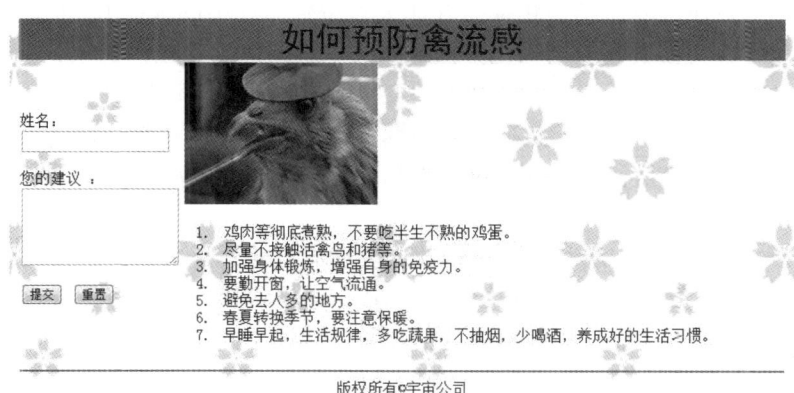

图 6-16　网页样例

第 7 章 大数据与数据可视化

本章教学目标：
- 理解大数据的基本特征与数据思维。
- 初步掌握 FineBI 数据仪表板的可视化操作。
- 初步掌握 Matplotlib 数据可视化方法。

7.1 大数据

7.1.1 大数据的基本特征与数据思维

大数据指规模远超传统数据处理工具获取、存储、管理、分析能力的数据集合，具有海量的数据规模（Volume）、快速的数据生成和流转（Velocity）、数据类型多样（Variety）和数据价值（Value）高但价值密度低四大特征，即 4V 特征。

- 海量的数据规模：超越传统数据库系统处理能力的数据集，从 TB 级别扩展到 PB、EB 甚至 ZB 级别。
- 快速的数据流转：数据产生的速度极快，要求尽可能实时进行采集、处理、分析和反馈，以满足时效性需求。
- 数据类型多样：涵盖结构化数据（如关系型数据库中的数据）、半结构化数据（如 XML/JSON 文档）和非结构化数据（如文本、图像、音频、视频、社交媒体数据）等。数据的不一致性、不确定性以及变化无常，数据来源广泛、关系错综复杂，需要处理多维度、多层次的数据关联问题，都对数据处理和管理带来挑战性。
- 数据价值高但价值密度低：有用的信息隐藏在海量数据中，需要采用有效手段挖掘提炼出有价值的知识。

用数据科学的理念、方法和技术，以数据驱动的方式思考问题、解决问题，这种思维方式称为数据思维。数据思维强调基于事实和数据做出决策，而非仅凭直觉和个人经验。在面对问题时，首先想到如何收集相关数据，通过清洗、分析、挖掘数据，发现数据背后的模式、规律和趋势，并据此做出更加客观、精准和有依据的判断与决策。

数据思维包含以下核心要素。

- 数据意识：认识并理解事物现象背后所产生的数据价值。
- 数据获取与处理：合法、合规地获取数据，并进行预处理和清洗，提升数据质量。
- 数据分析：运用统计学原理、机器学习算法等合适的方法对数据进行深度分析，洞察和提取信息。
- 数据可视化：将复杂的分析结果转化为直观的可视化图表，呈现数据间的关联性和趋势。
- 数据驱动决策：根据数据分析的结果制定策略和行动方案，实现从数据到决策的有效转化。

- 数据伦理与隐私保护：遵守法律法规，尊重隐私，确保数据使用的合理性和安全性。

数据思维与计算思维往往是相辅相成的。数据思维重视数据在决策过程中的作用，强调收集、处理、分析和解释数据，并从中获取知识和预见，数据为计算提供丰富的素材和依据。计算思维侧重于对问题进行抽象处理和计算解决，包括分解、模式识别、抽象和算法设计等，为数据处理与分析提供强大的工具和方法。两者的结合让我们能够更加深入地理解和解决复杂问题。如果只是单纯地引用和罗列一些数据，单纯地将事物数字化，不表达其结论或趋势，则不是数据思维。数据思维要求形成定性结论，其基础是数据，要在此基础上表达出同比增长率、是否达到预期、制约预期达成的关键指标等深层数据，这些才是数据思维的成果。

数据思维可在一定程度上转化为经验思维，这是一种根据长期经验积累或普适常识对事物做出判断、形成结论的思维方式。经验思维可以作为数据思维的一种沉淀形式，将数据思维结果中优秀的、可复制的操作流程标准化，不断地沉淀到知识管理系统中。但是，经验思维有其应用的局限性，当环境条件变化较大时可能会导致错误的决策。

7.1.2 数据可视化的基本概念

人类获取的信息 70%～80%来自视觉。通过计算机对数据建模、表达，利用图形的方式来表征数据的规律，就是数据可视化。数据可视化能用视觉的表现形式以某种概要方式抽提深层的信息，包括相应信息单位的各种属性和变量。数据可视化是大数据时代可以帮助人们从信息中提取知识、从知识中获取价值的有力工具。

大数据的巨大体量、异构性及混杂噪声困扰着人们对数据内涵的理解，人们迫切需要从海量数据中提取出规律，并转化成能快速理解的知识。图形比单调的数字更容易让人们洞察到数据的分布、趋势、关系以及异常点，帮助人们迅速决策。

数据可视化的目的并不是"炫"视觉效果，而是数据分析。融合大数据整理、数据挖掘等智能因素进行数据分析，让数据可视化内容更丰富、有价值。数据可视化是为了让人们理解数据，从而快速找到数据背后隐藏的现实问题，并有针对性地解决问题。

1. 数据可视化的准备

了解需求：不同目标用户对数据分析的需求不同，关注点不同。在数据分析前需要了解需求，才能确定数据分析的侧重点和关注的核心指标。

明确数据分析目的：是需要通过数据分析发现问题，还是希望提升某些业务指标，或者探究某个异常数据的背后原因，这些需要在数据分析前明确，以便搭建合适的分析框架，确定合理的分析思路。

观察数据：了解数据源和数据结构的情况，是实时数据还是静态数据，以及数据的范围等情况。

设计目标：确定可视化要表达的内容及如何凸显用户关注的核心指标。

2. 数据可视化图形

常见数据可视化图形从呈现功能上大致可分为比较类、趋势类、占比类、分布类和关联关系类。有些复杂的数据可视化图形可以呈现多种功能类型。

（1）比较类

比较类以柱状图为代表，通常使用图形长度、面积、颜色来比较不同分类间数值的大小。也可使用柱状图的变体，如条形图、堆叠柱状图、分组柱状图、双向条形图、南丁格尔玫瑰图等，用宽度、位置、角度等表现比较功能。

柱状图通过柱子的高度来表示数据的量级，常用于比较不同类别的数量或者某一数值属性的数据差异。一般用来进行分类项目之间的比较，也可以用来反映时间趋势。

条形图与柱状图类似，只是其柱子的方向是水平的。当需要比较的项目较多、表现类别的标签较长时，适合选用条形图。双向条形图使用正向和反向的条形显示项目之间的数值比较，如图 7-1 所示。

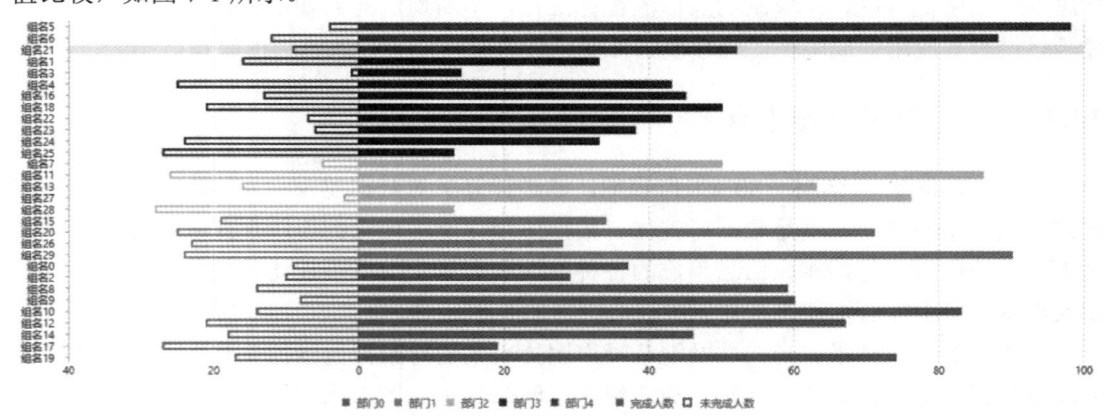

图 7-1　双向条形图

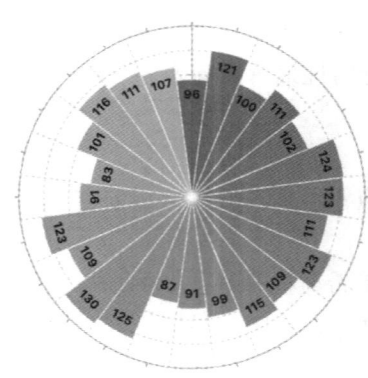

图 7-2　南丁格尔玫瑰图

南丁格尔玫瑰图从本质上说就是在极坐标中绘制的柱状图，如图 7-2 所示，其用半径来反映数值，而由于半径和面积之间是平方的关系，因此在视觉上南丁格尔玫瑰图所呈现的数据有夸张效果。

雷达图（蜘蛛网图）可对比多维度数据，每个维度对应图表的一个轴，所有轴从中心点放射展开，用于表达一个实体的多个属性（如性能数据）的综合表现，如图 7-3 所示。

词云是用于文本数据可视化的图表，可对比不同文本的某个属性（如出现的频率）的大小，如图 7-4 所示。

矩形树图由不同大小的嵌套式矩形来显示树状结构数据，在同一层级中，所有矩形依次无间隙排布，矩形面积由其在同一层级的占比决定。一般用于表示层次结构数据，直观体现层级关系和各层级节点的相对大小。

第 7 章 大数据与数据可视化

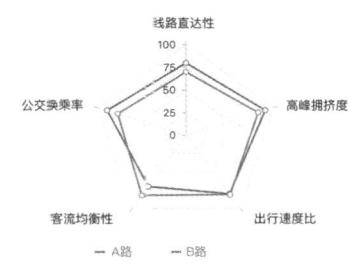

图 7-3 雷达图　　　　　图 7-4 词云

（2）趋势类

趋势类可以呈现数据的变化趋势，使用图形的位置表现数据在连续区域（如时间）上的分布，展示数据的变化规律。

折线用于展示数据随时间或其他有序类别连续变化的趋势，适合用来分析随时间等推移的增长、下降或波动情况。

面积图类似于折线图，在线条下的区域填充颜色，更强调一段时间内累计值或总量的变化。

甘特图通过条状图形显示项目、进度等与时间相关的过程关系进展情况。

漏斗图用于显示流程流转和流量。在开始部分和结束部分之间有多个流程环节，开始部分为 100%，每个环节均用一个梯形来表示，面积依次减少，整体形如一个漏斗，如图 7-5 所示。呈现业务流程的推进情况，可以较直观地显示流程中各部分的占比、发现流程中的问题，进而做出决策。

（3）占比类

饼图以圆饼状的形式，通过弧度的大小来展示每个类别占总体的比例，直观反映各类别所占份额。随着分类的增多，每个切片就会变小，故饼图不适合展示多分类的数据。若比较的分类很多，可改用条形图。

环图本质上就是饼图将中间区域挖空，其表达的意义与饼图类似，如图 7-6 所示。

堆叠柱状图将每个柱子所包含的小分类占比数据进行分割，以显示相同类型下各个数据的大小情况。其不仅实现整体比较，而且显示单个组成与整体之间的关系，也呈现了占比类功能。

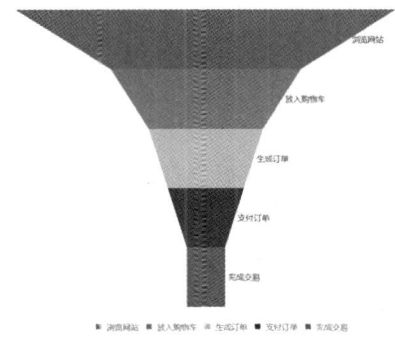
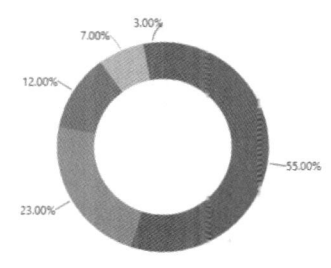

图 7-5 漏斗图　　　　　图 7-6 环图

143

（4）分布类

分布类使用图形的位置、大小、颜色的渐变程度来表现数据的分布，展示连续数据的分布情况。

直方图用于表示单个变量数据的分布情况，展示数据分布的频数或频率，特别适合展示连续型数据在一定区间内的分布情况（频数分布）。直方图与柱状图看似相像，但直方图的柱子间没有空隙，用于反映数据分布情况，而柱状图在结构上是离散的。

箱线图用于展示数据离散情况，通过最小值、下四分位数、中位数、上四分位数和最大值描述数据分布情况，如图 7-7 所示。从箱子延伸出去的线条可展现上、下四分位数以外的离群数据。箱线图中，不同部分之间的间距用于表示数据的离散程度。

小提琴图和箱线图类似，结合了箱线图和密度图的特征，不仅展示数据分布，还展示了概率密度，可以直观地显示离群值的位置。

热力图常见于二维数据的可视化，用颜色的深浅或映射表示数据密度或强度，例如展示数据的相关性或地理空间热度。热力图可以不需要坐标轴，而以图片或地图作为背景来表达分布。

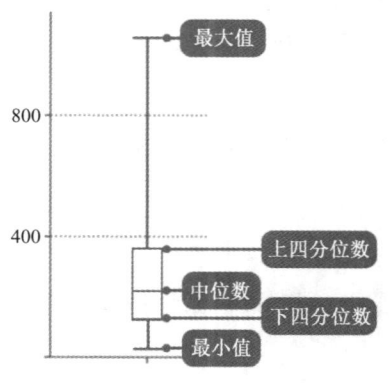

图 7-7　箱线图

数据地图使用相关地理区域作为背景，通过图形的位置来表现数据在不同地理区域的分布情况。也可以结合气泡图、热力图等，展示地图上相关区域的连续数据的大小。

（5）关联关系类

关联关系类展示数据之间的相互关联关系以及相关性。

韦恩图（Venn Diagram）使用图形的嵌套和位置表示数据之间的关系，通常用于表示集合间逻辑关系，有助于直观理解、分析和推理各种概念间的逻辑关系，如图 7-8 所示。

散点图也称 $X\text{-}Y$ 图，将数据以点的形式展现在直角坐标系上，显示变量之间的相互关系，有助于发现两个变量之间是否有预期的相关关系。

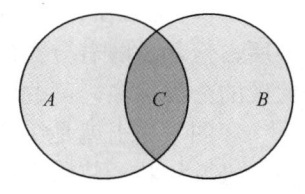

图 7-8　韦恩图

气泡图是散点图的扩展，除了位置坐标，还通过点的面积大小表示第三个维度的数据，从整体反映数据之间的相关性。

3. 数据可视化的一般流程

明确数据可视化的预期目标后，数据可视化的一般流程包括数据获取和清洗、数据解析和挖掘、数据表示和视觉设计、交互和突出重点等。

（1）数据获取和清洗：收集可能包括电子表格、数据库、API 接口等所需的结构化或非结构化数据源。对数据进行去除重复值、填充缺失值、校验数据质量和一致性，以及格式转换等清洗和预处理操作。

（2）数据解析和挖掘：根据数据分析目标对数据进行排序、分组、聚合、关联等整理操作，并进行初步统计分析，观察数据的分布特征和潜在关系。

（3）数据表示和视觉设计：根据数据分析目标和数据特性，选择柱状图、折线图、饼图、散点图、热力图等合适的可视化图形类型。以信息传递清晰、图形美观为原则，设计可视化图形的配色方案、字体、标签、图例、轴标签等视觉元素。

（4）交互和突出重点：设计通过滑块、下拉列表等方式进行过滤、缩放和钻取交互，根据需要允许用户动态探索数据；实施数据到图形的映射，生成可视化图表（仪表板）；根据需要发布与共享，解释可视化揭示的模式、趋势或异常情况，服务于决策或沟通。

整个流程是一个迭代的过程，可能需要多次根据反馈来调整可视化设计，包括更改配色方案、重新组织层次结构、添加更多维度或简化复杂性等修改和完善操作，直到达到理想的数据可视化效果。

7.2 FineBI

FineBI 是帆软的商业智能（Business Intelligence，BI）数据分析工具。它凭借强劲的大数据引擎，让用户只需通过简单拖动操作便能制作出丰富多样的数据可视化图形，对数据进行分析和探索。

FineBI 是 B/S 架构的工具。服务器安装完成后，客户端只需要有浏览器即可使用。进入 FineBI 主界面后，可以看到左栏提供了以下 4 个大类。

- 目录：可查看已经挂载到目录下的仪表板。
- 仪表板：用于添加组件，创建可视化图形进行数据分析。
- 数据准备：用于从数据库中获取数据进行数据准备，并进行业务包、数据表、关联、多路径、数据更新、自助数据集等管理。
- 管理系统：用于对数据决策系统进行管理，支持目录、用户、外观、权限等管理配置。

7.2.1 数据准备

连接数据库：首先，需要在 FineBI 中配置数据连接，包括服务器地址、端口号、数据库类型、登录账号和密码等信息。

创建数据集：基于已连接的数据源，编写 SQL 语句或者使用数据集设计界面，从数据库中提取所需的数据字段，创建自定义数据集。

业务包：相当于文件夹，用于存放数据表。组成业务包的元素就是数据表，也是用户进行数据分析处理的基础。用户可以使用分组对业务包进行分类整理。

拥有添加表权限的用户类型必须为"数据处理用户"，可由管理员配置，该类型用户可在普通业务包中添加数据库表、SQL 数据集、Excel 数据集、自助数据集。添加 SQL 数据集并不是创建新的表，也不能修改表结构，仅支持将已有数据库中的表通过 SQL 语句导入 FineBI。注意，添加 SQL 数据集时，输入的 SQL 语句中不能带分号。

用户只能在"用户自助数据集"中添加"Excel 数据集"。

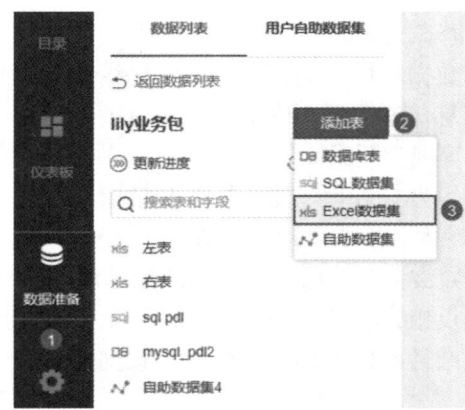

图 7-9　添加 Excel 数据集

在"数据准备"大类中选择一个业务包，单击"添加表"→"Excel 数据集"，如图 7-9 所示。FineBI 可上传的电子表格类型有.csv、.xls 和.xlsx。可以使用 Ctrl 键、Shift 键或鼠标框选选择多张表。注意，电子表格首行不能有合并单元格。

添加表后，有时需要对添加的基础表进行字段类型转换、字段设置、创建自循环列和行列转换等处理。

7.2.2　数据分析与图表应用

创建可视化图表（仪表板）的一般步骤如下。

启动 FineBI，选择新建一个仪表板或打开现有仪表板。单击"创建组件"，选择组件所在的仪表板名称和位置，单击"确定"按钮即可创建仪表板。

将所需的仪表板组件（如图表、表格、指标卡等）拖放到工作区域，并调整其大小和位置。

为每个组件指定相应的数据集，设置组件的数据字段映射，例如，将某个维度的字段绑定到饼图的类别上，将度量字段绑定到环图的百分比数值上。

1. 维度和指标

通常，将用于分组或分类的数据作为维度，将数值类型的数据作为指标。

（1）维度

在大多数情况下，维度作为分类轴（横轴）。通过设置分类轴可以对轴标签、轴标题进行自定义。

通过选择"分析"栏中的对应字段，可在维度上进行简单的数据处理（例如，排序、过滤、字段分组）。

添加过滤可筛选出感兴趣的部分数据，并针对这部分数据进行分析。

对欲以地图形式呈现的维度，应先转变为相应的地理角色，如图 7-10 所示，经校验匹配地理名称后表达为相应的经度、纬度信息。

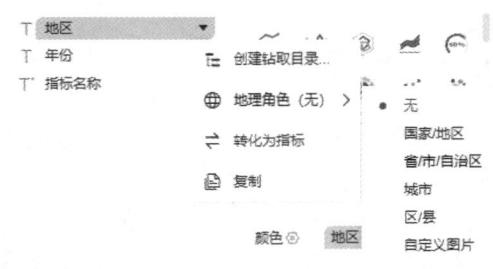

图 7-10　转变为地理角色

（2）指标

将某些数值类型的数据字段作为指标拖放到"指标"栏中，并对其进行设置。

- 修改数值格式：若显示的数值过大，可以"万"为量级显示。
- 快速计算：计算占比、排名、汇总值、累计值、同比、环比、同期、环期、当前维度占比等。
- 汇总方式：支持求和、平均、中位数、最大值、最小值、标准差、方差等运算。

2. 内置函数

（1）聚合函数和统计函数

运用聚合函数可以对一组数据进行汇总，汇总方式包括求和（SUM_AGG）、平均（AVG_AGG）、中位数（MEDIAN_AGG）、最大值（MAX_AGG）、最小值（MIN_AGG）、标准差（STDEV_AGG）、方差（VAR_AGG）、去重计数（COUNTD_AGG）、计数（COUNT_AGG）、条件求和（SUMIF/SUMIFS）、条件计数（COUNTIF/COUNTIFS）、条件平均（AVERAGEIF/AVERAGEIFS）等。

以平均为例，AVG_AGG()根据当前分析维度，返回指标字段的平均值，生成结果为一个数据列，行数与当前分析维度行数一致。例如，当维度字段横轴单位为日时，计算字段AVG_AGG（销量）返回的值在纵轴上是每日的平均销量。

随着用户分析维度的切换，计算字段会自动跟随维度动态调整。例如，当维度字段横轴单位为月时，计算字段 AVG_AGG（销量）返回的值在纵轴上则是每月的平均销量。

（2）逻辑函数

逻辑函数包括条件函数（IF）、逻辑与（AND）、逻辑或（OR），与 Excel 中相应函数的用法基本一致。

（3）日期函数

日期函数包括获取当前日期（TODAY）、获取当前系统时间（NOW）、获取日期的年（YEAR）、月（MONTH）、日（DAY）等。

返回日期差函数 DATEDIF(start_date,end_date,unit)。若 unit="Y/y"，则返回年差数；若 unit="M/m"，则返回月差数；若 unit="D/d"，则返回日差数；若 unit="MD/md"，则忽略年和月，返回日差数；若 unit="YM/ym"，则忽略年和日，返回月差数；若 unit="YD/yd"，则忽略年，返回日差数。例如，DATEDIF("2001/2/28","2004/3/20","M")的结果为 37，即在 2001年 2 月 28 日与 2004 年 3 月 20 日之间有 36 个整月。

3. 属性设置

在"图形属性"选项卡中，可设置图形的颜色、大小、标签、提示、细粒度等，如图 7-11 所示。单击颜色，将会弹出颜色调板，如图 7-12（a）所示。单击标签，将会弹出标签调板，如图 7-12（b）所示。

对于不同图形，可进一步进行详细的属性设置。对于柱状图可进一步设置其柱宽和圆角，如图 7-13（a）所示。对于环图可分别设置其内、外半径大小，当内径占比为 0%时即为饼图；若共用半径为否，则为南丁格尔玫瑰图，如图 7-13（b）所示。通过颜色属性可进一步区分维度。如图 7-13（c）所示，可对颜色属性设置预警功能，若超过某个值，则显示不同颜色。利用颜色渐变方案可个性化呈现渐变效果。

组件样式包括设置是否显示标题、轴线、横向网格线、纵向网格线以及设置图例、背景、自适应显示、交互属性等，如图 7-14 所示。

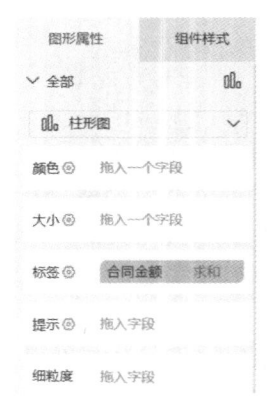 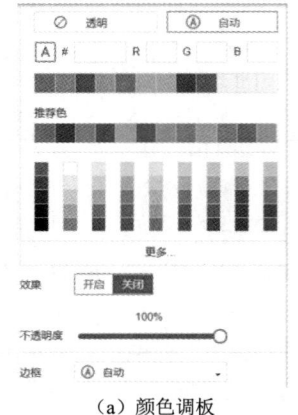 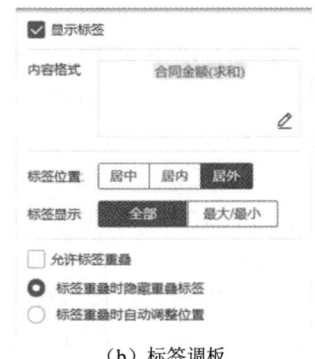

(a) 颜色调板　　　　　　　(b) 标签调板

图 7-11　"图形属性"选项卡　　　图 7-12　颜色调板和标签调板

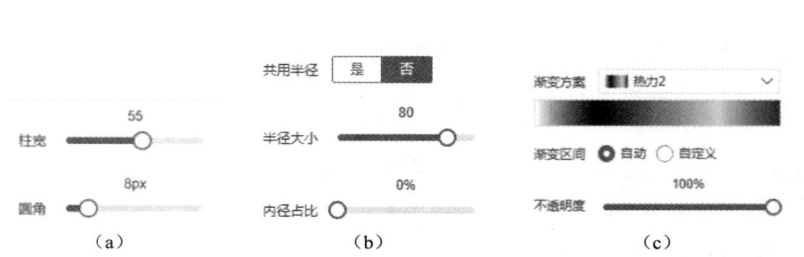 

图 7-13　属性的详细设置　　　　　图 7-14　组件样式设置

7.2.3　仪表板布局与其他组件

1. 仪表板的整合与复用

在仪表板中，可以新建组件，也可以复用已创建的组件。

在仪表板编辑界面，单击"复用"，出现"我创建的"、"分享给我的"和"分析目录"三个目录，找到要复用的组件，将该组件拖入仪表板中，即可完成组件复用。

复用后的组件将作为一个独立的组件个体，可对其再次修改，对原组件没有任何影响。

2. 过滤组件与图表交互

过滤组件具有自定义作用范围、对过滤字段进行排序、根据过滤条件（如用户角色）动态变化所展示的数据实现在仪表板内自由布局等多种功能。

过滤组件的"数据设置"栏中，可以实现对文本过滤组件、树过滤组件绑定字段过滤，利用已有数据进行筛选。对文本下拉组件、数值下拉组件、日期过滤组件通常不绑定字段过滤，利用固定的过滤条件进行筛选。

过滤组件设置如图 7-15 所示，通过配置过滤条件，允许用户动态筛选数据，实现数据钻取功能，深入分析明细数据。

在默认情况下，在仪表板的内部组件中，单击其中任意一个组件，将该组件作为筛选器，对其他组件实现过滤筛选，联动显示出相关数据。

用户在一个组件为不同区域触发的联动效果会互相替换，即联动过滤条件一次传递，不叠加。同一个被联动组件可以接收多次过滤条件，不同组件传递给该被联动组件的过滤条件为"与"关系。

若取消勾选组件的"开启默认联动"，可停止该组件的联动交互。

3. 其他图文组件

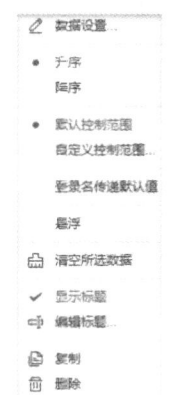

图 7-15　过滤组件设置

其他组件包括文本组件、图片组件、Web 组件、Tab 组件，可直接将组件拖动至仪表板编辑界面。

文本组件能够实现文字说明或动态自定义标题等文本效果。在仪表板编辑界面插入文本组件，可对输入的文本内容的格式及颜色等进行设置，添加文本内容或者组件内的分析字段，并对其样式进行美化。文本组件能跟随过滤组件设置的筛选条件进行动态变化，实现动态显示文本内容的功能。

图片组件支持 JPG、PNG、BMP、GIF 格式类型，用于在仪表板中插入静态图片，如机构的 LOGO 等。可将图片组件拖至仪表板内指定区域，双击后上传图片。已上传的图片保存在%FineBI%/webapps/webroot/WEB-INF/assets/temp_attach 中。

Web 组件支持直接显示超链接页面，也支持展示相对路径中的其他模板。

Tab 组件可将仪表板中的内容分多个标签页展示。单击组件中 Tab 旁边的加号可添加 Tab 页，单击 Tab 页标题即可切换标签页。

7.2.4　资源迁移

仪表板完成设计后，可导出包含图表的 Excel 文件、PDF 文件或 PNG 文件。为方便发布到指定的服务器或云平台，供其他用户访问和查阅，可使用资源迁移导出仪表板数据包。

首先单击"管理系统"→"目录管理"，在右侧单击"BI 模板"，如图 7-16（a）所示，在弹出的对话框中选择要导出的仪表板 test 作为 BI 模板，如图 7-16（b）所示，按向导操作直至结束。然后单击"管理系统"→"智能运维"→"资源迁移"，在右侧"资源类型"中勾选要导出的仪表板 test，单击"导出"按钮，如图 7-17 所示，即可通过网页下载.zip 格式的仪表板数据包。

也可以上传.zip 格式的仪表板数据包，将用相同版本外部系统制作的仪表板导入本系统中。

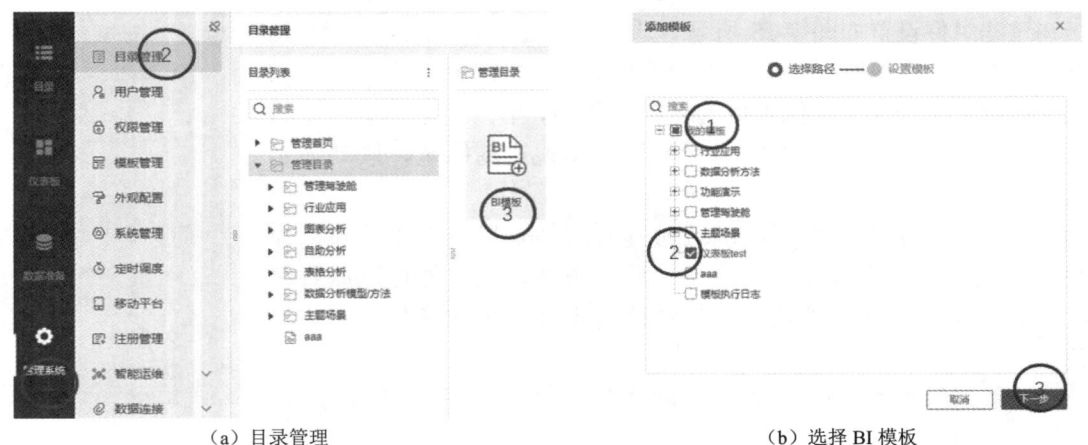

(a)目录管理　　　　　　　　　　　(b)选择 BI 模板

图 7-16　BI 模板选择

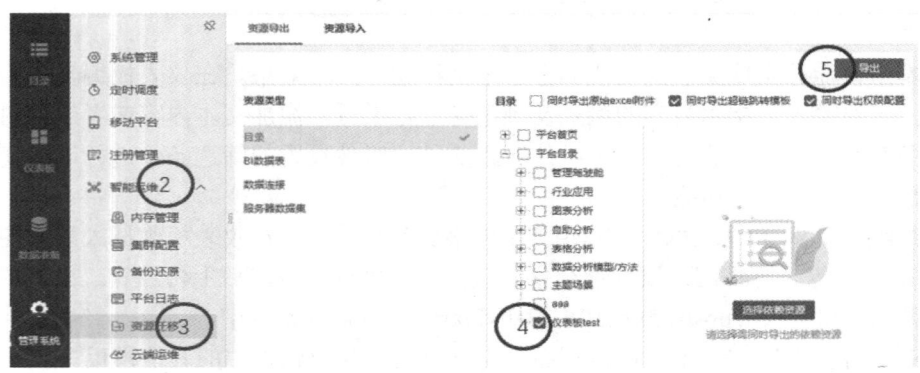

图 7-17　导出仪表板数据包

7.3　Matplotlib 数据可视化

　　Matplotlib 是用于科学计算数据可视化的 Python 第三方库，可以方便地设定图形中线条的类型、颜色、粗细及字体的大小等属性，绘制高质量的线条图、直方图、饼图、散点图等。

　　Matplotlib 通常与 NumPy 和 pandas 配合使用，集成搭建科学计算及可视化环境，代码如下：

```
import numpy as np
import pandas as pd
import matplotlib.pyplot as plt
```

7.3.1　线条图与散点图

　　线条图、散点图分别用 plot()、scatter()绘制。参数 x、y 是对应横轴和纵轴坐标的两个数据列表，参数**args 用于设置图形的颜色、线型、描点标记等。语法格式如下：

```
plt.plot(x, y, **args)
plt.scatter(x, y, **args)
```

常用的颜色字符有'r'（red，红色）、'g'（green，绿色）、'b'（blue，蓝色）、'c'（cyan，青色）、'm'（magenta，品红）、'y'（yellow，黄色）、'k'（black，黑色）、'w'（white，白色）等。

常用的线型有'-'（直线）、'--'（虚线）、':'（点线）、'-.'（点画线）等。

常用的描点标记有'.'（点）、'o'（圆圈）、's'（方块）、'^'（三角形）、'x'（叉）、'*'（五角星）、'+'（加号）等。

例如：

```
plt.plot(x, y, '--*r')
```

注意，x 和 y 并不是两个单一的数值，而是对应的两个数据列表。'--*r'表示以 x 和 y 两组数据绘制红色（r）、虚线（--）、以星号（*）作为描点标记的图形。

输出的图形默认自动调整比例，若设定 plt.axis('equal')，可输出与坐标轴等比例的图形。

用 plt.xlim()、plt.ylim()或 plt.axis()可设定横轴和纵轴坐标的范围，语法格式如下：

```
plt.xlim(left_x,right_x)
plt.ylim(bottom_y,top_y)
plt.axis([left_x,right_x, bottom_y,top_y])
```

常用的在图形上显示标注的方法如下。

plt.text()：在指定坐标位置输出文字。

plt.xlabel(), plt.ylabel()：显示坐标轴标签文字。

plt.title()：显示标题文字。

plt.grid()：显示网格线。

在 Matplotlib 默认设置中不能直接调用系统的中文字体，如果需要使用中文标注，应在 Matplotlib 的字体管理器 font_manager 中专门设置。

例如，将个性化字体对象 myfont 设为华文宋体，代码如下：

```
myfont = matplotlib.font_manager.FontProperties (fname ='C:/Windows/Fonts/STSONG.TTF')
```

在输出文字时，可以使用该字体参数：fontproperties=myfont。

也可以直接设定 matplotlib.font_manager 的参数字典中所支持的 STKaiti、STLiti、STSong、STXihei、STXingkai、STXinwei、STZhongsong、STCaiyun、STFangsong、STHupo、SimHei、SimSun 等中文字体，代码如下：

```
matplotlib.rcParams['font.sans-serif'] = ['STSONG']
```

由于字体参数的改变，有时输出负号会受到影响（显示为乱码或无法显示负号），可预设负号不使用 Unicode 字体解决：matplotlib.rcParams['axes.unicode_minus'] = False。

【例7-1】 ucr.csv 文件中是编码为 GBK 的 24 小时不同分组治疗患者尿肌酐含量数据，如图 7-18（a）所示。用 Matplotlib 绘制用蓝色虚线连接、描点标记为五角星的折线图，如图 7-18（b）所示。

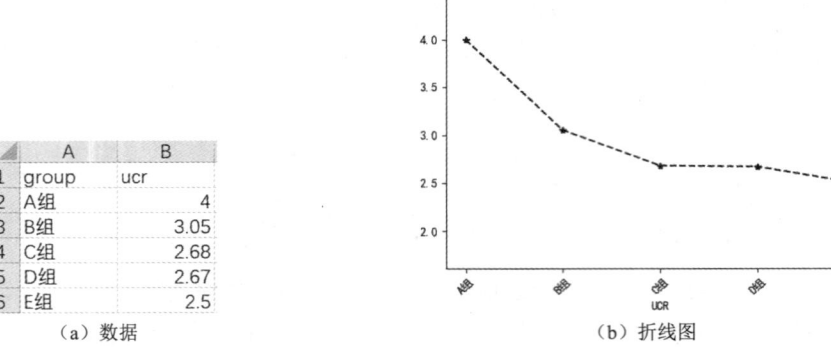

图 7-18　数据和拆线图

代码如下：

```
import pandas as pd
import matplotlib.pyplot as plt

plt.rcParams['font.sans-serif'] = ['SimHei']
plt.rcParams['axes.unicode_minus']=False
udata = pd.read_csv('./ucr.csv', encoding='gbk')
gr = udata.group
cr = udata.ucr
plt.title('24 小时尿肌酐分组比较')
plt.xlabel('UCR')
plt.xticks(rotation=45)
plt.plot(gr, cr, '--*b', label='UCR')
plt.legend(loc='upper right')
plt.axis('equal')

plt.savefig('./ucr.png')    #此代码要放在前面
plt.show()
```

7.3.2 柱状图与直方图

1. 柱状图

柱状图通常指垂直柱状图，方法为 bar()，用多个柱体的高度呈现个体之间的比较，也可用水平方式呈现为条形图，方法为 barh()。按所表达的总体个数还可分为单柱状图和分组柱状图。若将多个总体在同一柱体上叠加，则为堆叠柱状图。

柱状图的语法格式如下：

```
plt.bar(x, y, **kwargs)
```

其中，参数**kwargs 包括柱体颜色（color）、边框颜色（edgecolor）、误差线（xerr，水平柱状图为 yerr）、是否堆叠（stacked，默认为 False）、刻度标签旋转角度（rot，取值范围为 0~360°）等。

将例 7-1 绘制折线图的语句改为以下语句，可绘制出柱状图（见图 7-19）：

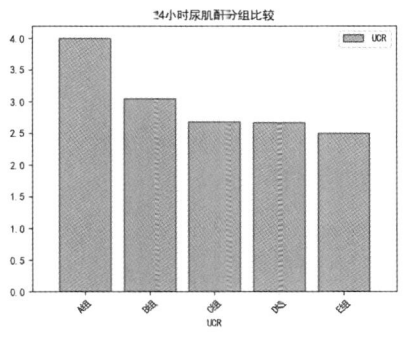

图 7-19　柱状图

```
plt.bar(gr, cr, color='#7ecef4', edgecolor=color, label='UCR')
```

2. 直方图

直方图（Histogram）用于描述数据总体的频数分布情况，方法为 hist()。其将横轴坐标等分为若干区间，在每个区间内以长方形的高度呈现对应样本的频率。直方图所表达的高度是对应区间的样本数，而不是柱状图所表达的离散分类点对应的数值。

直方图的语法格式如下：

```
plt.hist(x,bins, **kwargs)
```

其中，bins 为预设的将总体等分的区间数。

【例 7-2】　"体检.csv"文件中是编码为 GBK 的某年级学生体重、胸围、肩宽和肺活量的数据。用 Matplotlib 绘制 5 等分的体重分布直方图，结果如图 7-20 所示。

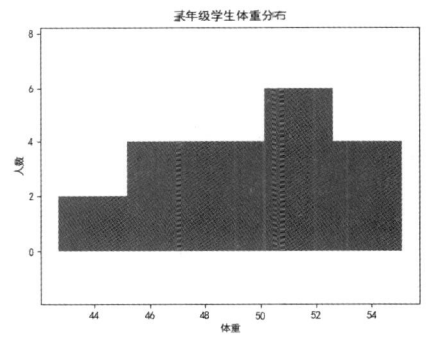

图 7-20　直方图

代码如下：

```
import pandas as pd
import matplotlib.pyplot as plt

plt.rcParams['font.sans-serif'] = ['SimHei']
plt.rcParams['axes.unicode_minus']=False
tdata = pd.read_csv('体检.csv', encoding='gbk')
tz = tdata.体重

plt.title('某年级学生体重分布')
plt.xlabel('体重')
plt.ylabel('人数')
plt.ylim(0,8)
```

```
plt.hist(tz,5)
plt.axis('equal')

plt.show()
```

7.3.3 饼图

饼图是表示离散变量各水平归一化占比情况的统计图。其语法格式如下：

```
plt.pie(x, **kwargs)
```

其中，x 为数据列表。参数**kwargs 说明如下。

- explode：指定某扇形部分离开中心点突出显示的距离列表。
- labels：标签文本列表。
- colors：指定填充颜色列表。
- autopct：数据的百分比显示所采用的格式化表达式。
- pctdistance：设置百分比标签与中心点的距离。
- shadow：是否添加阴影效果。
- labeldistance：各标签与中心点的距离。
- satrtangle：饼图的初始角度。
- radius：饼图的半径。
- counterclock：是否按顺时针呈现。
- wedgeprops：饼图内、外边界的属性，如边界的粗细、颜色等。
- textprops：饼图中的文本属性，如字体大小、颜色等。
- center：饼图的中心点位置。

【例 7-3】 gold.csv 文件中是编码为 GBK 的第 32 届夏季奥运会中国队获得金牌的八项比赛的数据。用 Matplotlib 绘制各项目金牌占比的饼图，并将乒乓球项目突出显示，如图 7-21 所示。

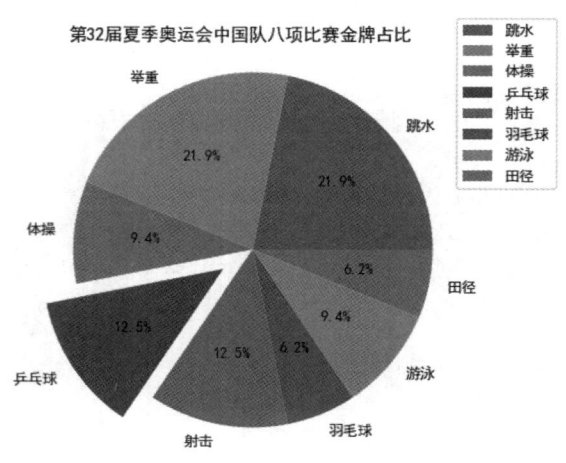

图 7-21 饼图

代码如下:

```python
import pandas as pd
import matplotlib.pyplot as plt
plt.rcParams['font.sans-serif'] = ['SimHei']
CHN = pd.read_csv('gold.csv',encoding='gbk')
gold = CHN.金牌
xm = CHN.类别
plt.title('第32届夏季奥运会中国队八项比赛金牌占比')
explodes = [0]*8    #相当于 explodes=[0,0,0,0,0,0,0,0],预设都不突出显示
explodes[3] = 0.2   #explodes[3]是第4个,即乒乓球项目

plt.pie(gold, labels=xm,              #设置数据标签为xm
        autopct='%.1f%%',             #设置扇形里面的文本,数字自动归一化
        explode = explodes)

plt.axis('equal')
plt.legend(loc='upper right',
        bbox_to_anchor=(1.1, 1.1))   #设置图例
plt.show()
```

巩固练习

一、单项选择

1. 关于知识的描述，正确的是_____。
[A] 知识具有系统性、规律性和可预测性　　[B] 知识是数据的积累
[C] 信息是知识的表示　　[D] 是认识层次中的最高一级

2. 关于大数据的描述，正确的是_____。
[A] "1秒定律"是大数据处理区分于传统数据挖掘的显著特征
[B] 大数据具有体量大、结构单一、时效性强的特征
[C] 在当前社会中最为突出的大数据环境是物联网
[D] 大数据的最显著特征是价值密度高

3. _____不符合大数据的特征。
[A] 数据价值密度高而应用价值低　　[B] 数据类型多样
[C] 数据产生速度快　　[D] 数据体量巨大

4. 关于数据可视化的描述，错误的是_____。
[A] 数据可视化无法利用数据组合展现数据之间的关联关系
[B] 数据可视化所依赖的基础是数据
[C] 数据可视化有利于更好的发现和利用数据的价值
[D] 数据可视化是关于数据视觉表现形式的科学技术研究

5. 关于大数据的描述，错误的是_____。
[A] 大数据对数据的精确性要求很高　　　　[B] 大数据的数据量巨大
[C] "智能 智慧"是大数据时代的显著特征　[D] 大数据允许数据中有一些错误数据

6. 关于数据的描述，错误的是_____。
[A] 所有的数据都是不断变化的
[B] 数据是用于表示客观事物的未经加工的原始素材
[C] 数据分为结构化、半结构化和非结构化等类型
[D] 数据可以是连续的，也可以是离散的

7. 关于大数据的特性中，不正确的描述是_____。
[A] 需要逐条进行精确处理
[B] 由结构化、半结构化和非结构化数据组成
[C] 具有即时响应、爆发性和时效性等数据产生与处理的速度特点
[D] 数量巨大，但价值密度较低

8. _____不属于数据可视化的工具。
[A] Access　　　　　　[B] Tableau　　　　　　[C] Highcharts　　　　　　[D] ECharts

9. _____适合展示个体之间的差异情况。
[A] 柱状图　　　　　　[B] 词云图　　　　　　[C] 散点图　　　　　　[D] 饼图

10. _____适合展示数据随时间变化的情况。
[A] 折线图　　　　　　[B] 散点图　　　　　　[C] 饼图　　　　　　[D] 词云图

11. _____适合展示整体与部分之间关系。
[A] 饼图　　　　　　[B] 折线图　　　　　　[C] 散点图　　　　　　[D] 柱状图

12. _____适合进行文本内容的分析。
[A] 词云图　　　　　　[B] 气泡图　　　　　　[C] 散点图　　　　　　[D] 折线图

13. 流式地图、时空立方体是实现_____的主要技术手段。
[A] 时空数据可视化　　　　　　　　　　　　[B] 多维数据可视化
[C] 网络可视化　　　　　　　　　　　　　　[D] 文本可视化

14. 数据可视化包含数据变换、_____和数据交互三个重要部分。
[A] 数据呈现　　　　　　[B] 数据存储　　　　　　[C] 数据计算　　　　　　[D] 数据分析

15. 关于信息的描述，错误的是_____。
[A] 信息是数据的载体
[B] 信息是数据的内涵
[C] 信息是隐藏在数据背后的规律
[D] 数据经过加工后，能产生有价值的信息

16. _____不属于大数据预处理技术。
[A] 搜索技术　　　　　　[B] 数据抽取　　　　　　[C] 数据清洗　　　　　　[D] 数据集成

17. 在数据可视化流程中，主要由计算机完成的阶段不包括_____。
[A] 数据获取　　　　　　[B] 数据解析　　　　　　[C] 人机交互　　　　　　[D] 数据过滤

第7章 大数据与数据可视化

18．数据可视化不包括_____。
[A] 数据采集　　　　[B] 数据定义　　　　[C] 数据呈现　　　　[D] 数据交互
19．多维数据中的信息数据至少具有_____个维度的属性。
[A] 1　　　　　　　[B] 3　　　　　　　[C] 5　　　　　　　[D] 7
20．_____适合展示数据的分散情况。
[A] 箱线图　　　　　[B] 词云图　　　　　[C] 瀑布图　　　　　[D] 折线图
21．为了解决传统地图在大数据场景下面临的图元交叉等问题，常采用_____。
[A] 流式地图　　　　[B] 地理标签　　　　[C] 三维放射　　　　[D] 地理位置
22．matplotlib.pyplot.plot(x,y,'r')的作用是_____。
[A] 绘制红色折线图　　　　　　　　　　　[B] 绘制黑色箱线图
[C] 绘制蓝色折线图　　　　　　　　　　　[D] 绘制红色箱线图

二、操作实践

以下实践所需配套资源见前言二维码。

1．利用"某宝销售数据.xlsx"文件，参照图7-22，按要求进行数据分析并给出可视化图表，将仪表板导出为图像文件并命名为DV.png，导出资源包并命名为DV.zip。

（1）制作一个仪表板。在仪表板上方添加一个文本框，输入文字"商品销售情况分析"，居中对齐。在文本框右侧插入图像文件tu.jpg，并适当调整图像尺寸。

（2）展示运输成本情况。使用饼图展示不同产品类别的运输成本总和，颜色依据为产品类别，角度依据为运输成本，标签依据为产品类别和运输成本，标签位置居外，图表标题为"各类别产品运输成本"，居中对齐，将该图表放置在仪表板的中间。

（3）展示订单情况。使用条形图展示各区域订单量（记录数）排名情况，图形颜色为#d47596，按订单量降序排列，筛选出订单量最大的3个区域，图表标题为"订单量排名前3销售区域"，加下画线，将该图表放置在仪表板的左下。

（4）展示快递公司利润率情况。计算利润率，公式为SUM_AGG(利润额)/SUM_AGG(订单额)，使用分组表格展示不同快递公司的利润率，按利润率升序排列，图表标题为"各快递公司利润率"，该图表放置在仪表板的中部右侧。

（5）展示平均订单额情况。计算各省份平均订单额，公式为SUM_AGG(订单额)/COUNTD_AGG(目的省份)，使用分区折线图展示不同订单日期（按日）的各省份平均订单额，图形颜色为#0095d9，标签依据为各省份平均订单额，图表标题为"各省份平均订单额变化趋势"，文本颜色为#19448e，将该图表放置在仪表板的右下。

（6）展示盈利省份情况。计算盈利情况，公式为IF(利润额>=0,"盈利",'亏损")，使用词云图显示各省份利润额，颜色和文本依据均为目的省份，大小依据为利润额，使用计算字段筛选出"盈利"的省份，图表标题为"盈利省份"，不显示图例，将该图表放置在仪表板的中部左侧。

（7）图表联动。利用"各类别产品运输成本"图表，显示"数码电子"产品的销售情况。

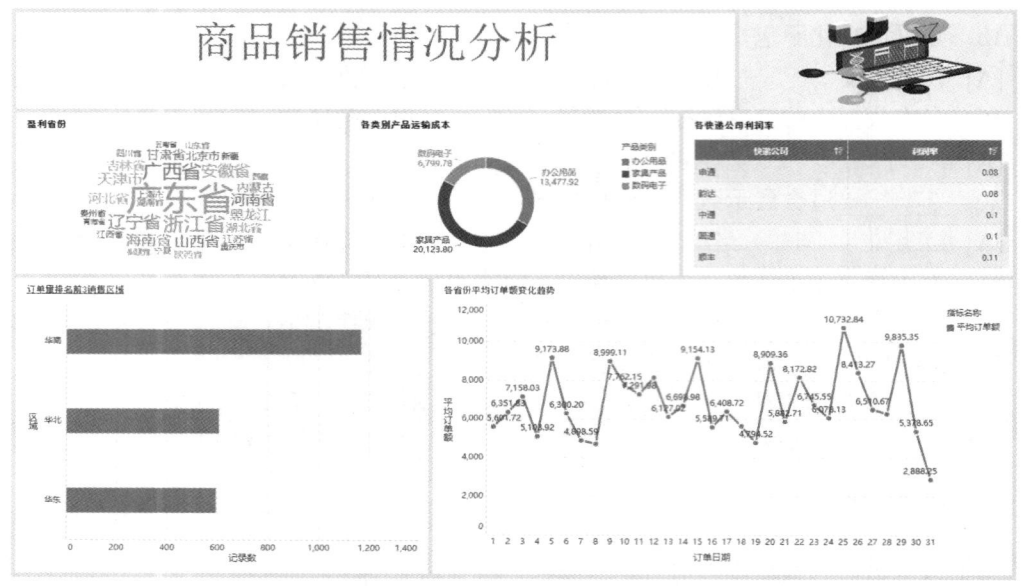

图 7-22 仪表板样例

2．利用教材资源 gender.csv 文件中的数据，用 Matplotlib 绘制 1984—2024 年历届夏季奥运会中国队参赛女运动员人数的柱状图，如图 7-23 所示。

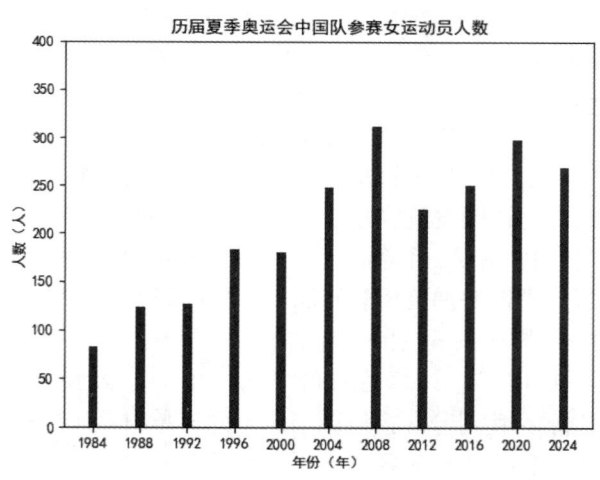

图 7-23　1984—2024 年历届夏季奥运会中国队参赛女运动员人数

第 8 章 人 工 智 能

本章教学目标：
- 熟悉人工智能的基本概念和发展学派。
- 理解机器学习的基本方法。
- 初步理解深度学习与神经网络的实现方法。
- 理解大模型等人工智能概念。

8.1 人工智能的基本概念

8.1.1 人工智能的定义

人工智能（Artificial Intelligence，AI）是研究模拟、延伸、扩展人类智能的理论、方法及应用系统的科学技术。人工智能是人的意识能动性的一种特殊表现，它不是人类智能，而是期望能像人那样思考，并且可能超过人类智能。

工业革命以来，机器将人们从繁重的重复性体力劳动中解放出来。而随着信息技术的发展，人们渴望进一步利用计算机来代替人类脑力劳动。1956 年达特茅斯（Dartmouth）会议上提出的"人工智能"概念，标志着"人工智能"这一新兴学科的诞生。

人工智能是智能学科重要的组成部分，通过理解智能的实质，研发出能以类似人类智能的方式做出反应的智能机器或系统，包括机器人、语言识别系统、图像识别系统、自然语言处理系统和专家系统等。

人工智能的发展目前已经历了初期阶段（形成期）、知识时代（突破期）、特征时代（发展期）和数据时代（高速发展期）4 个阶段。在人工智能的初期阶段，主要通过对通用问题的求解，实现了机器翻译、定理证明，以及博弈游戏等功能。在知识时代，实现了知识的表达，构建了许多以专家系统为代表的知识工程。在特征时代，主要以统计与概率的方式处理数据，通过对事物浅层特征的映射实现机器学习，实现了"弱人工智能"。随着计算机算力的不断提升，人工智能进入了数据时代。

多层神经网络中的反向传播算法和递归型神经网络模型（Hopfield 神经网络模型）的提出，为人工智能领域神经网络的研究与应用提供了理论支撑，使人工智能向深度学习迈进。通过对事物深层特征的自动抽取和对不同层次特征的抽象，实现了基于大数据知识和特征的"强人工智能"。

无论何种阶段，人工智能的核心问题都是定义和算法。定义即如何描述问题，而算法则将智能问题转化为计算问题。

8.1.2 图灵测试

图灵测试是图灵（Turing）提出的一种测试机器是否具备人类智能的著名判断原则。1950 年，图灵发表了具有里程碑意义的论文，第一次提出了"机器思维"的概念。图灵被誉为人工智能之父。

被隔离开的人类裁判仅通过文字问答的答案来判断对方是人还是计算机（系统），如果计算机能成功骗过超过30%的人类裁判而没有被辨认出来，便通过了图灵测试，可认为该计算机具备人工智能。

2014年6月8日，英国雷丁大学在伦敦皇家学会举办了一场图灵测试。俄罗斯团队开发的"尤金·古兹曼"软件模仿一名来自乌克兰的13岁男孩，成功地骗过了1/3的人类裁判，成为有史以来第一个通过图灵测试，被承认具有人类思考能力的人工智能设备。

8.1.3 人工智能的发展与学派

在人工智能的发展过程中，伴随着其理论与实践的不断丰富，形成了基于不同理论视角与学科背景的研究学派。主流的研究范式有逻辑启发式和生物启发式。进而形成了不同的学派，其中，最为重要的是符号主义、行为主义与连接主义三大学派。三大学派贯穿了人工智能的各个发展阶段，对人工智能产生了深远影响。

1. 符号主义学派

符号主义学派又称为逻辑主义学派或计算机学派，其代表人物有人工智能先驱西蒙（Simon）、心理学家纽厄尔（Newell）等，是逻辑启发式研究范式的代表。符号主义学派将符号作为人工智能的基本元素，注重知识表示和推理，认为人工智能是在由符号构成的数理逻辑之上建立和运行的。

西蒙和纽厄尔在演讲稿《作为经验探索的计算机科学：符号和搜索》中阐明：符号是遵循物理定律并可以利用技术手段实现的，由符号、表达式和过程所构成的物理系统是符号主义的基础。

符号主义学派把人的思想比作计算机程序，具有接收、操纵、处理和产生符号的能力，计算机能够表征现实世界中的所有现象，进而通过逻辑推理和符号操作来模拟人类的智能。

符号主义学派在1956年首先采用了"人工智能"术语，后来又发展了启发式算法、专家系统、知识工程理论与技术，在20世纪80年代得到快速发展。

2. 行为主义学派

行为主义学派也称为进化主义学派或控制论学派，是生物启发式研究范式的代表。行为主义认为行为是有机体用来适应环境变化的生理反应的组合，人工智能可以通过模拟生物体的行为和适应性进化来实现。行为主义强调智能体与环境交互的重要性，通过感知和行动来适应环境变化。

维纳（Wiener）和麦克洛克（McCulloch）等人提出的控制论和自组织系统，以及钱学森等人提出的工程控制论和生物控制论，影响了许多领域。受控制论的影响，行为主义学派提出通过模拟动物的进化机制来使机器获得自适应能力。

行为主义学派的代表作品首推布鲁克斯（Brooks）的6足行走机器人，它被看作新一代的"控制论动物"，是一个基于感知-动作模式模拟昆虫行为的控制系统。

3. 连接主义学派

连接主义学派又称为仿生主义学派或生理学派，也采用生物启发式研究范式，同时结合了认知心理学、心理哲学的一些理论，将心智或行为表现为元件的相互连接，通过建立一个类似于人类大脑中的神经网络的模拟节点网络来处理信号。信号的传播方式如同大脑神经元之间的突触连接一样，从一个节点传递到另一个节点。连接主义强调学习算法和模式识别的重要性，通过大量简单的神经元相互连接和相互作用来处理信息。神经生物学家沃伦·麦克洛克（Warren McCulloch）与数学家沃尔特·皮茨（Walter Pitts）于1943年提出了将神经元简单化为 M-P 模型，这个模型通过对神经元构造特征的模拟来使机器可以拥有智能。M-P 模型的提出，可以说是连接主义的开端。

深度神经网络模型（又称深度学习）的提出突破了神经网络结构中网络层数的瓶颈，迎来了神经网络研究的高潮。鲁梅哈特（Rumelhart）等人提出了多层神经网络中的反向传播算法，霍普菲尔德（Hopfield）发明了由多个完全连接的递归神经元组成的神经网络，可以使计算机利用经验进行学习。

深度学习不仅可以对样本数据的表现模式进行学习，还可以深入学习样本数据的内在规律，完成更为复杂、深层的学习任务，从而在学习能力方面形成突破，可以像人类一样拥有获取文字、声音、图形等数据并进行处理的能力。

从 2010 年开始，神经网络、深度学习成为人工智能行业主导，标志着人工智能经过短暂消沉期后彻底复苏。AIGC（Artificial Intelligence Generated Content，人工智能生成内容）技术的发展主要运用了符号主义和连接主义的思想和方法。

人工智能作为一个快速发展的技术领域，其研究理论具有多样性和互补性。符号主义和连接主义在计算或信息处理的共同基础上有所互补，在智能机器人方面也与行为主义相融合。

预期未来人工智能的发展方向如下：
- 从人工知识表达到大数据驱动的知识学习技术；
- 从分类型处理的多媒体数据转向跨环境的认知、学习、推理；
- 从追求智能机器到高水平的人机、脑机相互协同和融合；
- 从聚焦个体智能到基于互联网和大数据的群体智能，把很多人的智能集聚融合起来变成群体智能；
- 从拟人化的机器人转向更加广阔的智能自主系统，如智能工厂、智能无人机系统等。

8.2 机器学习

8.2.1 机器学习的基本概念

机器学习（Machine Learning，ML）是研究如何用计算机模拟和实现人类学习行为的一种人工智能方法。机器学习通过算法自动分析获得数据中的规律（模型），并使用规律做出预测。

机器学习的一般过程包括预处理、训练和评价。
- 预处理是指对数据进行校验，删除重复信息，处理缺失数据，纠正错误数据，保证数据的一致性，并进行规整化处理，得到结构化的二维数据表；
- 训练是指根据业务需要和数据特征选择相应的算法，基于数据和算法构建出模型；
- 评价是指运用评估策略对模型进行评估，并进一步优化。

sklearn（全称 Scikit-learn）是采用 Python 语言，建立在 NumPy、SciPy、pandas 和 Matplotlib 之上的机器学习工具，包含分类、回归、聚类、降维等模型选择和预处理模块。

8.2.2 机器学习的基本方法

根据训练数据是否有已知标签（也称标记），机器学习可分为有监督学习（Supervised Learning）、无监督学习（Unsupervised Learning），以及半监督学习（Semi Supervised Learning）和增强学习（Reinforcement Learning）等任务模式。以下简单介绍利用机器学习工具 sklearn 进行有监督学习和无监督学习的基本研究方法。

1. 有监督学习

在有监督学习中，数据=（特征，标签）。有监督学习利用带有特征参数的数据及其对应的标签来训练模型，这类似于人类通过学习问题和答案的对应关系，来对相似的新问题给出答案。典型的有监督学习是分类和回归问题。

（1）分类

分类中，所采用的分类算法称为分类器。常用的分类器有 KNN（K-Nearest Neighbor，K 最近邻）算法、决策树（Decision Tree）、支持向量机（Support Vector Machine，SVM）、贝叶斯分类器（Bayes Classifier）等。

以 KNN 算法为例，其工作原理是利用训练数据对特征向量空间进行划分，并将划分结果作为最终算法模型。对于任意 n 维数据向量，其在特征空间中可表达为一个点，对应于该特征向量已知的类别标签。当预测未知标签的数据时，将数据在特征空间中的向量点与模型向量空间进行比较，提取特征的最近邻分类标签。

建模时只选择样本数据集中 k 个最相似的数据作为参数（KNeighborsClassifier 中的参数 n_neighbors），k 取不大于 20 的整数。k 的参数选择不同，结果会略有差异，如图 8-1 所示，当 $k=3$ 时，方块属于三角所在的分类，当 $k=5$ 时却属于圆点所在的分类。因此要通过评估、调整参数对模型进行优化。

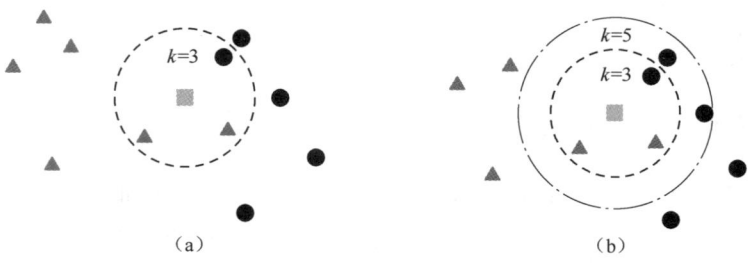

图 8-1　KNN 算法不同 k 参数的结果

【例 8-1】 某药用植物由于原产地不同，药性有所差异。在“药材.csv”文件中记录了原产地分别为 A（分类代码 0）、B（分类代码 1）和 C（分类代码 2）的药用植物叶片数据，包括叶长、叶宽、叶尖长和叶柄长数据（单位 cm），局部数据如图 8-2 所示。用 sklearn 进行分类建模。

	A	B	C	D	E
1	叶长	叶宽	叶尖长	叶柄长	分类
2	4.9	1.5	0.1	3.1	0
3	4.8	1.4	0.1	3	0
4	4.3	1.1	0.1	3	0
5	5	3.5	1	2	1
6	6	4	1	2.2	1
7	5.8	4.1	1	2.7	1
8	6.1	5.6	1.4	2.6	2
9	6	5	1.5	2.2	2
10	6.3	5.1	1.5	2.8	2

图 8-2 某药用植物叶片数据(局部)

① 引用机器学习工具包并读入数据。

```
import numpy as np
import pandas as pd
filename = './药材.csv'
data = pd.read_csv(filename)
X = data.iloc[1:,:-1]     #数据集习惯上用大写形式，不含标题行，前 4 列数据
y = data.iloc[1:,-1]      #标签习惯上用小写形式，不含标题行，最后一列为标签列
```

② 划分数据。将已知数据分成 2 组：训练集（60%）和测试集（40%）。

```
from sklearn.model_selection import train_test_split
X_train,X_test,y_train,y_test=train_test_split(X,y,test_size=0.4)
```

③ 训练建模。使用训练集来构建相关特征的模型。

```
from sklearn.neighbors import KNeighborsClassifier
clf=KNeighborsClassifier(n_neighbors=3)
clf.fit(X_train,y_train)
```

④ 验证调优。使用测试集来验证模型的表现，通过调整参数或使用更多的特征来提升算法的性能。准确率（Accuracy）用预测结果中正确预测的数量与样本总数的比值表示。

```
y_train_pred=clf.predict(X_train)
y_test_pred=clf.predict(X_test)

#预测模型的准确率
import sklearn.metrics
print('训练集',sklearn.metrics.accuracy_score(y_train,y_train_pred))
print('测试集',sklearn.metrics.accuracy_score(y_test,y_test_pred))
```

当 n_neighbors=3 时，预测模型的准确率如下：

```
训练集 0.9775280898876404
测试集 0.9333333333333333
```

当 n_neighbors=7 时，预测模型的准确率如下：

```
训练集 0.9775280898876404
测试集 1.0
```

⑤ 应用预测。使用训练好的模型对未知数据进行预测。预测药用植物叶片的叶长、叶宽、叶尖长和叶柄长数据分别为 4.5、1.5、0.1、3.1 的原产地。注意 X_n 的数据结构，即使只有一条测试记录也要用二维列表（双重方括号）。

```
#未知数据
X_n=[[4.5,1.5,0.1,3.1]]
y_n=clf.predict(X_n)
print('预测未知数据属于标签',y_n)
```

输出结果如下：

```
预测未知数据属于标签 [0]
```

可知预测样本属于原产地 A。

（2）回归

回归是一种预测性的建模，研究的是因变量和自变量之间的关系，通过函数来表达样本的映射关系，从而发现因变量与自变量属性值之间的依赖关系。如果理解为用曲线或直线来拟合数据点，则从拟合线到数据点的距离差异最小。

线性回归（Linear Regression）是大家熟知的建模技术，假设回归线的性质是线性的，因变量是连续的，自变量可以是连续的也可以是离散的。用一个方程来表示，即 $y=kX+b+e$，其中，b 表示截距，k 表示直线的斜率，e 是误差项。这个方程可以根据给定的自变量来预测因变量。

	A	B	C
1	总胆固醇	甘油三酯	空腹血糖
2	5.7	1.1	7.5
3	6.6	0.9	7
4	7.1	1.3	6.8
5	7	2.3	7.2
6	6.8	2.3	7.7

图 8-3　血糖数据.xlsx（局部）

【例 8-2】　临床研究发现，空腹血糖值与血液总胆固醇和甘油三酯两项独立指标具有线性关系。“血糖数据.xlsx”文件中有 135 例临床数据，局部数据如图 8-3 所示。用 sklearn 进行线性回归建模。

① 引用机器学习工具包并读入数据。

```
import numpy as np
import pandas as pd
filename = '血糖数据.xlsx'
data = pd.read_excel(filename)
X = data.iloc[1:,:2].values.astype(float) #自变量，大写，不含标题行，前 2 列数据
y = data.iloc[1:,2].values.astype(float)  #因变量，小写，不含标题行
```

② 划分数据。将已知数据分成 2 组：随机划分训练集（90%）和测试集（10%）。

```
from sklearn import model_selection
X_train, X_test, y_train, y_test = model_selection.train_test_split(X,
y, test_size=0.1, random_state=1)
```

③ 训练建模。使用训练集来构建相关特征的模型。

```
from sklearn.linear_model import LinearRegression
linregTr = LinearRegression()
linregTr.fit(X_train, y_train)
#输出线性回归模型的截距和回归系数
print (linregTr.intercept_, linregTr.coef_)
```

输出结果如下：

```
5.133088271911451 [0.20030701 0.32663484]
```

线性回归模型可近似表达为多元线性方程 $y=0.200X_0+0.327X_1+5.133$。

④ 验证调优。使用测试集来验证模型的性能。利用 sklearn 的 metrics 类中提供的 r2_score、mean_squared_error 和 mean_absolute_error 方法分别计算决定系数 R^2、均方误差 MSE 和平均绝对误差 MAE。

```
from sklearn import metrics
y_train_pred = linregTr.predict(X_train)
y_test_pred = linregTr.predict(X_test)
train_mse = metrics.mean_squared_error(y_train, y_train_pred)
test_mse = metrics.mean_squared_error(y_test, y_test_pred)
print( '在训练集和测试集上的均方误差分别为：{:.2f}和{:.2f}'.format
    (train_mse, test_mse) )

train_mae = metrics.mean_absolute_error(y_train, y_train_pred)
test_mae = metrics.mean_absolute_error(y_test, y_test_pred)
print( '在训练集和测试集上的平均绝对误差分别为：{:.2f}和{:.2f}'.format
    (train_mae, test_mae) )

predict_score =linregTr.score(X_test,y_test)
print('用回归模型自带方法计算决定系数为:{:.2f} '.format(predict_score))
predict_r2_score=metrics.r2_score(y_test,y_test_pred)
print('用metrics类方法计算决定系数为:{:.2f} '.format(predict_r2_score))
```

输出结果如下：

```
在训练集和测试集上的均方误差分别为：0.08 和 0.04
在训练集和测试集上的平均绝对误差分别为：0.21 和 0.16
用回归模型自带方法计算决定系数为:0.80
用metrics类方法计算决定系数为:0.80
```

调整模型训练的参数设置，可能会改变预测的准确率。但过度追求准确率的提高，可能导致模型的复杂化（维度增加），过度复杂的模型容易导致训练数据的过拟合，从而降低模型的通用性。不同拟合程度模型对比如图 8-4 所示。

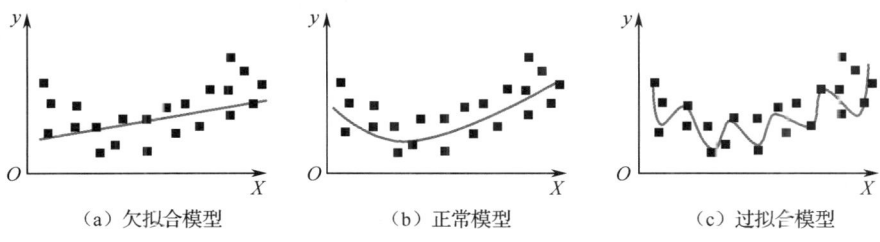

图 8-4 不同拟合程度模型对比

⑤ 可视化输出结果。使用 matplotlib.pyplot 对所划分的测试集进行可视化结果比较，如图 8-5 所示，其中虚线为模型预测结果，实线为临床血样真实结果。

```
import matplotlib.pyplot as plt
plt.plot( range(len(y_test_pred)), y_test_pred, 'g--', label='y_test_pred')
plt.plot( range(len(y_test)), y_test, 'r', label='y_test' )
plt.show()
```

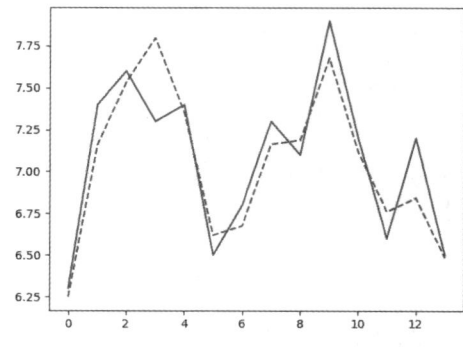

图 8-5　测试集的模型预测结果与临床血样真实结果比较

⑥ 应用预测。使用训练好的模型对未知数据做预测。某患者血液总胆固醇和甘油三酯数据分别为 8.9 和 2.3，预测其空腹血糖。注意 X_n 的数据结构，即使只有一条测试记录也要用二维列表（双重方括号）。

```
#未知数据
X_n=[[8.9,2.3]]
y_n=linregTr.predict(X_n)
print('预测未知数据空腹血糖为',y_n)
```

输出结果如下：

```
预测未知数据空腹血糖为 [7.6670808]
```

需要指出的是，并不是在所有数据之间用线性回归都能找到客观合理的关系，正确的线性关系首先应符合统计学规律。

- 线性：自变量（X）和因变量（y）之间客观上真实存在线性关系，即 X 值的变化会客观影响 y 值。
- 独立性：自变量特征属性之间相互独立。
- 正态性：残差（预测值与观测值之间的误差）是正态分布的。
- 同方差性：回归线周围数据点的方差对于所有值均相同。

回归建模除了简单的线性回归，还有逻辑回归（Logistic Regression）、多项式回归（Polynomial Regression）、逐步回归（Stepwise Regression）、岭回归（Ridge Regression）等多种方法，在选择合适的模型时，交叉验证是评估预测模型的最好方法。

2. 无监督学习

与监督学习相比，无监督学习的训练集中没有人为标注的已知结果。无监督学习旨在提取数据背后的特征信息，常见的算法有聚类、降维等。

（1）聚类

聚类就是俗话说的"物以类聚"，其数据集中没有已知的分类标签，通过算法对数据进行特征比较，将样本划分为若干个不相交的子集。

K-Means 聚类算法步骤：先初始化聚类中心，设定划分子集数量，然后给聚类中心分配样本，再移动聚类中心直至完成聚类。其思想就是利用数据点的距离作为数据记录相似性的评价指标，距离越近相似度越高，从而把得到的紧凑且独立的簇作为最终分类结果。

由于 K-Means 聚类算法基于距离数据,且对异常值敏感,因此类别特征和具有大数据异构化特征的属性不太适合用 K-Means 聚类算法。

评价聚类效果的指标有误差平方和(Sum of Squared Errors,SSE)与轮廓系数(Silhouette Coefficient,SC)。SSE 越小、SC 越大,聚类效果越好。

【例 8-3】 用 sklearn 机器学习聚类方法将下列 6 个数据点聚类:[1, 2]、[1.5, 1.8]、[3.5, 2.8]、[4.6, 3.8]、[1, 0.6]、[3.3, 4.2],并预测[1.4, 1.2]和[3.6, 3.9]两个数据点所属的分类标签。

```
import numpy as np
import matplotlib.pyplot as plt
from sklearn.cluster import KMeans

X = np.array([[1, 2], [1.5, 1.8], [3.5, 2.8], [4.6, 3.8], [1, 0.6], [3.3,
4.2]])
clf = KMeans(n_clusters=2)
clf.fit(X)

centers = clf.cluster_centers_    # 两组数据点的中心点
labels = clf.labels_              # 每个数据点所属的分类标签
print('两组的中心点在:\n',centers)
print('各数据点所属分类标签:\n',labels)

for i in range(len(labels)):
    plt.scatter(X[i][0], X[i][1], c=('r' if labels[i] == 0 else 'b'))
plt.scatter(centers[:,0],centers[:,1],marker='v', s=100)

# 预测
predict = [[1.4,1.2], [3.6,3.9]]
label = clf.predict(predict)
for i in range(len(label)):
    plt.scatter(predict[i][0], predict[i][1], c=('r' if label[i] == 0
    else 'b'), marker='x')

plt.show()
```

输出结果如下:

```
两组的中心点在:
 [[3.8        3.6       ]
 [1.16666667 1.46666667]]
各数据点所属分类标签:
 [1 1 0 0 1 0]
```

可视化输出结果如图 8-6 所示。

(2)降维

降维是将高维度数据从高维层次降至低维层次的一种数据处理方法。主成分分析

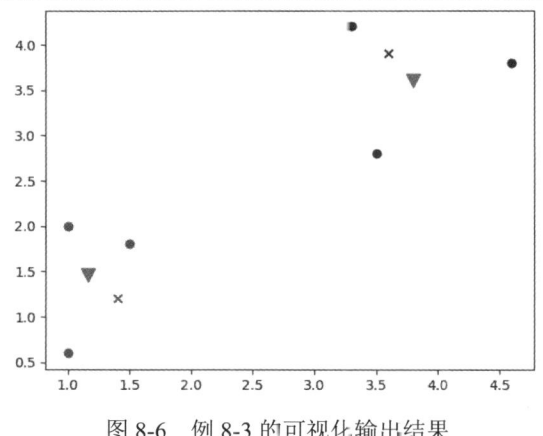

图 8-6 例 8-3 的可视化输出结果

（Principal Component Analysis，PCA）是一种使用最广泛、最基础的无监督学习降维算法。PCA 的主要思想是将 n 维特征映射到 k 维上，这 k 维特征是在原有 n 维特征的基础上重新构造出来的全新的正交特征，即主成分。PCA 将一系列可能相互关联的高维变量，在信息损失尽可能少的条件下，降低维度成为一系列线性不相关的合成变量，使得数据的主要信息（主成分）被保留下来。

以将 2 维降维至 1 维为例，PCA 可以形象地理解为在平面上旋转坐标轴，使得旋转后的数据点在新的坐标系下对坐标轴（变量）方向投影的方差发生变化。如果在某坐标轴上的方差最大，那么这个坐标轴所代表的变量就是第一主成分。同理，如果在三维空间旋转平面，可先得到第一主成分，再在该平面上旋转坐标，得到第二主成分。

PCA 的步骤：先进行原始数据的标准化，使其方差为 0、标准差为 1，去除数据的均值影响；为了得到无偏估计，求协方差矩阵，并除以（样本数-1）；最后计算协方差矩阵的特征值和特征向量，以及数据在各特征向量投影后的方差；根据任务需求或方差比例确定降低的维度。其中，最大特征值对应的主方向即为第一主成分，依次类推，可得到第二、三主成分等，根据所选取的降低的维度，计算在其空间形成的投影。

仍以例 8-1 某药用植物原产地分类为例。在"药材 u.csv"文件中记录了原产地分别为 A（分类代码 0）、B（分类代码 1）和 C（分类代码 2）的药用植物叶片的叶长、叶宽、叶尖长和叶柄长数据（单位 cm）。由于未知数据也要一并进行标准化处理，将未知样品的数据 4.5、1.5、1.5、3.1 也放在文件中，原产地分类代码为 3。

读入数据后仍保持原维度（n_components=4），用 PCA 计算各成分投影数据方差比例，可视化输出结果如图 8-7 所示。

```
import numpy as np
import pandas as pd

filename = './药材u.csv'
data = pd.read_csv(filename)

X = data.iloc[:,:-1]                          #数据集，大写
y = data.iloc[:,-1]

from sklearn.preprocessing import StandardScaler
X_norm=StandardScaler().fit_transform(X)
#数据标准化处理，使其方差为0、标准差为1

from sklearn.decomposition import PCA
pca=PCA(n_components=4)                       #第1次降维仍保留原维度
X_reduced=pca.fit_transform(X_norm)           #降维处理

#计算各成分投影数据方差比例
var_ratio=pca.explained_variance_ratio_
print('各成分投影数据方差比例分别为：')
print(var_ratio)
```

```python
import matplotlib.pyplot as plt
plt.rcParams['font.sans-serif']=['SimHei']        #显示中文
plt.rcParams['axes.unicode_minus']=False
plt.bar([1,2,3,4],var_ratio)
plt.title('各成分投影数据方差比例')
plt.xticks([1,2,3,4],['PC1','PC2','PC3','PC4'])
plt.ylabel('方差比例')
plt.show()
```

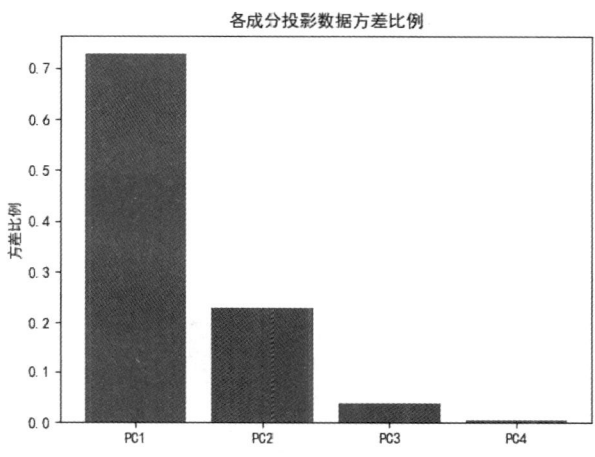

图 8-7　在原维度上各成分投影数据方差比例

由计算可知，PC1 和 PC2 成分贡献超过了 98%，是首要的成分，其他两个维度成分贡献不大，可以降维忽略，故确定降低的维度 n_components=2，再次进行降维运算。

```python
import numpy as np
import pandas as pd

filename = './药材u.csv'
data = pd.read_csv(filename)
X = data.iloc[:,:-1]                              #数据集，大写
y = data.iloc[:,-1]

from sklearn.preprocessing import StandardScaler
X_norm=StandardScaler().fit_transform(X)
#数据标准化处理，使其方差为0、标准差为1

from sklearn.decomposition import PCA
pca2=PCA(n_components=2)                          #按预处理确定的降低的维度再次降维
X_reduced2=pca2.fit_transform(X_norm)             #降维处理

import matplotlib.pyplot as plt
plt.rcParams['font.sans-serif']=['SimHei']    #显示中文
```

```
    plt.rcParams['axes.unicode_minus']=False
    PA=plt.scatter(X_reduced2[:,0][y.values==0],X_reduced2[:,1]
        [y.values==0],marker='o')
    PB=plt.scatter(X_reduced2[:,0][y.values==1],X_reduced2[:,1]
        [y.values==1],marker='^')
    PC=plt.scatter(X_reduced2[:,0][y.values==2],X_reduced2[:,1]
        [y.values==2],marker='.')
    PX=plt.scatter(X_reduced2[:,0][y.values==3],X_reduced2[:,1]
        [y.values==3],marker='x')
    plt.show()
```

由图 8-8 可见，降维后基本能够将三组数据清晰分类，标为"×"的未知数据点落在原产地为 A 的组中。

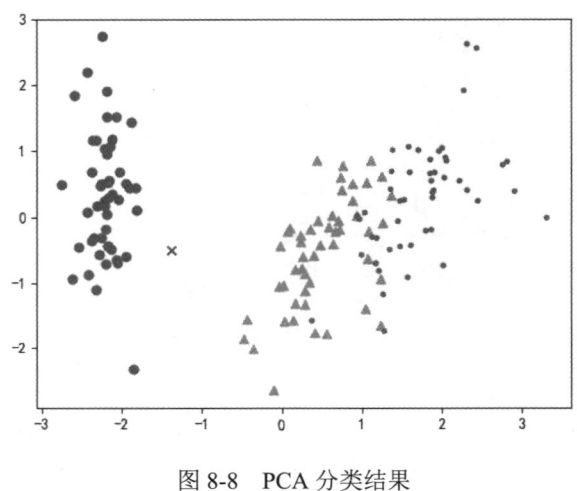

图 8-8　PCA 分类结果

8.3　深度学习与神经网络

8.3.1　神经网络的基本概念

深度学习（Deep Learning，DL）是复杂的机器学习算法。深度学习解决了很多复杂的模式识别难题，让机器能够模仿人类的视听和思考等活动，从而推进人工智能相关技术的重大进步。

深度学习的概念源于神经网络的研究。神经网络是深度学习的基本构建模块，其由互连的节点（也称为神经元）组成，这些节点被连接为多个层。含多个隐藏层的感知器旨在模拟人脑的一种深度学习结构。深度学习通过组合低层特征形成更加抽象的高层表示属性类别或特征，以发现样本数据的分布式特征表示。神经网络无须人工干预，适合处理大型数据集，可以直接从样本数据中学习特征并自我改进。

神经网络通常由输入层、隐藏层和输出层构成，如图 8-9 所示。每个神经元代表一个计算单元，它感知输入，执行计算，将输出传递到下一层。当数据在神经网络中传递时，节点之间的连接会根据数据的模式自我调节,从而使得神经网络能够从数据中学习特征,并根据既有的知识做出预测或决策。

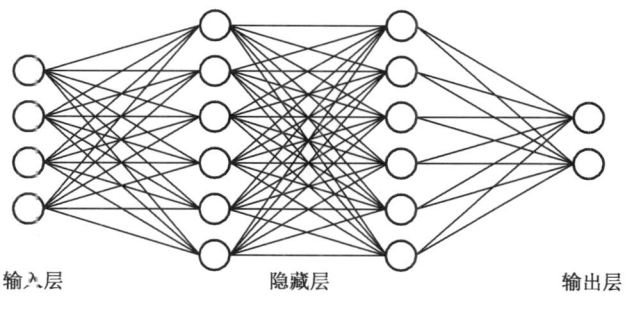

图 8-9 神经网络示意图

在输入层和输出层之间,有一个或多个隐藏层,对输入的数据执行一系列算法,从输入数据中提取对当前任务有意义的高层特征。

隐藏层中的每个神经元均接收来自前一层所有神经元的输出作为输入,经过加权和纠偏后传递给本层神经元的激活函数 y,结果再输出给后一层神经元,如图 8-10 所示。

由于线性函数无论怎样调整都无法输出非线性结果,所以需要在神经网络中引入非线性的激活函数。非线性激活函数 y 用来对输入和输出之间复杂的非线性关系进行建模,实现神经元的非线性计算,并解决异或问题。

$$y = f\left(\sum_{i=1}^{n} w_i x_i - \theta\right)$$

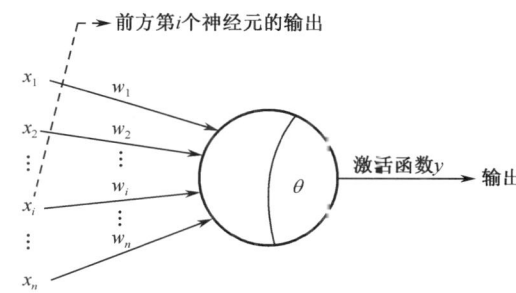

图 8-10 神经元示意图

式中,w_i 是神经元之间每个连接的输入权重,θ 是神经元的输入偏差阈值,用于调整激活函数的输出。

在隐藏层中的所有神经元上反复应用此过程,直到到达输出层。在输入训练集特征数量不变时,增加隐藏层神经元的数量或增加隐藏层的层数,可有效地提高结果的准确率。

神经网络中常用的激活函数有对数函数(Sigmoid)、双曲正切函数(tanh)和整流函数(ReLU)等,如图 8-11 所示。

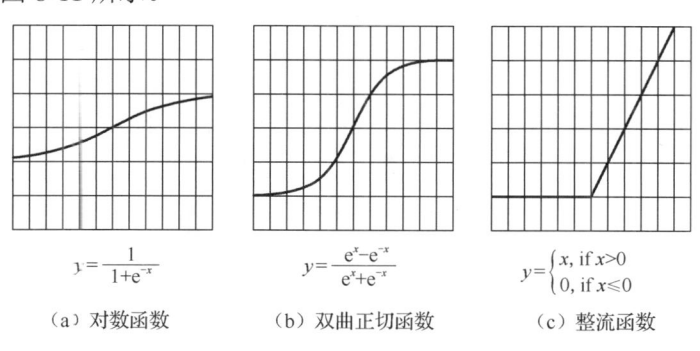

(a) 对数函数　　(b) 双曲正切函数　　(c) 整流函数

图 8-11 常用激活函数

输入数据通过神经网络计算输出结果的过程称为前向传播。

反向传播是一种用于训练神经网络的流行算法。该算法的工作原理是将输出层的误差回传给网络各层，使用微积分的链式法则计算损失函数相对于每个权重的梯度。

损失函数用于衡量神经网络的预测输出与真实输出之间的误差或差异。通过计算损失函数的反向传播，调节神经网络算法参数以减少训练期间总体误差或损失，自我更新传递给激活函数的权重和偏差。例如，水温自动调节淋浴系统可以通过感知输出水温、当前流量与最佳水温、适宜流量的差距（损失值），反馈调节冷、热水阀门（权重和阈值），以获得最佳水温和水流量。

梯度下降法是一种用于寻找函数最小值的优化算法，在损失函数的负梯度方向迭代调整权重，不断地向减少损失的方向移动权重，直到达到损失值最小化，更新传递调整激活函数的权重。

神经网络的训练就是根据输入数据和期望输出结果调整神经网络权重，最小化训练期间的损失值，提高神经网络预测准确性的过程。

8.3.2 卷积神经网络

卷积神经网络（Convolutional Neural Networks，CNN）是包含卷积计算的深度前馈神经网络。CNN 的原理是利用卷积运算提取数据的局部特征，并通过池化、激活、全连接等操作，实现数据的降维、非线性变换和分类。CNN 可用于处理图像、语音、文本等数据，能够自动学习数据的特征，过程中无须人工干预和先验知识，模型的泛化能力强、效率较高。

1. 卷积层

卷积运算是一种滑动窗口操作，将一个小的窗口（卷积核或滤波器）在输入数据上滑动，并在每个位置上计算窗口内数据与卷积核的点积，得到一个新的值。卷积运算可以看作一种特征提取操作，能够捕捉数据的局部信息和空间关系。

对图像的卷积运算就是用一个小的卷积核遍历图像中的每个像素，针对每个像素将其周围像素与卷积核对应元素相乘再求和，得到新的像素值。例如，输入的图像为 3×3 的二维矩阵，卷积核为 2×2 的矩阵，如图 8-12 所示。

一个卷积核可以理解为一个滤波器，即带着一组固定权重的神经元。多个滤波器叠加便组成了卷积层。不同的滤波器会得到不同的输出数据，例如，颜色深浅、轮廓，卷积运算提取图像特征如图 8-13 所示。每个神经元上使用不同的滤波器，提取图像的不同特征。

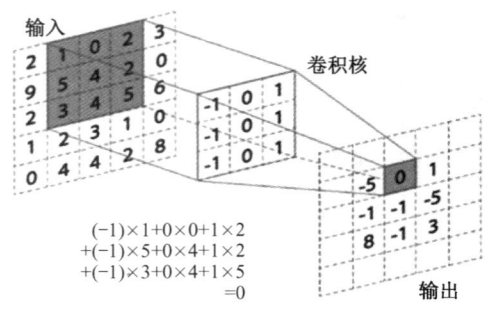

图 8-12 卷积运算

图 8-13 卷积运算提取图像特征

2. 池化层

池化层对特征图进行子采样（Subsampling）操作，可以减小数据的维度和参数量。池化操作可以用特征图中的最大值（Max Pooling）、平均值（Average Pooling）或其他统计量来代替原始数据，在保留特征的同时压缩数据。池化层可以防止过拟合，增强模型的鲁棒性和泛化能力。

卷积层和池化层一般成对出现，为了减少过拟合，还会加入丢弃（Dropout）层。

3. 激活层

激活层对特征图进行非线性变换，增加模型的表达能力。激活层通常使用一些非线性激活函数，如 ReLU、Sigmoid、tanh 等，来对特征图中的每个值进行映射，使得模型能够拟合复杂的数据分布。

4. 全连接层

全连接层对特征图进行线性变换和分类，输出模型的预测结果。模型最后一般用于分类的全连接层，分类可以是单神经元的二分类，也可以是多神经元的多分类。

全连接层将特征图展平为一维向量，并通过矩阵乘法和增加偏置，得到一个输出向量。输出向量的维度通常与类别数量相同，可以用 softmax 函数转换为概率分布，表示模型对每个类别的预测概率。

CNN 模型的核心是通过卷积层和池化层提取图像的底层特征，随着层数的不断增加，会将图像的低层特征映射到高层特征，最后基于提出的高层特征由全连接层来完成图像分类。CNN 的训练过程是通过反向传播算法，根据损失函数计算模型参数的梯度，并使用优化算法（如随机梯度下降法等）更新模型参数，使损失函数达到最小值。

以模拟人类视觉识别手写数字（见图 8-14）的神经网络为例，如图 8-15 所示，首先将 28×28 像素的图像拆分成一维的 784 像素阵列输入神经网络，识别较亮的像素作为神经网络的输入。每个神经元对应于输入图像中的 1 像素，感知的值为该像素的激活值（0 或 1）。神经网络的输入层负责接收原始数据并将其转换为可以处理的格式。通过卷积层提取图像特征，通过全连接层进行变换和分类，每层均使用激活函数计算处理节点的图像信息，最终传播到输出层。输出层也由多个神经元组成，每个神经元代表 1 个可能的输出类别（本例中为数字 0~9），通过 softmax 函数归一化得到 10 个数字的概率分布（每个数字的概率在 0~1 之间，且总和为 1）。计算预期概率（本例数字 3 的预期输出应为 1，其他数字为 0）与输出的差值作为损失函数反馈给神经网络调整参数。通过大量图像数据的训练，不断调整神经网络的参数，让这个概率分布更接近真实值，即可完成训练。神经网络的本质可以看作一个数学函数，训练的过程就是调整函数中的参数。

深度学习框架降低了人工智能入门的门槛，不需要从复杂的神经网络开始编代码，可以根据需要选择已有的模型，通过训练得到模型参数，也可以在已有模型的基础上增加适应需求目标的层，选择需要的分类器和优化算法。目前世界上较为流行的深度学习框架有 Google 开源并已包含在 Keras 中的 TensorFlow、Facebook 开源的 Torch 及其增强版 PyTorch、亚马逊的 MXNet、加利福尼亚大学伯克利分校的 Caffe，以及国产百度飞桨 PaddlePaddle 等。

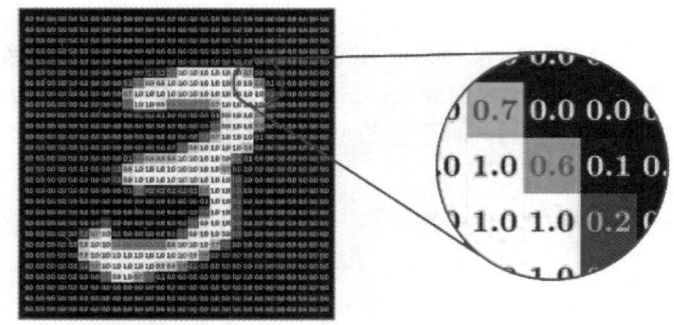

图 8-14　识别手写数字

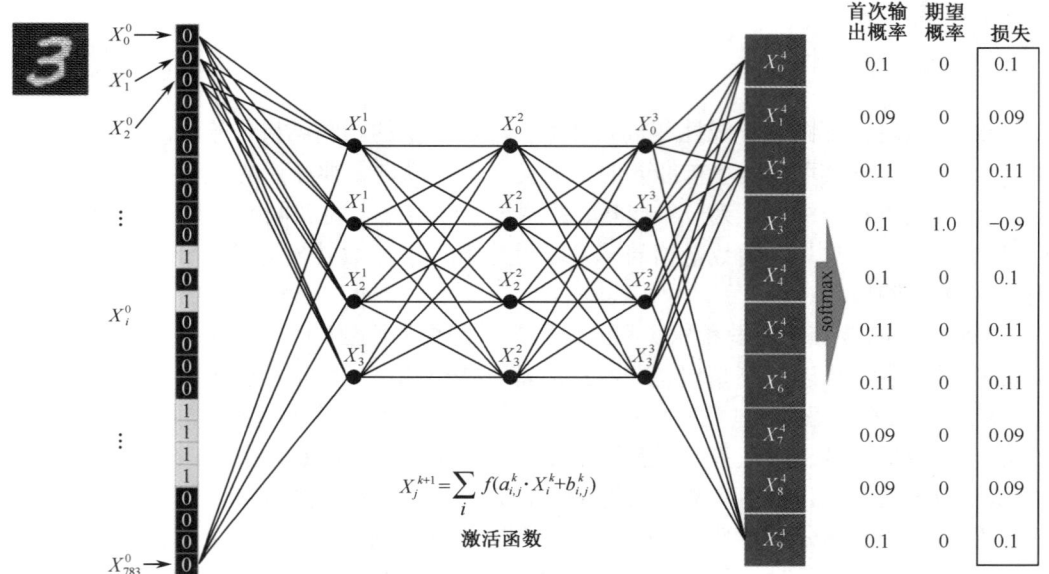

图 8-15　识别手写数字的神经网络

Keras 是用 Python 编写的开源神经网络库，可以作为 TensorFlow 等深度学习框架的高阶应用程序接口，进行模型设计、调试、评估、应用和可视化。其中内建了 MNIST 的 0～9 手写数字的图像数据集，每个样本都是 28×28 像素的灰度图像，训练集/测试集的划分为 60000/10000，用来测试机器学习和深度学习算法性能。下面以构建 TensorFlow 框架神经网络对 MNIST 手写数字图像数据集训练图像分类为例，简单呈现载入数据、数据预处理、构建 Sequential 神经网络模型、利用 compile 函数进行编译、利用 fit 函数训练模型、评估模型和对新数据进行预测的流程。

（1）加载相关库和数据集，配置模型参数。设定每批次 128 张图像，将 60000 张训练集图像分 469 批次进行训练；设定每批次 32 张图像（默认），将 10000 张测试集图像分 313 批次进行测试。

```python
import tensorflow as tf
from tensorflow.keras.datasets import mnist
from tensorflow.keras.models import Sequential
from tensorflow.keras.layers import Dense, Flatten, Conv2D, MaxPool2D
from tensorflow.keras.utils import to_categorical
import numpy as np
import matplotlib.pyplot as plt
import matplotlib.image as mpimg
# 配置学习率、批次大小、迭代次数等参数
learning_rate = 0.001
batch_size = 128  #每批次训练图像数
epochs = 10
# 加载MNIST数据集（需联网下载）
(x_train, y_train), (x_test, y_test) = mnist.load_data()
```

（2）数据预处理。利用 reshape 函数将二维图像（28×28 像素）转换为一维序列（784 像素），然后将像素 0~255 的灰度值归一化，对分类维度，将标签转换为 0~9 的分类格式。

```python
x_train = x_train.reshape(x_train.shape[0], 28, 28, 1) / 255.0
    # 整形成适合卷积网络的输入
x_test = x_test.reshape(x_test.shape[0], 28, 28, 1) / 255.0
y_train = to_categorical(y_train, num_classes=10)  # 将标签转换为分类格式
y_test = to_categorical(y_test, num_classes=10)
```

（3）构建 Sequential 神经网络模型。输入层采用 Conv2D 二维卷积层，共 28×28=784 个神经元（一维序列输入），使用 32 个 3×3 的卷积核。然后依次连接 2×2 的 MaxPool2D 池化层、64 核的 Conv2D 二维卷积层和 2×2 的 MaxPool2D 池化层，以 Flatten 展平层转换后连接 128 个神经元的 Dense 全连接层。其均以 ReLU 作为激活函数。最后连接 10 个神经元的 Dense 输出层，以 softmax 函数归一化得到 10 个数字的概率分布。

```python
model = Sequential([
    Conv2D(32, kernel_size=(3, 3), activation='relu', input_shape=(28,
        28, 1)), #32个3×3的卷积核
    MaxPool2D(pool_size=(2, 2)),          # 2×2 的池化层
    Conv2D(64, kernel_size=(3, 3), activation='relu'),  # 64 个 3×3 的卷积核
    MaxPool2D(pool_size=(2, 2)),          # 2×2 的池化层
    Flatten(),   # 展平层，在卷积层和全连接层中间起转换作用
    Dense(128, activation='relu'),        # 全连接层
    Dense(10, activation='softmax')       # 输出层
])
```

（4）模型编译。使用 Adam 优化器，每步均输出损失函数和准确率用于模型评估。

```python
model.compile(optimizer=tf.keras.optimizers.Adam(learning_rate =
        learning_rate),loss='categorical_crossentropy',
        metrics=['accuracy'])
```

（5）训练模型。迭代次数达到预定 epochs 时结束训练。

```
model.fit(x_train, y_train, batch_size=batch_size, epochs=epochs,
    validation_data=(x_test, y_test))
```

（6）评估模型。训练和测试的部分输出结果如图 8-16 所示。

```
test_loss, test_acc = model.evaluate(x_test, y_test)
print(f'测试集准确度：{test_acc}')
```

完成训练的模型可以保存为模型文件：

```
model.save('.\model_test')
```

下次可直接加载该模型文件：

```
model = tf.keras.models.load_model('.\model_test')
```

```
[1m424/469[0m [32m━━━━━━━━━━━━━━━━━━[0m[37m━━[0m [1m0s[0m 6ms/step - accuracy: 0.9971 - loss: 0.0081
[1m433/469[0m [32m━━━━━━━━━━━━━━━━━━[0m[37m━━[0m [1m0s[0m 6ms/step - accuracy: 0.9971 - loss: 0.0081
[1m442/469[0m [32m━━━━━━━━━━━━━━━━━━[0m[37m━━[0m [1m0s[0m 6ms/step - accuracy: 0.9971 - loss: 0.0082
[1m451/469[0m [32m━━━━━━━━━━━━━━━━━━━[0m[37m━[0m [1m0s[0m 6ms/step - accuracy: 0.9971 - loss: 0.0082
[1m460/469[0m [32m━━━━━━━━━━━━━━━━━━━[0m[37m━[0m [1m0s[0m 6ms/step - accuracy: 0.9971 - loss: 0.0082
[1m469/469[0m [32m━━━━━━━━━━━━━━━━━━━━[0m[37m[0m [1m0s[0m 6ms/step - accuracy: 0.9971 - loss: 0.0082
[1m469/469[0m [32m━━━━━━━━━━━━━━━━━━━━[0m[37m[0m [1m3s[0m 6ms/step - accuracy: 0.9971 - loss: 0.0082 - val_accuracy: 0.9909 - val_loss: 0.0342

[1m  1/313[0m [37m━━━━━━━━━━━━━━━━━━━━[0m [1m4s[0m 13ms/step - accuracy: 1.0000 - loss: 0.0058
[1m 56/313[0m [32m━━━[0m[37m━━━━━━━━━━━━━━━━━[0m [1m0s[0m 919us/step - accuracy: 0.9936 - loss: 0.0266
[1m114/313[0m [32m━━━━━━━[0m[37m━━━━━━━━━━━━━[0m [1m0s[0m 897us/step - accuracy: 0.9905 - loss: 0.0397
[1m171/313[0m [32m━━━━━━━━━━[0m[37m━━━━━━━━━━[0m [1m0s[0m 895us/step - accuracy: 0.9894 - loss: 0.0444
[1m229/313[0m [32m━━━━━━━━━━━━━━[0m[37m━━━━━━[0m [1m0s[0m 890us/step - accuracy: 0.9892 - loss: 0.0447
[1m287/313[0m [32m━━━━━━━━━━━━━━━━━━[0m[37m━━[0m [1m0s[0m 888us/step - accuracy: 0.9893 - loss: 0.0435
[1m313/313[0m [32m━━━━━━━━━━━━━━━━━━━━[0m[37m[0m [1m0s[0m 919us/step - accuracy: 0.9894 - loss: 0.0427
测试集准确度：0.9908999800682068
```

图 8-16　训练和测试的部分输出结果

（7）可视化测试。测试结果如图 8-17 所示。

```
images = x_test
labels = y_test
num_rows=2  # 展示 4 个测试图像，2 行 2 列
num_cols=2
prediction_labels = np.argmax(model.predict(images), axis=1)
fig, axs = plt.subplots(num_rows, num_cols, figsize=(2, 2))
for i in range(num_rows * num_cols):
    row = i // num_cols
    col = i % num_cols
    axs[row, col].imshow(images[i].reshape(28, 28), cmap='Greys')
    axs[row, col].set_title(f"Label: {labels[i]}, Prediction:
                            {prediction_labels[i]}")
    plt.axis('off')
plt.tight_layout()
plt.show()
```

Label: [0. 0. 0. 0. 0. 0. 0. 1. 0. 0.], Prediction: 7   Label: [0. 0. 1. 0. 0. 0. 0. 0. 0. 0.], Prediction: 2

Label: [0. 1. 0. 0. 0. 0. 0. 0. 0. 0.], Prediction: 1   Label: [1. 0. 0. 0. 0. 0. 0. 0. 0. 0.], Prediction: 0

图 8-17　可视化测试结果

（8）对测试图像进行识别。创建一张 28×28 像素的灰度图像，手写数字'8'，保存为 8.png 进行测试，显示结果如图 8-18 所示。

```
file = './8.png'
img = mpimg.imread(file)
plt.imshow(img)
plt.show()
prediction = model.predict(img.reshape(1,28,28,1))
print(f"图像文件{file}的识别结果为:{prediction.argmax()}")
```

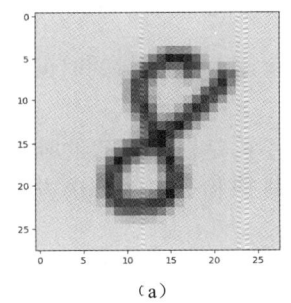

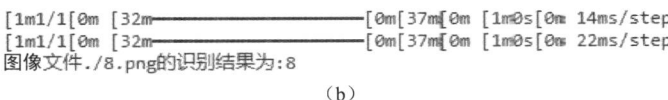

图像文件./8.png的识别结果为:8

（a）　　　　　　　　　　　　　　　（b）

图 8-18　手写测试图像的显示结果

8.4　大模型

8.4.1　大模型的基本概念

大模型是指具有大规模参数和复杂计算结构的机器学习模型，其本质是一个使用海量数据训练而成的深度神经网络模型，能够处理海量数据，完成各种复杂的任务，如自然语言处理、计算机视觉、语音识别等。大模型是未来人工智能发展的重要方向和核心技术。

与之相对应，小模型通常指参数较少、层数较浅的人工智能模型，具有轻量级、高效率、易于部署等优点，适用于数据量较小、计算资源有限的场景，如移动端应用、嵌入式设备、物联网等。

大模型通常有几十亿甚至数万亿量级的参数，巨大的数据和参数规模使其在具有更强表达能力和更高准确度的同时，也需要更多的算力资源和时间来训练与推理。人脑大约有 860 亿～1000 亿个神经元，大概相当于千万亿量级参数的神经连接模型。人工智能大模型正在不断逼近和超过人脑的物理参数规模。

模型的训练数据和参数不断增多，达到一定的临界规模后，模型表现出了一些未能预测的、更复杂的能力和特性，其能够从原始训练数据中自动学习并发现新的、更高层次的特征和模式，这种能力称为"涌现（Emergence）能力"，这使得人工智能从判别型跨越为生成型。而具备涌现能力的机器学习模型才被认为是特殊意义上的大模型，这也是与小模型最大的区别。

大模型具有以下特点。

- 规模巨大：大模型包含数十亿个参数，通常使用 TB 级别以上甚至 PB 级别的数据集。巨大的规模使大模型具有强大的表达能力和学习能力。
- 涌现能力：当大模型的训练数据突破一定规模后，形成能够综合分析与解决更深层次问题的复杂能力和特性，展现出类似人类的思维和智能。
- 泛化能力：泛化能力（Generalization Ability）是指模型算法对新鲜样本的适应能力或预测能力。大模型通常具有更强大的学习能力和泛化能力，在很多领域均表现出色，包括自然语言处理、图像识别、语音识别等。
- 领域知识融合：大模型可以从多个领域的数据中学习知识，并在不同领域中进行应用，促进跨领域创新。
- 强大的算力支持：训练大模型通常需要数百甚至上千个 GPU，以及大量的时间，通常为几周到几个月。

大模型的迅速发展，对深层认知带来了极大的颠覆——人类不再是自然规律的唯一发现者。人工智能的创造力在生命科学等数据密集型科学中发现的规律和提出的解决方案尤其受人瞩目。

麻省理工学院（MIT）的科学家在 2500 个分子上训练了深度学习模型，其中包括大约 1700 种美国 FDA（食品药品管理局）批准的药物，以及 800 种具有不同结构和不同生物活性的天然产物。利用该模型从包含超过 1 亿个分子的库中筛选出了一种超强抗生素——Halicin，这种抗生素展示了前所未有的广谱抗菌能力。

2024 年，诺贝尔化学奖颁发给了在人工智能领域做出杰出贡献的学者。他们的工作包括利用计算机制造出了以前不存在的蛋白质，并研发了 AlphaFold 人工智能模型，从氨基酸序列预测复杂的蛋白质结构，解决了困扰化学家们 50 多年的难题。

2023 年 3 月发布的超大规模多模态预训练大模型 GPT-4，具备了多模态理解与多类型内容生成能力。2024 年 2 月，美国开放人工智能研究中心 OpenAI 发布了首个视频生成模型 Sora，该模型通过接收文本指令即可生成 60 秒的短视频。在人工智能的迅猛发展期，大数据、大算力和大算法完美结合，大幅提升了大模型的预训练和生成能力以及多模态多场景应用能力。

我国大模型研发应用热潮持续高涨，各大信息科技企业和研发机构在算力层、平台层、模型层、应用层方面全面布局，已具有一定的先发优势。典型代表包括深度求索的 DeepSeek、百度的文心一言、阿里巴巴的通义千问、腾讯的混元、华为的盘古、科大讯飞的星火、清华大学的 ChatGLM、字节跳动的豆包等。DeepSeek、通义千问等已开源了不同参数规模的模型，供全社会免费使用，方便开发者社区拓展广泛的应用生态。

8.4.2 大语言模型

提到大模型，便不能不提大语言模型（Large Language Model，LLM）。大语言模型通常是指具有大规模参数和计算能力的自然语言处理模型，例如，OpenAI 的 GPT-3 模型。这些模型可以通过大量的数据和参数进行训练，以生成与人类类似的文本或回答自然语言的问题。大语言模型在自然语言处理、文本生成和智能对话等领域有广泛应用。

生成式预训练 Transformer 模型，通常简称为 GPT（Generative Pre-trained Transformer）模型，是一系列使用 Transformer 架构的神经网络模型。通过大规模的预训练过程，从大量的互联网文本中学习语言的统计规律和语义关联。在预训练过程中，GPT 模型能够通过多层自注意力机制捕捉长距离依赖关系，并且能够有效地建模上下文信息，在自然语言处理领域具有革命性的影响，在自动文本生成、语义理解、情感分析和舆情监测等方面表现成熟。ChatGPT 模型适用于对话和交互式应用场景，经过特定的训练，能更好地处理多轮对话和理解上下文，响应用户的输入并生成合适的回复，提供流畅、连贯和有趣的对话体验。

大语言模型的训练和运行需要大量的计算资源，通常依赖于高性能的 GPU 或 TPU 集群。随着模型规模的增加，其理解和生成自然语言方面的能力也在不断提升。

在大语言模型中，Token 是文本处理的一个基本单位，在模型中起着关键性作用。Token 是文本被分割成的最小单元，可以是一个单词、一个字符或者一个子词。例如，英文中的 play 和 ing 可能就是两个 Token。

每个 Token 被转换成一个固定长度的向量（嵌入向量），这个向量包含了 Token 的语义和句法信息。模型通过处理这些嵌入向量来理解文本的上下文，Token 的顺序对于捕捉句子的意义至关重要。

在大语言模型中，自注意力机制会根据 Token 之间的关系为每个 Token 分配不同的注意力权重，从而强调某些 Token 在特定上下文中的重要性。模型通过处理 Token 序列来学习语言的结构和规则，包括语法、语义和语用信息。

在生成文本时，模型为每个可能的下一个 Token 计算概率，这些概率用于决定下一个生成的 Token。根据这些概率，解码算法（如贪婪解码、束搜索等）选择下一个 Token，从而逐步构建输出序列。

从本质上讲，模型只以生成完整文本表达为目的预测 Token，并不关心文本的含义。这可能导致产生幻觉文本，即按最高概率组合的文本中含有并不存在的 URL，或引用并不存在的论文。

由于计算资源的限制，模型通常只能处理有限长度的 Token 序列。因此，Token 的选择和数量限制了模型能够处理的文本长度。使用高效的 Tokenization 策略，可以减少模型的内存占用空间和提高处理速度。所谓 Tokenization，是指将文本分割成 Token 的过程。对于 GPT 模型，使用较为规范的提示词，有利于 Tokenization 的执行，以及优化输出结果的质量。

大语言模型不仅可以作为知识储备的检索帮助，更应该充分发挥其生成式智能的作用。大语言模型的发展使之逐渐能够用人类的自然语言与人无障碍地交流，不再需要遵循严格语法格式的提示词，但使用简洁高效的提示词可以让模型更容易领会人的需求意图，一般应尽可能满足如下要求。
- 明确意图：清晰地表达希望模型完成的任务。
- 明确身份：让模型以明确的身份角色思考和给出建议。
- 具体细节：提供足够的背景信息和细节，帮助模型更好地理解上下文。
- 相关背景：确保提示词与模型需要处理的任务紧密相关。
- 上下文连贯：提供足够的上下文，以便模型能生成连贯的回应。
- 格式规范：使用清晰的结构和格式，如列表、标题或段落。
- 风格要求：提出期望的输出语言风格。
- 避免歧义：使用清晰、无歧义的语言。
- 长度适当：提示词不宜过长，以免模型处理困难，但过于简短也可能导致模型无法理解真正的意图。
- 提供示例：给出期望输出的示例，引导模型生成类似的内容。
- 逐步引导：对于复杂的任务，可以通过逐步增加提示信息来引导模型完成任务。
- 遵守规则：提示词不应包含有害、歧视性或违反法律的内容。

【例 8-4】 希望模型写一首关于春天的诗，给出提示词。

> 主题：春天
> 细节：春天的花朵、温暖的阳光和新生事物的美好
> 风格：抒情和赞美
> 形式：诗，尽量押韵

【例 8-5】 希望模型写一篇关于线粒体自噬在冠心病研究中的进展综述，给出提示词。

> 格式：前言、摘要、综述主体
> 提纲：1.线粒体自噬的机制；2.线粒体自噬与冠心病的关系；3.线粒体自噬的生物标志物；4.与线粒体自噬相关的冠心病治疗策略；5.未来研究方向

8.4.3 思维链与智能体

OpenAI 提出了通用人工智能（Artificial General Intelligence，AGI）的 5 个等级。

第 1 级：聊天机器人（Chatbots），具备对话能力，能够理解简单的问题，主要依赖预设的脚本和关键词匹配给出适当的回答，通常用于客户服务、在线帮助或简单的查询响应。

第 2 级：推理者（Reasoners），具备一定的推理水平，能够解决一些需要逻辑判断的难题。

第 3 级：智能体（Agents），不仅能推理，还能执行全自动化的业务。

第 4 级：创新者（Innovators），具有创新的能力，能协助人类在科学发现、艺术创作或工程设计等领域产生新想法和解决方案。

第 5 级：组织（Organizations），可以自动掌控整个组织跨业务流程的规划、执行、反馈、迭代、资源分配、管理等，自动执行组织的全部业务，基本达到人类智慧水平。

在人工智能研究中，思维链（Chain of Thought，CoT）推理被用于大模型以改进其在解决复杂问题时的性能。CoT 本来是一个心理学术语，通常用于描述个体在解决问题、进

行决策或进行任何形式的有意识思考时所经历的一系列连续的思维步骤。模型被训练并生成一系列中间推理步骤，不仅有助于解决问题，而且可以提高模型的可解释性。典型代表是 OpenAI 的 o 系列和 DeepSeek，其在推理过程中不断扩展上下文和计算规模，算力消耗从训练阶段延伸至推理阶段，从而提高模型的性能和准确性，实现了复杂的推理层次，这使得大模型能够进行多步骤的问题求解，处理更复杂的推理问题。

智能体（Intelligent Agent）是人工智能领域中的一个基本概念，指能够感知环境，进行推理、规划并根据某种目标采取行动的系统。智能体工作的原理包括感知（Perception）、推理（Reasoning）、规划（Planning）、决策（Decision Making）、行动（Actuation）和学习（Learning）。

大模型思考快、有广度，但缺深度、欠精准；大模型回答的质量与提问的水平和对任务的精确描述相关；对于特定任务，大模型的大而全不仅大材小用且效率较低；大模型在数据不足时会产生幻觉，而在数据丰富时又可能出现过度拟合。

智能体具备自然交互、意图理解、任务分解与规划、自我能力认知、短期和长期记忆以及知识库和工具调用能力，是具有初步思维链的小系统。而且，通过在行动中闭环长时间思考，将大模型的知识转化为长期记忆乃至感悟，智能体可独立于大模型执行特定任务。

知识蒸馏是其中一项关键技术。知识蒸馏是一种将大模型压缩的技术，其可将复杂模型的知识转化为更精简、高效的表示，在保持高性能的同时，降低计算的复杂度和资源需求，从而将大模型迁移到小系统中，形成泛化能力。知识蒸馏可以比喻为教师教学生，将一个复杂、庞大的模型（通常称为教师模型）中的知识和经验提炼出来并传授给一个轻简系统的模型（学生模型）。这个传授过程不仅保留教师模型的预测能力和准确性，还能显著提升学生模型的运行效率和计算性能，使其在轻简系统中也能有出色表现。

国产大模型 DeepSeek 运用混合精度训练、混合专家系统（MoE）、注意力机制优化等技术，显著提升了训练效率，降低了训练成本，其采用自我对抗的强化学习和"辩论式训练"，自主发现最优推理路径，革命性地从智能工具跃升成为思维陪伴。

8.4.4 人工智能的安全隐患

人工智能的发展带来了许多便利和进步，但同时也可能带来一系列安全隐患。

① 隐私泄露：人工智能系统通常需要大量数据来进行训练，这可能涉及个人隐私信息的收集和分析。数据泄露可能导致个人敏感信息被滥用。

② 数据偏见：如果训练数据存在偏见，人工智能系统可能会学习并放大这些偏见，进而导致歧视性的决策。

③ 误用风险：人工智能技术可能被用于不道德或非法的目的，如深度伪造（Deepfakes）、网络攻击、自动化监控等。

④ 安全漏洞：人工智能系统可能存在漏洞，可能被用来进行攻击。

⑤ 失控风险：高度自主的人工智能系统可能在没有人类干预的情况下做出决策，这可能导致不可预测的后果。人工智能超越人类智能可能会带来难以控制的后果。

⑥ 就业影响：人工智能自动化可能导致某些工作岗位消失，引发社会的就业问题。

⑦ 道德和伦理问题：人工智能在医疗、司法等领域的应用涉及伦理决策，未能对齐人类道德标准。

⑧ 武器化：人工智能技术在军事领域的应用，如自主武器系统等，可能导致新的战争形式和伦理问题。

⑨ 恶意数据训练风险：别有用心的人给人工智能系统"投喂"大量的虚假训练数据，使其产生偏畸的认知，甚至"投喂"有害的训练数据，使其产生违反人类伦理道德和法律的敌对认知。

为了应对这些安全隐患，研究人员、政策制定者和行业领袖正在努力制定相应的法规、标准和最佳实践，以确保人工智能的安全、可靠和道德使用。

巩固练习

一、单项选择

1. 1956年，麦卡锡、明斯基、香农等人召开了"人工智能夏季研讨会"，简称_____会议，会上首次提出了"人工智能"术语。
   - [A] 达特茅斯
   - [B] 图灵
   - [C] 世界人工智能大会
   - [D] 机器学习国际研讨会

2. 人工智能的目的是让机器能够_____。
   - [A] 模拟、延伸和扩展人的智能
   - [B] 和人脑一样考虑问题
   - [C] 完全代替人
   - [D] 具有完全的智能

3. _____的主要技术包括搜索技术、机器学习、神经网络和自然语言处理等。
   - [A] 人工智能
   - [B] 数据处理
   - [C] 程序设计
   - [D] 过程控制

4. _____是认知层次中的最高一级，也是人类区别于其他生物的重要特征。
   - [A] 智慧
   - [B] 数据
   - [C] 信息
   - [D] 知识

5. 人类第四次工业革命以实现_____为标志。
   - [A] 智能化
   - [B] 电气化
   - [C] 信息化
   - [D] 机械化

6. _____被誉为计算机科学与人工智能之父。
   - [A] 图灵
   - [B] 西蒙
   - [C] 费根鲍姆
   - [D] 纽维尔

7. 1950年，论文《计算机与智能》的作者提出了_____，用作衡量机器智能的准则。
   - [A] 图灵测试
   - [B] 连接主义
   - [C] 神经网络
   - [D] 可编程机器人

8. 2016年3月，人工智能程序_____在韩国首次以4:1的比分战胜了人类围棋冠军李世石。
   - [A] AlphaGo
   - [B] Deepblue
   - [C] DeepMind
   - [D] AlphaGo Zero

9. 在人工智能中，问题求解、创作、推理预测被认为处于_____的层次。
   - [A] 认知智能
   - [B] 感知智能
   - [C] 认感智能
   - [D] 行为智能

10. 对当前人工智能行业影响最大的是_____学派。
[A] 连接主义　　　　[B] 符号主义　　　　[C] 建构主义　　　　[D] 行为主义
11. 一般来说，_____不被认为是推动人工智能发展的三大要素之一。
[A] 物联网　　　　　[B] 算法　　　　　　[C] 数据　　　　　　[D] 算力
12. _____主要指计算机的表达能力，即模仿人的能力的行为，如说话、行走等操作。
[A] 机器行为　　　　[B] 机器学习　　　　[C] 机器感知　　　　[D] 机器思维
13. 百度AI开放平台提供的云端人工智能服务的部署方式主要是_____。
[A] 混合云　　　　　[B] 公有云　　　　　[C] 私有云　　　　　[D] AI云
14. 行为主义学派认为人工智能源于_____。
[A] 心理学　　　　　[B] 控制论　　　　　[C] 数理逻辑　　　　[D] 仿生学
15. _____是指机器学习算法对新样本的适应能力。
[A] 泛化能力　　　　[B] 模型测试　　　　[C] 过拟合　　　　　[D] 模型训练
16. 如果房价包含房间的长、宽、面积以及房间数量4个特征，以下存在信息重叠的是_____。
[A] 宽和面积　　　　　　　　　　　　　　[B] 长和宽
[C] 面积和房间数量　　　　　　　　　　　[D] 房间数量和长
17. 一般来说，采用_____来评估训练后的模型性能。
[A] 测试集　　　　　[B] 训练集　　　　　[C] 参数集　　　　　[D] 标签集
18. _____适合用于聚类分析。
[A] 散点图　　　　　[B] 词云图　　　　　[C] 条形图　　　　　[D] 折线图
19. 当给定已标好类别的训练数据集时，对于某个未知类别的数据点，可以使用_____来预测该数据点的类别。
[A] 分类　　　　　　[B] 回归　　　　　　[C] 聚类　　　　　　[D] 降维
20. 人工智能研究的内容中，分类属于_____。
[A] 监督学习　　　　[B] 无监督学习　　　[C] 强化学习　　　　[D] 深度学习
21. 人工智能研究中，_____是常用的聚类算法。
[A] K-Means　　　　[B] KNN　　　　　　[C] CNN　　　　　　[D] GNN
22. PCA是一种适用范围最广泛的降维算法，也是最基本的_____降维算法。
[A] 无监督　　　　　[B] 有监督　　　　　[C] 半监督　　　　　[D] 强化学习
23. _____可用来分析多个输入变量共同影响输出变量的问题。
[A] 多元线性回归　　[B] 分类　　　　　　[C] 一元线性回归　　[D] 聚类
24. _____不是sklearn中的常用模块。
[A] 升维　　　　　　[B] 回归　　　　　　[C] 分类　　　　　　[D] 数据预处理
25. _____是常见的降维算法。
[A] PCA算法　　　　[B] KNN算法　　　　[C] K-means算法　　　[D] SVM算法
26. 利用Keras构建神经网络模型时，_____函数用于模型编译。
[A] fit()　　　　　　[B] compile()　　　　[C] add()　　　　　　[D] evaluate()

27．神经网络是由大量_____连接而成的。
[A] 神经元 [B] 数据集 [C] 算法 [D] 测试集

28．对于神经网络，_____不是常用的提高分类效果的方法。
[A] 增加 K 最近邻数量 [B] 增加隐藏层数量
[C] 增加神经元数量 [D] 增加输入特征数量

29．神经网络的重新兴起，带来了_____的突破。
[A] 语音识别技术 [B] 5G [C] 区块链 [D] 大数据

30．关于下一代智能计算系统的描述，正确的是_____。
[A] 它可能会成为强人工智能的物质载体
[B] 它以面向连接主义的计算系统为代表
[C] 它是面向智能算法的定制化设计
[D] 它以面向符号主义的计算系统为代表

二、操作实践

以下实践所需配套资源见前言二维码。

1．病人检测记录数据集（baseline.csv 文件）中包含性别、年龄、入院天数、体温、呼吸、血氧、收缩压、舒张压、白细胞、中性粒细胞数、淋巴细胞数、单核细胞比例、C 反应蛋白、高血压、关注等级这 15 个项目，具体说明见配套资源"baseline 数据集说明.txt"文件。请分析病人体征指标的特征及各项指标间的关联关系并建立关注等级的判别模型。

（1）从数据集文件中读出病人的检测数据；
（2）查看是否存在缺失数据，删除包含缺失数据的样本；
（3）输出 C 反应蛋白最高的病人年龄；
（4）将关注等级（普通关注、重点关注、强烈关注）转换为数值类型数据（1～3），将性别（男、女）转换为数值类型数据（1～2）；
（5）计算病人的各项指标与关注等级的相关性，筛选出相关性较高（相关系数>0.3）的指标，并建立数据集；
（6）绘制图形来展示筛选出的各项指标与关注等级的相关性；
（7）按照合适比例将数据划分为训练集和测试集；
（8）在训练集上建立分类模型，至少选用两种分类算法建立分类模型；
（9）在测试集上测试分类模型的性能。

2．配套资源 Sleep_health.csv 文件给出的数据集中记录了与睡眠和日常习惯有关的诸多特征，如性别、年龄、职业、睡眠时长、睡眠质量、身体活动水平、压力水平、BMI、收缩压、舒张压、心率、每日步数，以及睡眠障碍等。利用提供的数据建立模型来预测睡眠障碍类型并对模型进行性能评估。具体要求如下：

（1）从 Sleep_health.csv 文件中读出所需的数据，将 ID 列作为索引；
（2）对数据集进行预处理，添加"是否高血压"列，设置满足条件（'收缩压'>130 且 '舒张压'>80）的值为 1，其他为 0；
（3）将'性别'字段值["男","女"]转换为 [1,0]，将'BMI'和'睡眠障碍'两列数据转换为对应

的数值类型 [0,1,2];

（4）绘制各数值类型列的散点图矩阵，观察各因数之间的关系；

（5）统计各'职业'对应的'睡眠时长'、'睡眠质量'、'身体活动水平'、'压力水平'和'每日步数'的平均值；

（6）用除'收缩压'、'舒张压'和'职业'以外的列建立数据集，判别睡眠障碍类型；

（7）将数据集按照合适比例划分为训练集和测试集；

（8）至少选用两种以上的算法在训练集上建立分类模型，预测睡眠障碍类型；

（9）在测试集上测试各模型的预测性能。

三、大语言模型交互提示词练习

1. 创作一个科幻故事，讲述人类首次接触外星文明，故事背景设定在 2030 年的太空站。

2. 编写一个关于中世纪骑士的冒险故事，其中包含拯救公主的情节。

3. 写一首关于孤独的诗歌，使用自由诗的形式，表达一个人在夜晚的海边所感受到的寂寞。

4. 创作一首关于春天的 14 行诗，描述大自然复苏的景象。

5. 从给定文本中提取所有的人名、地点和日期。

6. 识别给定文本中的组织名称。

7. 分析给定文本的情感倾向是正面的、负面的还是中性的。

8. 判断给定文本中的情绪变化。

9. 提供一个关于给定文本的 200 字摘要。

10. 解释 Python 中列表推导式的工作原理，并提供一个示例。

（以上"给定文本"可自主测试或由教师给定。）

第 9 章 数 字 媒 体

本章教学目标：
- 理解数字媒体技术的主要特征。
- 理解媒体信息的数字化。
- 理解数据压缩技术等数字媒体关键技术，以及数字媒体技术的应用与发展。
- 通过上机实践掌握数字图像处理、动画等数字媒体编辑操作方法。

9.1 数字媒体技术概述

9.1.1 数字媒体技术的主要特征

1. 数字媒体技术的基本概念

数字媒体可以视为"数字多媒体"的简称，这里的"多媒体"不仅指多种媒体本身，也指处理和应用多种媒体的一整套技术。数字媒体技术是一种将文本、声音、图形、图像、动画、视频等多种媒体元素与计算机集成在一起的技术，使多种类型的信息建立逻辑连接，集成为一个具有交互性的系统，从而使计算机具有表现、处理、存储多种媒体信息的综合能力。

媒体是信息的载体。根据国际电信联盟（ITU）的定义，媒体可分为感觉媒体、表示媒体、显示媒体、存储媒体和传输媒体，见表 9-1。

表 9-1 媒体的分类

媒体类型	媒体特点	感官或设备	举 例
感觉媒体	人类直接感知客观环境的信息	人类的眼睛、耳朵	文本、声音、图形、图像、动画、视频等
表示媒体	为处理感觉媒体而构造的媒体形式	计算机等数字化设备	ASCII 码、图像编码、音频编码、视频编码等
显示媒体	获取或再现信息的载体	输入、输出设备	键盘、鼠标、麦克风、摄像机、显示器、打印机、扫描仪、投影仪等
存储媒体	存储表示媒体的载体	存储设备	内存、硬盘、光盘等
传输媒体	传输表示媒体的载体	模拟或数字传输介质	电缆、光缆、电磁波等

人类利用视觉、听觉、触觉、味觉和嗅觉感受各种信息。其中通过视觉得到的信息最多，其次是听觉和触觉，三者一起得到的信息达到了人类感受到的全部信息的 95%。因此感觉媒体是人们接收信息的主要来源。数字媒体技术充分利用了信息交流和传播优势，以视觉、听觉为主要对象，具有良好的人机交互性。

无论媒体信息以何种形式（如文本、声音、图形、图像、动画、视频等）传播，在计算机中都不是以模拟信号形式存储、处理和传输的，必须对这些媒体进行采样、量化、编码等处理，且需要处理的数据量非常大。因此，数字媒体技术中要研究和解决的关键问题在于表示媒体，即信息的处理方式，涉及数据的编码、压缩与解压。

2. 数字媒体技术的特征

（1）多样性。计算机处理的信息由数值、字符和文本，发展到音频、静态图形、动态图像等，计算机具备了处理多种媒体信息的能力，从传统的以处理文本为主的计算机发展成为数字媒体计算机，变得越来越适应人的自然能力。

（2）交互性。交互性是指用户可以与计算机进行交互操作，从而为用户提供有效的控制和使用信息的手段。通过数字媒体系统，人们不再被动地接收信息，而是参与数据转变为信息、信息转变为知识的过程。利用数字媒体技术的交互性，人们可以获得关心的信息，可以对某些事物的运动过程进行控制，还可以满足某些特殊要求。例如，利用虚拟现实技术实现用户的沉浸式参与，身临其境地与系统进行交互或参与训练。

（3）集成性。集成性包括三方面的含义。① 多种信息形式的集成，即文本、声音、图形、图像、动画、视频等信息形式的一体化。② 把各种单一的技术和设备集成在一个系统中，如图像处理技术、音频处理技术、视频技术、通信技术等。通过数字媒体技术集成为一个综合、交互的系统，可实现更高级的应用境界，如虚拟现实乃至元宇宙系统等。③ 对多种信息源的数字化集成，例如，把摄像机获取的视频图像、存储在硬盘中的照片，以及文本、图形、动画、伴音等，经编辑后，向屏幕、音响、打印机、硬盘等设备输出，也可以通过互联网远程输出。

（4）实时性。实时性是指视频中的图像和声音必须保持同步和连续。实时性与时间密切相关，使用数字媒体进行实时交互操作，应该就像面对面交流一样。例如，在播放视频时，视频画面不能出现迟滞、马赛克等现象，声音与画面必须保持同步等。

3. 数字媒体数据的特点

（1）数据量巨大。数字媒体数据如果没有经过压缩，数据量是非常巨大的。例如，计算机屏幕上一幅分辨率为 1024×768px 的 24 位彩色图像，不压缩数据的理论数据量为 2.3MB 左右。在音频 CD 上，一首 3min 的立体声乐曲，不压缩数据的理论数据量为 30 MB 左右。

（2）数据类型较多。数字媒体包括文本、声音、图形、图像、动画和视频等，图像类型中还有灰度、彩色，以及分辨率高、低之分，对不同数字媒体进行表示和编码的数据类型也各不相同。

（3）数据量差别大。不同类型数字媒体的数据量差别很大，例如，一本 60 万字的中文小说，如果采用纯文本（TXT）格式存储，数据量只有 1.14MB。而一部 90min 的 DVD 电影，即使采用 MPEG-2 格式进行压缩存储，数据量也要 4GB 左右。

（4）数据处理方法不同。由于不同媒体的内容和要求不同，相应的内容管理、处理方法也不同。对于文本数据来说，不允许出现数据错误，因为即便是一个字节的错误，都可能改变文本数据的意义，但文本数据在传输时对实时性要求低。反之，语音和视频信号对实时性要求严格，不容许出现延迟，但语音和视频信号有较强的适应性，即使出现局部的语音或图像不清晰甚至缺失等错误，也能够被接受。

（5）数据输入和输出复杂。数字媒体信号输入时大多为模拟信号，输入到计算机后必须转换为数字信号，完成数据处理后，又必须将其转换为模拟信号，才能输出给与人交互的设备。

4. 数字媒体文件的存储格式

文件格式是指信息的数字化存储方式。数字媒体文件的存储格式是指按照特定的算法，对音频或视频信息进行压缩编码形成的一种文件格式。数字媒体文件包含文件头和数据两部分，文件头记录了文件的名称、大小、采用的压缩算法、文件的存储格式等信息，占文件的一小部分；数据是媒体文件的主要组成部分，往往有特定的存储格式。不同的文件格式必须使用不同的播放、编辑软件，按照特定的算法还原某种或多种特定格式的数字媒体文件。

9.1.2 数字媒体计算机系统的组成

数字媒体计算机的硬件结构与普通计算机相同，数字媒体计算机除了需要较高的硬件配置，通常还需要音频、视频的处理设备、存储设备、媒体输入/输出设备等。

目前，几乎所有计算机都已具备了数字媒体功能，大部分计算机把数字媒体部件集成在计算机主板上，不需要再接插单独的显卡、声卡和网卡。对于普通数字媒体用户，集成的数字媒体部件的功能已基本能够满足需求。但集成显卡、声卡的性能一般低于独立显卡、声卡，而且需要消耗 CPU 和内存资源，处理复杂数字媒体的能力较弱。数字媒体开发人员和某些特殊用户（如运行大型游戏的用户）通常采用独立显卡和声卡来提高计算机的数字媒体处理性能。

数字媒体接口卡通常可以很方便地插入计算机的标准总线（如 PCI）接口或直接连接到标准接口（如 USB）中。例如，在计算机 PCI 总线接口中插入电视卡，安装相关的驱动程序后，计算机就具有了接收有线电视节目的数字媒体功能。常见的数字媒体接口卡有声卡、语音卡、电视卡、视频数据采集卡、非线性编辑卡等。

由于数字媒体数据量巨大，而且必须对音频和视频文件进行压缩与解压操作，以达到实时性要求，因此要求主机的处理能力较强。CPU 性能、显卡和 GPU 性能、内存容量和稳定性是非常重要的技术指标。

数字媒体设备繁多，技术规格不一，因此数字媒体计算机必须提供适配的接口，数字媒体设备的信号才可以实现输入/输出。目前较为流行的数字媒体设备接口主要如下：

- USB（通用串行总线）接口，当前接口版本为 USB3.x；
- HDMI（高清多媒体接口），可以同时发送音频和高清视频信号；
- DP（Display Port），数据包传输技术的显示通信口。

HDMI 和 DP 可以取代传统的 VGA、DVI 等接口，通过主动或被动适配器，与传统接口向后兼容。

数字媒体计算机应尽可能配置大容量的存储设备、高分辨率的大屏幕显示设备，以使图像和视频的显示效果更好。

9.1.3 数字媒体的关键技术

1. 数字信息的获取与输出技术

数字信息的获取与输出技术用于对媒体内容进行数字化处理，包括图像、声音信息的获取与输出，改善其质量或实现特定的视觉效果，以及人机交互捕获和再现数字媒体内容，实现用户与媒体的互动。利用人工智能算法，可以在数字媒体中进行内容分析、推荐、自动化生成等。

2. 数字信息存储技术

数字信息存储技术针对数字媒体数据量大的特点，用于保证数据的高效存储和快速访问，包括硬盘、光盘、闪存等各种存储介质，涉及磁存储、光存储和半导体存储等。

3. 数据压缩/解压技术

数字化的图像、声音、视频等文件的数据量非常大，且需要实时存储和还原。这些对计算机的运算速度和存储空间都是极大的挑战，而算力和存储技术的发展可能永远无法满足日益增长的实时信息处理和存储的需求。数据压缩/解压技术可以极大缓解实时播放与算力和存储空间的矛盾。各专业机构设计了不同的压缩算法（专利和行业标准），以及实现这些算法的硬件和软件。

4. 数字传播技术

数字传播技术用于支持数字媒体内容的广泛传播，涉及网络协议、带宽管理、差错控制等技术，可以实现多媒体信息的实时传输和交互，如视频会议、流媒体传输等。

5. 虚拟现实与增强现实技术

虚拟现实与增强现实技术通过计算机生成逼真的三维虚拟环境或增强现实环境，提供沉浸式的体验。

6. 数字媒体专用芯片技术

数字媒体专用芯片技术利用硬件与软件的等效性，采用专用芯片硬件进行音频、视频信号的快速压缩/解压处理。数字媒体专用芯片分为固定功能的专用芯片和可编程的 DSP（数字信号处理器）芯片。专用芯片用来完成特定的压缩算法，成本较低、使用简便。

9.2 媒体信息的数字化

数字媒体计算机对文本、图形、图像、声音、动画和视频等人类信息交流中使用的媒体元素进行处理时，首先要将这些形式不一的模拟信号通过采样、量化转变为计算机能够处理的数字信号，再以规定的格式进行编码，完成媒体信息的数字化过程。

9.2.1 文本信息的数字化

文本信息的数字化主要是对文本信息在计算机中的表示进行统一编码，这有利于文本信息的表达和交换。字符信息可以采用键盘人工输入计算机；也可以采用扫描仪扫描图片后输入计算机，由OCR（光学字符识别）软件进行字符识别；或者采用语音识别软件由计算机将声音信息自动识别为文本等。

9.2.2 音频信息的数字化

1. 模拟音频信号的数字化处理

声音在空气中的振动传播时产生的连续变化的模拟量即为音频（Audio）信号。当对着话筒讲话时，话筒将空气压力的连续变化输出为连续变化的电位值，这种变化的电位值就是对讲话声音的模拟，即模拟音频信号。模拟音频电位值输入录音机时，电信号转换成磁信号记录在录音磁带上，记录的是模拟音频信号。而要让计算机能存储和处理音频，还必须将模拟音频信号数字化，如图9-1所示。

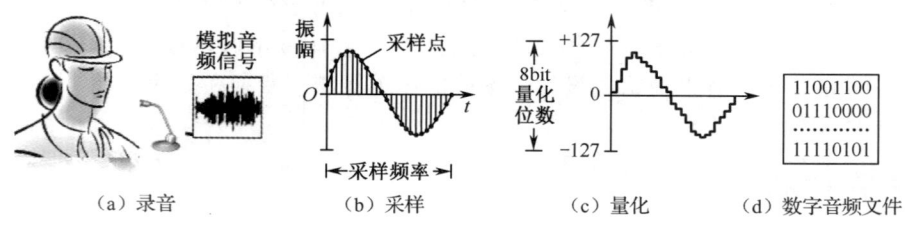

（a）录音　　　（b）采样　　　（c）量化　　　（d）数字音频文件

图9-1　模拟音频信号数字化过程

在每个固定时间间隔内对模拟音频信号截取一个振幅值，并转换为固定位数的二进制数，可将连续的模拟音频信号转换成离散的数字音频信号。截取模拟信号振幅值的过程称为采样，所得到的振幅值为采样值。采样值以二进制数形式表示称为量化编码。对一个模拟音频信号采样、量化完成后，可得到一个数字音频文件。这一系列工作可以由计算机中的声卡或音频处理芯片自动完成。

采样频率（Sampling Frequency）是模数转换器（ADC）中采样时间间隔的倒数，即单位时间从连续信号中提取并组成离散信号的采样数，基本单位为赫兹（Hz）。采样频率的选择会影响音频文件的音质、音调，是衡量声卡、音频文件的质量标准。

采样频率决定了频率响应的范围。根据奈奎斯特（Nyquist）提出的在理想低通信道的最高码元传输速率定律，为了能基本不失真地恢复采样前的原始信号，高保真信号的采样频率必须至少是原始信号中最大频率分量的两倍。在数字媒体音频处理中，高保真信号采样频率为44.1kHz，根据应用需求也会采用22.05kHz（一般音乐效果）、11.025kHz（语音效果）的采样频率。

量化位数（Digitalizing Bit）是对模拟音频信号振幅的数字化，它决定了模拟信号数字化以后的动态范围。量化位数越多，声音的质量越高。量化位数通常为 8bit 或 16bit。相同单位的模拟量在量化位数为 8bit 的设备上可量化为 256 个幅度级别（-127～+127），而在量化位数为 16bit 的设备上可量化为 65536 个幅度级别（高保真）。

模拟音频信号输入计算机中转换为数字音频信号的过程称为模数转换（Analog to Digital Convert，A/D 转换）。反之，将离散的数字音频信号转换为连续的模拟音频信号（如电压）的过程称为数模转换（Digital to Analog Convert，D/A 转换）。

2. 波形音频文件及其压缩格式

波形音频文件通过录入设备录制原始声音，直接记录了真实声音的二进制采样数据，通常文件较大。

WAV 是典型的波形音频文件格式，是微软和 IBM 共同发布的 PC 机标准音频格式。未经压缩的 WAV 文件占用存储空间很大，数字激光唱片（CD-DA）的存储格式实质上是 WAV 格式（文件扩展名为.DAT）。WAV 格式通常采用 PCM（脉冲编码调制，不压缩）和 ADPCM（自适应差分量化）编码方式。

音频信息数字化的存储空间=采样频率（Hz）×量化位数（bit）×声道数×时间（s）/8，单位为 B。

例如，数字激光唱片的标准采样频率为 44.1kHz，量化位数为 16bit，立体声，存储 1min 的音乐所需的存储空间为

$$44.1×16×2×60/8≈10584（KB）$$

MP3 是 MPEG-1 Audio Layer 3 的缩写，是网上流行的音频格式，是压缩的波形音频文件格式。1992 年的数字视频标准 MPEG-1 是一种码率约为 1.5Mbit/s 的、用于数字化存储媒体活动图像及其伴音的编码，其声音压缩的基本算法综合了 MUSICAM 和 ASPEC 的优点。由于 MP3 在低码率条件下能提供高水平的声音质量，因此成为软解压及网络音频的首选。MP3 采用有损压缩，其音质取决于还原技术、音响系统和听者的主观感觉。由于大多数人对 16kHz 以上的音频不敏感，因此 MP3 编码器自动对其进行了滤除。MP3 是一种具有高压缩比的波形音频文件的压缩标准，压缩比可达 12:1，且大多数人耳无法分辨其与 CD 音乐的差别。一首 50MB 的 WAV 格式的音乐用 MP3 压缩后，只需 5MB 左右的存储空间。

3. MIDI 音乐文件

MIDI（Musical Instrument Digital Interface，乐器数字接口）是电子合成乐器的统一国际标准接口。MIDI 主要用于电声乐器演奏和手机等存储器空间有限的数字媒体设备。

相对于数字音频波形文件，由于 MIDI 音乐文件对声音记录或描述的方式不同，文件大小和音频效果均有较大差别。MIDI 音乐文件是一系列指令而不是波形，所占存储空间非常小。所记录的指令包括使用的 MIDI 乐器的音色、声音的强弱、声音的持续时间等。计算机将这些指令发送给声卡，声卡中的合成器按照指令将声音合成出来。

常见的 MIDI 合成器有波表合成器和调频合成器。波表（Wave Table）合成就是对乐器

声音进行采样,并将其存储为一个波表文件,演奏时根据文件记录的乐曲指令在波表中找到对应的声音信息,经声卡上的微处理器合成音乐,其效果与真实乐器几乎没有差别。而调频(Frequency Modulation,FM)合成运用声音振荡的原理对 MIDI 音乐进行合成处理,合成的音乐声音比较单调,效果不够理想,已逐渐被波表合成所取代。

MIDI 音乐可以模拟上千种常见乐器的发音,却不能模拟人的歌声、动物的鸣叫等自然音频。在不同的计算机中,由于音色库与合成器的差别,MIDI 音乐的效果表现略有不同。由于编辑指令比编辑声波波形方便,所以 MIDI 音乐更利于音乐创作,被誉为"电子五线谱"。

4. 语音合成和语音识别

语音合成就是将文字信息转变为可以用人造语音输出的信息,涉及声学、语言学、数字信号处理、计算机科学等多个学科的人工智能系统技术。要合成高质量的语音,除了依赖语义规则、词汇规则、语音规则,还必须让计算机对自然语言的文字内容有较好的理解。

语音识别是让机器通过识别和理解过程把语音信号转变为相应的文本或命令的人工智能系统技术。语音识别技术主要包括特征提取技术、模式匹配准则及模型训练技术。

9.2.3 图形信息的数字化

图形(Graphic)一般指矢量图,其用一组指令集合来描述其中的内容,这些描述包括图形的形状(如直线、圆、圆弧、矩形、任意曲线等)、位置(如 x、y、z 坐标)、大小、色彩等属性。例如,用 Python 在 mycanvas 对象上画图:mycanvas.create_line(x1, y1, x2, y2, fill='red')表示在点 1(x1, y1)到点 2(x2, y2)之间画一条红色直线;mycanvas.create_oval(x1, y1, x2, y2)表示在点 1(x1, y1)到点 2(x2, y2)所围成的矩形中画一个椭圆。也可以用稍复杂的函数来描述一个图形。

(a)矢量图

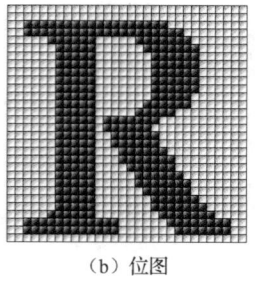
(b)位图

图 9-2 矢量图与位图对比

矢量图文件中只记录生成图形的算法和图形上的某些特征点参数。矢量图与位图对比如图 9-2 所示。矢量图中的曲线是由微小的直线拟合(插补)的,可以方便地将矢量图放大、缩小、移动和旋转等,不因发生变化而损失图形的质量。由于构成矢量图的各个部件(图元)是相对独立的,因而在矢量图中可以只编辑修改其中的某一个部件,不会影响图中其他部件。

由于矢量图只保存算法和特征点参数,因此占用的存储空间较小,输出和放大时,图形质量较高。

矢量图主要用于线框类图形、工程制图、二维动画设计、三维物体造型、美术字体设计等。大多数计算机绘图软件、计算机辅助设计(CAD)软件、三维造型软件等都采用矢量图作为基本图形存储格式。矢量图可以很好地转换为位图(图像),但是,位图转换为矢量图时,效果往往不理想。

常见的矢量图文件格式：矢量图设计软件 CorelDRAW 专用格式 CDR，Adobe 矢量图设计软件 Illustrator 格式 AI，计算机辅助设计软件 AutoCAD 格式 DWG、DXB、DXF，Windows 中的图元文件格式 WMF、EMF，用 PostScript 语言描述的图形文件格式 EPS，图标文件格式 ICO 等。

9.2.4 图像信息的数字化

1. 图像

图像（Image）由像素（Pixel）点阵构成，故也称为位图（Bitmap）。位图表达的图像层次色彩丰富逼真，但是通常文件较大，处理高质量彩色图像时对硬件平台要求较高。像素是虚拟的，是图像中的最小单元，没有大小和形状，也不可分割。像素点阵中描述的是像素的颜色与强度，其质量由图像的分辨率和色彩深度决定，放大时，点阵中的像素数并没有增加，只是像素的面积变大了，此时，图像清晰度不仅不会增加反而会降低，甚至会出现马赛克现象。

数码照相机、数码摄像机、扫描仪、手写笔等数字媒体设备获取自然图像并进行离散化处理，通过数字媒体设备与计算机之间的接口传输到计算机，以文件的形式存储在计算机中，即数字图像。

当计算机需要将数字图像输出到打印机、电视机等模拟信号设备时，又必须将离散化的数字图像合成为一幅模拟设备能够接收的自然图像。

2. 图像的性能指标

图像的主要性能指标包括图像尺寸、像素总数、分辨率和色彩深度。

图像尺寸一般用图像的长度×宽度表示，常用单位有 cm（厘米）和 inch（英寸），也可以用像素总数表示。

像素总数是图像中水平方向与垂直方向像素数的乘积。图像的分辨率通常用图像中的像素总数表示，单位为像素（px）。例如，2000 万像素的数码照相机，其最大像素总数为 5160×3870px，也可以称其分辨率为 5160×3870px。

在平面设计和印刷中，分辨率也可以表示为单位长度上的像素数，可以使用 dpi（dots per inch，点每英寸，点用来表示像素）或 ppi（pixels per inch，像素每英寸）。印刷普通书籍需要的分辨率为 300dpi，印刷精品画册需要的分辨率为 1200dpi。

通常，当图像尺寸一定时，像素总数越大，则分辨率越高，越能表现更丰富的图像细节；当分辨率较低时，图像会显得较粗糙。

而当图像尺寸用像素总数表示时，需要指定其分辨率，才能将图像尺寸与现实中的实际图片尺寸相互转换。例如，图像分辨率为 72ppi，由于 1inch=2.54cm，可以得出 1cm 大约为 28px。

色彩深度，又称色彩位数，是指表达图像中每个像素上颜色指标的二进制位数，单位为 bit。图像的色彩丰富程度是由色彩深度决定的，如图 9-3 所示。

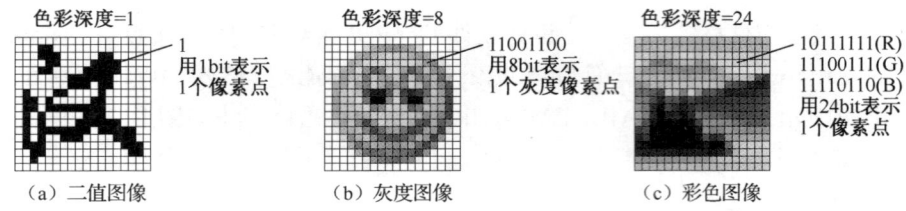

图 9-3 不同色彩深度的图像

黑白二值图像（如文字）中的每个像素均用 1bit 表示（0 为白，1 为黑色）。

灰度图像中的每个像素均用 8bit 表示灰度等级，有 0～255 个灰度等级。

若彩色图像以 8bit 色彩深度表示，只能显示 256 种色彩，称为伪彩图像（如 GIF）。

彩色图像用 R（红）、G（绿）、B（蓝）三基色，每种基色用 8bit 表示，每个像素的色彩深度为 24bit，它可以表达 2^{24}=16777216 种颜色，称为真彩图像。

未压缩图像的数据量（单位为 B）计算方法如下：

$$数据量=像素总数×图像位数/8$$

例如，一幅图像尺寸为 640×480px 的 256 色（8bit）未压缩图像，其数据量为

$$640×480×8/8=307200（B）$$

3. 图像文件格式

图像文件有很多通用的标准存储格式，如 BMP、TIF、JPG、PNG、GIF 等，这些格式是开放和免费的，可以相互转换。

（1）BMP 格式，Windows 画图软件使用的图像文件格式，其文件结构简单，采用位映射存储方式，占用存储空间较大，能被大多数软件使用。

（2）TIF（标记图像文件）格式，一种工业标准图像文件格式。TIF 格式分压缩和非压缩两类编码方案，存储的图像质量很高，占用存储空间也很大，常用于桌面出版印刷系统专用设备。

（3）JPG 格式，即 JPEG（Joint Photographic Experts Group）标准格式。该标准适用于彩色、单色和多灰度静止数字图像的压缩，支持 24bit 真彩色。JPEG 对图像的处理包含两部分：第一部分是无损压缩；第二部分是有损压缩，将不易被人眼察觉的图像颜色信息用余弦变换等算法滤除，在对图像质量影响不大的前提下获得较大的压缩比（2∶1～40∶1），是目前主流的图像文件格式。

（4）GIF 格式，一种无损压缩图像文件格式，采用 LZW 压缩方法，支持 256 色和透明背景，文件较小；还允许在一个文件中存储多个图像，以实现动画效果，是目前互联网上使用频繁的图像文件格式。

（5）PNG（Portable Network Graphics，便携式网络图形）格式，虽然名称中带有"图形"，但其实质上是采用了改进的 LZ77 无损压缩算法的位图格式，支持索引、灰度、RGB 颜色方案以及 Alpha 透明通道。

（6）PSD 格式，图像处理软件 Photoshop 的专用图像文件格式，其中包含图层、蒙版、色彩模式等图像编辑信息。

9.2.5 动画和视频信息的数字化

动画（Animation）或视频（Video）是多幅按一定速率连续播放的图形或图像。在观看动画或视频时，由于生理上的"视觉暂留效应"（Persistence of Vision），画面在视觉神经系统中大约会停留 1/24s 或以上。若以每秒 24 幅或以上的速率连续播放（静态）画面，则观看者对前一幅画面的印象来不及消失就看到了后一幅画面，人脑即可将其感知为连续的运动。一幅画面称为一帧（frame），播放速率的单位为帧/秒（f/s），有些软件中使用 fps（frame per second）来表示播放速率。

1. 动画

计算机中，动画按视觉效果可分为二维动画和三维动画等，按呈现原理又可分为逐帧动画和补间动画。

逐帧动画是由多帧内容不同而又相互联系的画面连续播放而形成的动画效果。构成这种动画的基本单位是帧。在制作逐帧动画时需要将动画的每帧描绘出来，然后将所有的帧按顺序播放，工作量较大。

补间动画是建立在属性关键帧之间，由计算机产生中间过渡帧，从而获得的动画效果。补间动画可以对每个运动的对象在不同层中分别进行设计，对每个对象的属性特征（如大小、形状、颜色等）进行设置，然后由这些对象构成完整的帧画面。

常见的二维动画编辑软件有 Adobe Flash，三维动画编辑软件有 Blender、3ds max、Maya、C4D 等。

2. 视频

视频由一幅幅单独的画面——帧组成，这些画面以一定的速率连续地投射在屏幕上，使观看者获得画面连续运动的感觉。

不同国家和地区的模拟电视信号制式标准不同，包括 NTSC 制和 PAL 制等。模拟电视信号的数字化一般采取以下方法。

（1）复合数字化。先用一个高速的 A/D 转换器对电视信号进行数字化，然后在数字域中分离出亮度和色度信号，以获得 YUV（PAL 制）分量或 YIQ（NTSC 制）分量，最后再将它们转换成计算机能够接收的 RGB 色彩分量。

（2）分量数字化。先把模拟电视信号中的亮度和色度分离，得到 YUV 或 YIQ 分量，然后用三个 A/D 转换器对 YUV 或 YIQ 三个分量分别进行数字化，最后再转换成 RGB 色彩分量。

将模拟电视信号数字化并转换为计算机数字电视信号的数字媒体接口卡称为视频捕捉卡。目前，DV、DVCAM 等数字摄像设备可直接以数字方式采集、存储和传输视频信息。

数字视频文件格式有 AVI、MP4、FLV、MKV、RMVB、MPG、MOV、DAT 等。

视频编辑方法分为线性编辑（传统方法，效率较低）和非线性编辑（利用软件在时间线上进行编辑，效率较高）两种。

常用视频软件有 Adobe Premiere、会声会影、Blender 等。

9.3 媒体数据压缩技术

9.3.1 数字媒体信息的数据量

1. 数字音频

常人可听到的最高声音频率约为 22kHz，制作高保真音频时，通常采取 2 倍的采样频率，即 44.1kHz，量化位数为 16bit。存储 1min 的立体声数字音频需要的存储空间为

$$44100 \times 16 \times 2（声道数）\times 60/8 \approx 1.06 \times 10^7（B）$$

模拟电话人声的频率约为 4kHz，若采样频率为 8kHz、量化位数为 8bit，将其转换为数字音频传输，应保证传输速率不小于：

$$8 \times 8 = 64（kbit/s）$$

2. 位图

用分辨率为 300dpi 的扫描仪扫描一张 $11 \times 8.5 inch^2$（相当于 A4 纸张）的 24bit 的 RGB 彩色图像，数据量为

$$11 \times 300 \times 8.5 \times 300 \times 24/8 \approx 2.52 \times 10^7（B）$$

3. 数字视频

若视频图像的像素总数为 $1280 \times 720 px$，色彩深度为 24bit，播放速率为 30f/s，1min 不压缩的数字视频的数据量为

$$1280 \times 720 \times 24 \times 30 \times 60/8 \approx 4.98 \times 10^9（B）$$

9.3.2 媒体数据的冗余

数字媒体信息中存在如下类型的冗余数据。

1. 空间冗余数据

背景和形状规则的物体往往具有空间上连续的一致性，例如，在一幅静态图像中总存在一些颜色均匀一致的区域，该区域中所有像素的亮度和色彩信息都是一致的。此类一致或十分接近的数据都可以进行可逆的合并压缩，且解压还原后与原图没有差别，这种压缩就是对空间冗余数据的压缩。通常，对空间冗余数据的压缩是帧内压缩。

2. 时间冗余数据

视频和语音数据有较强的时间相关性，例如，视频中一段静止或移动缓慢的景物中，连续若干帧画面的某些部位随着时间的进展并没有什么变化，这就形成了时间冗余数据。对于音频中一段时间的寂静，或者一段频率和振幅都一致的连续声音，其在多个音频采样

点的数据都没有变化，也会产生时间冗余数据。对时间冗余数据通常也可以进行可逆压缩——帧间压缩。

3. 感知冗余数据

人类的视觉和听觉对自然界中光和声的感知是有局限性的，用物理的方法（如摄像头和拾音器）采集到的信息（如紫外线、超声波等）不一定都能被人所感知。

即使在一张静态的图像或一段音频内部，人的视觉和听觉的敏感度也是不均匀的，在未压缩的数据中含有大量视觉或听觉冗余的数据，例如，图像中远处的细节和音频中音乐家翻动乐谱的细微声音。既然这些信息不能被明显感知，也并不影响对媒体信息的欣赏和理解，就可以通过压缩算法滤除这些视觉或听觉冗余数据。对感知冗余数据的压缩通常使用不可逆压缩。

9.3.3 数据压缩技术

数据压缩技术就是利用算法减少数字音频、图像、视频中的冗余数据量的技术。

压缩处理一般由两个过程组成：① 编码过程，将原始数据经过编码进行压缩；② 解码过程，将编码后的数据还原。

数据压缩分为无损压缩和有损压缩。

1. 无损压缩

无损压缩利用数据的统计冗余进行压缩，解压后可完全恢复原始数据，而不引起任何数据失真，也称可逆压缩。这种方式在保存数字媒体文件时可得到比较小的数据量，在数字媒体被呈现时仍然与压缩前占用一样的数据量，压缩比一般较低。无损压缩的压缩比一般为 2∶1～5∶1。空间冗余和时间冗余数据通常用无损压缩，例如，文本数据、程序代码和特殊应用中的图像数据的压缩。常用的无损压缩算法有 RLE 编码、Huffman 编码、LZW 编码等。

（1）RLE 编码，也称行程编码、游程编码，其将数据流中连续重复出现的单元合并记录表示。例如，字符串"ABCAAABBBBCCCCC"可以压缩为 1A1B1C3A4B5C。RLE 编码的压缩比不高，但简单直观，算法速度快，仍然得到广泛应用。BMP、TIF 及 AVI 等格式的图像文件都采用这种算法。

（2）Huffman（霍夫曼）编码较为复杂，它的编码原理是，先统计数据中各单元出现的概率，再按出现概率的高低，分别赋予由短到长的代码，从而保证文件中大部分内容是由较短的编码构成的。

（3）LZW（算术）编码使用字典库查找方法。它以字符串形式读入待压缩的数据，并与一个字典库中的字符串进行对比，若已记录过该字符串，则输出其在字典库中的位置索引，否则将未记录过的字符串记入字典库中。许多压缩软件（如 ARJ、PKZIF、LHA）采用这种压缩算法，GIF 和 TIF 格式的图像文件也是按这种算法存储的。

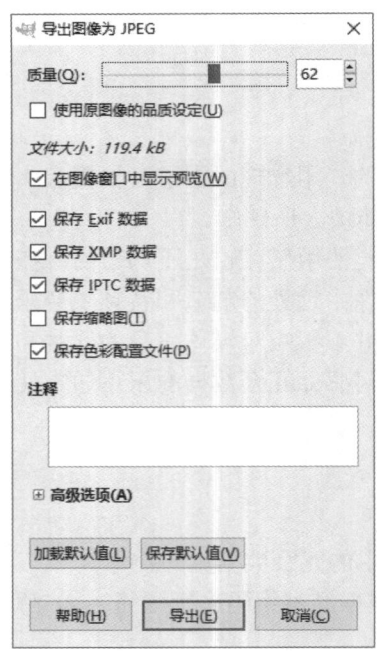

图 9-4　导出图像为 JPEG 格式时的有损压缩质量选择

2. 有损压缩

有损压缩使用算法滤除感知冗余数据，以减少数据量和读取时的内存占用。经过有损压缩的文件，解压后无法找回被滤除的冗余数据，与原始数据不再一致，也称为不可逆压缩。

采用有损压缩，解压后的数据虽与原始数据存在一定的差别，但以人的感知一般可以接受。其压缩比较高，可以从几倍到几百倍。

3. 混合压缩

实际应用中，并不是单一使用无损压缩或有损压缩方式，而是采用混合压缩方式，在压缩比、压缩效率及保真度之间取得最佳的折中效果（见图 9-4）。例如，JPEG 和 MPEG 标准就采用了混合压缩方式。

9.3.4　图像和视频的通用压缩标准

1. JPEG 标准——静止图像压缩标准

国际标准化组织（ISO）和国际电报电话咨询委员会（CCITT）共同成立的联合照片专家组（JPEG），于 1991 年提出了"多灰度静止图像的数字压缩编码"标准，简称 JPEG 标准。其适合对彩色和单色多灰度等级的图像进行压缩处理。

JPEG 标准支持很高的图像分辨率和量化精度。该标准采用混合压缩方式，分成两部分：无损压缩部分采用差分脉冲编码调制（DPCM）的预测编码和 Huffman 编码；有损压缩部分采用离散余弦变换（DCT），通常压缩比达到 20～40 倍。

由于人的视觉对亮度的变化比对颜色的变化更为敏感，所以 JPEG 压缩算法滤除了那些不易被注意到的颜色冗余差异，如图 9-5 所示。

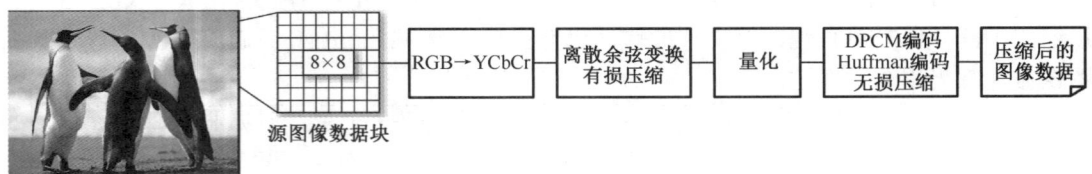

图 9-5　JPEG 算法压缩过程

JPEG 算法的主要计算步骤：图像分割→颜色空间由 RGB 转换为 YCbCr→离散余弦变换→量化→DPCM 编码和 Huffman 编码。

2. MPEG 标准——动态图像压缩标准

运动图像专家组（MPEG）研究并发布了视频图像和音频的数字编码与解码标准。已经发布的 MPEG 标准有 MPEG-1、MPEG-2、MPEG-4、MPEG-7、MPEG-21 等。

MPEG 标准分成 MPEG 视频、MPEG 音频和 MPEG 系统三部分。

MPEG 算法除了对帧内图像进行编码压缩，还利用图像序列的相关特性去除帧间图像冗余，大大提高了视频图像的压缩比。压缩比可达到 60～100 倍。

（1）运动补偿压缩技术

为满足高压缩比和随机播放两方面的要求，MPEG 采用了运动补偿预测和运动补偿插值两种压缩技术。

① 运动补偿预测：由于视频帧图像之间的运动具有连续性，即当前帧的图像可以看作上一帧图像中各对象位移后的结果（帧图像中多个对象位移的幅度和方向可以不同）。对于当前帧图像，利用运动位移的方向和幅度信息预测未播放的帧图像，称为前向预测，可用于视频的播放和快进。反之，根据当前帧图像与位移信息预测已播放的帧图像，称为后向预测，可用于视频的倒。

② 运动补偿插值：以插补方法补偿位移信息可有效提高视频压缩比。例如，以 1/15s 或 1/10s 的时间间隔选取一个参考子图（帧图像中的某个部分），对较低分辨率的子图进行编码，通过低分辨的子图及反映画面运动趋势的附加校正信息（运动矢量）进行插值，就可以得到完全分辨率（时间间隔为 1/30s）的视频信号。插值运动补偿也称为双向预测，其既利用了前面帧图像的信息，又利用了后面帧图像的信息。

（2）MPEG-1 标准

MPEG-1 压缩算法采用了 3 个基本技术：运动补偿（预测编码和插补编码）、离散余弦变换编码技术和熵编码技术。由于视频和音频需要同步，所以 MPEG-1 压缩算法需对二者联合考虑。MPEG-1 视频的分辨率很低，只有 352×240px，帧频为 30f/s，采用逐行扫描方式，用于 VCD 视频节目（相当于传统录像机和电视机的声像质量），需要的传输速率约为 1.5Mbit/s。

而音频数据流标准 MPEG-1 Audio Layer3（MP3）因其适用于便携设备，并且可以在互联网上提供较高质量的音频传输，成为使用广泛的音频压缩标准。

（3）MPEG-2 标准和 MPEG-4 标准

MPEG-2 标准适用于广播级的数字电视信号的编码和传送，是 SDTV 和 HDTV 的编码标准。

MPEG-2 的图像编码分为 I 帧、P 帧和 B 帧，分别采用帧内编码、前向时间预测编码和双向时间预测编码方式。MPEG-2 标准采用了非对称算法，编码与解码并非互为逆运算，其解码过程要比编码过程相对简单，速度更快。

MPEG-2 音频既可以使用与 MPEG-1 音频兼容的编码译码器，也可以使用更先进的 AAC（Advanced Audio Coding，高级音频编码）。AAC 是一种灵活的音频编码标准，支持 8～96kHz 的采样频率，支持 48 个主声道、16 个配音声道和 16 个数据流。

MPEG-4 是一种支持在低传输速率（<64kbit/s）下传送的视频、音频压缩算法。其特点是基于节目的内容进行编码，对视频中的帧图像按内容分成动态区域，将感兴趣的对象从场景中截取出来，以便针对这些对象来进行操作。MPEG-4 标准更注重数字媒体系统的交互性、互操作性、灵活性。MPEG-4 标准主要用于视频通信会议。

（4）MPEG-7 标准和 MPEG-21 标准

MPEG-7 标准是"数字媒体内容描述接口"标准，定义了描述声像信息内容的格式以实现基于内容的检索。MPEG-1、MPEG-2 和 MPEG-4 标准用于表示信息本身，是描述压缩算法的标准；MPEG-7 标准用于描述如何快速找到想要的声像信息内容。

MPEG-21 标准是一个结构化的框架，用来解决网络传送、服务质量和灵活性、内容展示的质量、服务和设备的易用性等用户交互作用时的多个关键问题。

9.4 数字媒体技术的应用与发展

1. 流媒体和视频点播

网上获取数字媒体信息主要有下载和流式传输两种方式。数字媒体文件可分为静态数字媒体文件和流媒体文件。

静态数字媒体文件无法提供网络在线播放功能。要播放该文件，必须将其下载到本机中，然后播放，即先下载，后播放。这种方式的缺点是占用了有限的网络资源，成为阻碍网络数字媒体技术发展的瓶颈。

流媒体（Streaming Media）指在网络中采用流式传输技术的连续时基媒体，如音频、视频等数字媒体。将媒体数据压缩后，采用流式传输技术在网络上分段发送，使得数据包像水流一样发送，实现即时传输。流媒体文件在播放前并不需要下载整个文件，只需要将少量影音文件的开始部分作为缓冲存储先下载到本机中，就可以边下载边播放了。

流媒体系统包括编码器、流媒体服务器、客户端播放器三部分。各部分之间通过特定的协议互相通信。适应流媒体传输的网络实时传输协议有 RTSP、RTP、RTCP 等。

视频点播（Video-On-Demand，VOD）根据用户的要求把用户所选择的视频以流媒体方式传输给用户。视频点播系统主要由片源库、流媒体服务系统、传输及交换网络、用户终端等组成。视频点播的实现过程：用户发出点播请求，流媒体服务系统根据点播请求，检索片源库中的节目，利用传输及交换网络以视频和音频流方式传送到用户终端。

2. 四维影视

四维影视突破了传统意义上电影是光影艺术的概念，通过座椅等设备根据影片的故事情节，由计算机控制做出坠落、震动、吹风、喷水、拍腿等刺激效果，配以烟雾、雨水、光电、气泡、气味等效果，再加上布景、真人表演等，让观众获得视觉、听觉、触觉、嗅觉等全方位的体验。

3. 虚拟现实与增强现实

虚拟现实（Virtual Reality，VR）是指利用计算机技术产生一个三维空间的虚拟世界，为使用者提供实时、无限制的、身临其境一般的视觉、听觉、触觉等感官的交互体验。虚拟现实技术是在计算机技术、传感技术、机器人技术、人工智能及心理学等众多相关技术基础上发展起来的一个高度集成的技术。

增强现实（Augmented Reality，AR），也称为混合现实（Mixed Reality），是一种将现实世界信息和虚拟世界信息"无缝"集成的技术。通过信息技术，以现实世界为主体，将虚拟的物体和真实的环境实时叠加到同一个画面或空间中，实时产生新的可视化环境，从而将虚拟信息应用到现实世界中。由于其对现实世界增强显示输出的特性，因此在医疗临床手术部位的精确定位、军事领域进行方位识别以获得地理数据等重要军事数据、精密仪器制造和维修，以及远程机器人控制等领域，具有比虚拟现实技术更为明显的优势。增强现实系统通常包含三个必要组件：增强现实显示器、跟踪系统和移动计算能力。

通过计算机技术和可穿戴设备产生现实世界与虚拟世界组合、可人机交互的环境，包括增强现实（AR）、虚拟现实（VR）、混合现实（MR）等多种形式，可进一步实现扩展现实（Extended Reality，ER）。

4. 数字孪生

数字孪生（Digital Twins）是现实世界在虚拟世界中的真实反馈，是超越现实的概念。数字孪生是在数字空间中对现实世界的实体或系统（如机器、建筑、城市乃至整个生态系统）建立的精准且实时动态更新的数字化模型。其充分利用物理模型、传感器、运行历史等数据，集成多学科、多物理量、多尺度、多概率的仿真过程，在虚拟世界中完成与实体或系统彼此依赖的数字映射，反映对应实体或系统的全生命周期过程。

数字孪生最重要的价值是预测分析。在研究真实事务运行过程中可能出现的问题时，可以基于数字孪生进行刺激、调整，对反馈进行分析，形成虚拟应用策略，然后基于优化后的策略在真实事务中应用。

在表面层次上，数字孪生就是虚拟现实，用三维建模仿真技术把整个物理场景复刻一遍，构造一个和现实世界相对应的虚拟世界，将每个设备及地理点位一一对应，用于监控、预测、优化和控制对应实体的行为和性能。而在本质层次上，数字孪生是对一整套真实事务系统逻辑架构的复现，包括实现信息采集，虚实系统的连接，数据的存储、分析、研判等智慧系统架构的核心问题。

5. 元宇宙

元宇宙（Metaverse）是整合多种新技术而产生的新型虚实相融的互联网应用和社会形态，是一个持久存在的、具有多用户接入能力的三维网络环境。元宇宙基于扩展现实技术提供沉浸式体验，以数字孪生技术生成现实世界的镜像，通过区块链技术搭建数字经济体系，将虚拟世界与现实世界在经济、社交、身份系统上密切融合，允许每个用户创建和改造虚拟世界，拥有与现实世界融合的、持久化的虚拟资产。

元宇宙不仅是现实世界在虚拟世界的映射，与数字孪生相比，更偏向于幻想、创建和延伸的虚拟世界。其强调用户的沉浸感、参与度以及虚拟经济系统的存在。

元宇宙以计算技术、存储技术、网络技术、系统安全技术、人工智能五大基本技术作为支撑，形成了交互展示、数字孪生、身份与数字经济系统、内容创作、治理管理五大支柱技术，预期将在工业、文旅、城市、教育、军事等领域得到广泛集成应用。

9.5 数字图像处理

GIMP（GNU Image Manipulation Program，GNU 图像处理程序）是一个优秀的、自由开源的图像处理软件。GIMP 中的文件默认保存为.xcf 文件，类似于 Adobe Photoshop 默认的.psd 文件，该文件可保存图层、蒙版、通道、路径等功能效果，并且可编辑，但占用存储空间较大，往往仅作为图像编辑过程文件，最终保存为需要的目标格式文件。

9.5.1 图像调整

GIMP 支持 RGB 真彩色、灰度、索引颜色等图像模式及其转换，支持多通道模式。在多通道模式中，每个通道有 1B 的量化空间，可使用 256 个灰度等级。RGB 位图有 3 个色彩通道，每个像素可用的颜色为 1670 万种。

用 GIMP 可方便地对图像进行色彩平衡、亮度/对比度等方面的整体转换和调整，如图 9-6 所示。

（1）亮度-对比度。可以对图像中的每个像素进行相同的调整（线性调整），以达到对色调范围的简单调整。

（2）曲线。可在图像的整个色调范围内（从暗调到高光）调整多个不同的点。允许使用单独的颜色通道进行精确调整，并可存储所做的曲线调整预设，供编辑其他图像时调用，如图 9-7 所示。更改曲线的形状可改变图像的色调和颜色。曲线上比较陡直的部分表示对比度较高，而曲线上较为平缓的部分表示对比度较低。移动曲线顶部的点可以调节高光，移动曲线中间的点可以调节中间调，移动曲线底部的点可以调节暗调。将曲线上的点向下或向右移动可映射较小的输出值，使图像变暗，将曲线上的点向上或向左移动可使图像变亮。

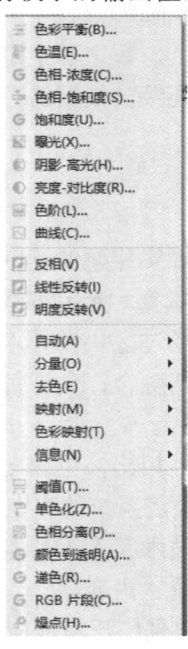
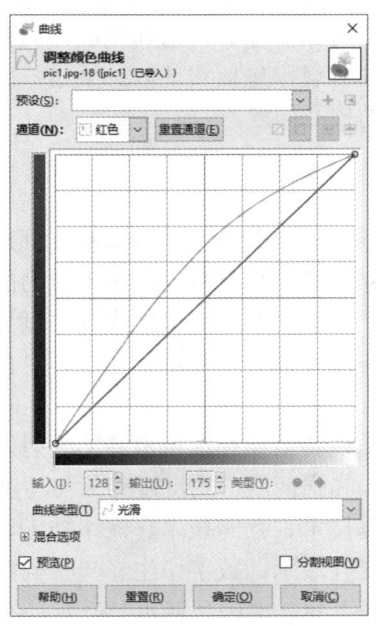

图 9-6 "颜色"菜单　　　　图 9-7 "曲线"对话框

（3）色相-饱和度。可以调整图像中特定颜色分量的色相（Hue）、饱和度（Chroma）和亮度（Lightness），如图9-8所示。

色相指颜色在标准色轮上的位置，以度数计量，取值范围为-180~180°。

饱和度是指颜色的强度或纯度，以百分比计量，取值范围为-100%（无色）~100%（饱和）。

亮度是指颜色的相对明暗，以百分比计量，取值范围为-100%（黑）~100%（白）。

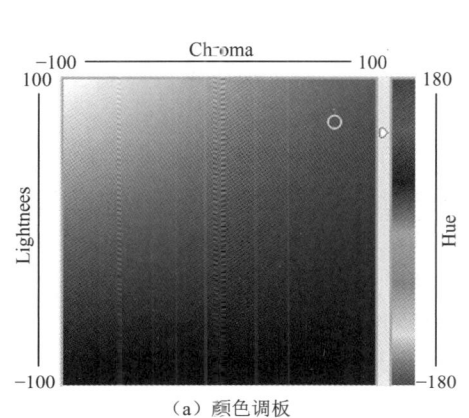
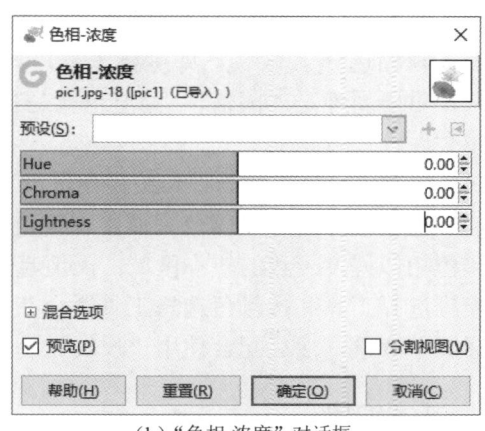

（a）颜色调板　　　　　　　　　　（b）"色相-浓度"对话框

图9-8　色相/饱和度调整

9.5.2　选区

精准地选取操作对象，在纷繁复杂的背景中"抠图"，是图像编辑的关键。根据不同的图像对象与背景环境的关系以及编辑操作需求，需要建立选区。选区的形状是一个封闭的流动虚线框，俗称为"蚂蚁线"，只有在选区内的编辑操作是有效的。在空白处单击或按Shift+Ctrl+A组合键可取消选区。

可以给选区设置羽化值，使选区与选区周围的像素按设定的羽化值转换为逐渐模糊的边界，用来平滑硬边缘。羽化值的取值范围为0~250px，应注意羽化值不宜大于选区范围。

GIMP工具箱如图9-9所示。GIMP工具箱中提供了多种选择工具。

（1）矩形选择工具和椭圆选择工具。

矩形选择工具是最基本的选择工具，也是常用工具，在工作区中按住鼠标左键拖动，即可建立矩形选区。

椭圆选择工具用来选择椭圆形或圆形区域。

使用矩形选择工具或椭圆选择工具，按住Ctrl键不放，可以建立正方形或圆形选区；按住Alt键不放，同时按住鼠标左键拖动可以移动选区。

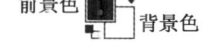

图9-9　GIMP工具箱

（2）自由选择工具。按住鼠标左键拖动可自由手绘的选区边缘，直至选区边缘闭合，松开鼠标左键即完成选区。

（3）剪刀选择工具 ✂：长按自由选择工具出现，在要选取对象的边缘上连续单击，软件提供了智能边缘适配功能，选区可以自动适配该对象的形状。如果智能边缘适配的选区不够理想，还可拖动连线重新进行适配，直至闭合，回车可完成选区。

（4）前景选择工具 ：从一幅图像中抠取出与其他部分反差较大的部分区域。沿着抠取对象大致画一个范围，当所画范围闭合时，回车完成选区，此时，选区之外的图像部分被蒙上了一层半透明的蓝色。在抠取对象中按住鼠标左键拖动，标记前景色，再回车。经过短暂计算，可完成对抠取对象的选区选择。

（5）模糊选择工具 ，即魔棒工具，其默认的模式为"替换当前分区"。模糊选择工具的一个重要属性是"阈值"，阈值也就是容差值，默认为15。阈值越大，能选择的颜色范围越大。

（6）按颜色选择工具 ：长按模糊选择工具出现，用来选择颜色一致或者相似的区域。选择的颜色相似程度可用阈值来调整，阈值越小越精准，0就是没有色差的精准选择，仅选取颜色相似程度一致的较小区域；阈值越大，可选取的范围就越大。

模糊选择工具和按颜色选择工具适合在具有相似颜色的简单背景中抠取对象，方法是，先选择简单背景，然后配合使用"反转"功能来选择对象。

9.5.3 基本编辑

1. 笔刷工具

GIMP 工具箱还提供了若干笔刷工具，其中，铅笔、画笔、喷枪和墨水工具用笔刷进行"涂画"，其他工具则用笔刷修改图像而不是涂画，橡皮工具用于擦除图像，克隆工具用于复制图案或图像，卷积工具用于模糊或锐化图像，减淡和加深工具用于调节图像颜色的深浅，涂抹工具用于涂色。除了墨水工具，所有笔刷工具都使用同一套笔刷。

对于笔刷工具，在绘画笔刷调板中可选择预设笔刷和自定义笔刷，如图9-10（a）所示，可以设置笔刷的形状、大小、间距、硬度、力度等特性，系统提供的笔刷形状如图9-10（b）所示，也可利用图像的部分像素创建新的笔刷形状。还可以为笔画设置动态选项，例如，可以设置在笔触路线中随机改变笔刷的大小、颜色和不透明度等。

（1）克隆工具

克隆工具分为克隆图像工具和克隆图案工具。克隆图像工具常用于修补复杂背景中的对象。当两个图像的颜色模式相同时，可利用克隆图像工具从一个图像中采样，覆盖应用到另一个图像或同一个图像的另一部分，也可以将某个图层的部分仿制到另一个图层中。

在源图像中按住 Ctrl 键不放，单击采样点以定位指针，此时指针呈现为瞄准图标，松开 Ctrl 键，勾选"位样合并"，在要覆盖的图像部分上拖动鼠标，即可进行仿制。仿制图章工具操作中途可以停顿，且无论停止和继续多少次，都可以重新使用最新的采样点。

克隆图案工具则选择"源"为"图案"，选择合适的图案即可在目标上涂抹出相应图案。

（2）油漆桶工具和渐变工具

在选区中用油漆桶工具进行填充可将前景色单色填充至选区。

渐变工具的使用方法是，在起点处按下鼠标左键，然后拖动到终点处松开鼠标左键，将以渐变色填充起点和终点之间的区域。

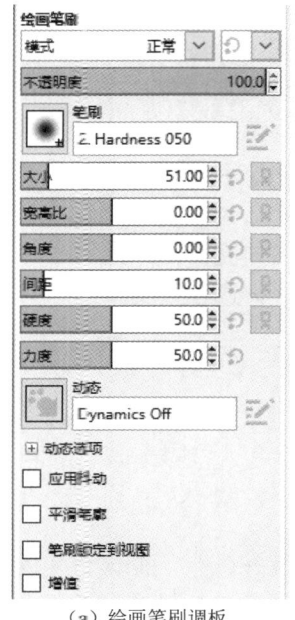
（a）绘画笔刷调板

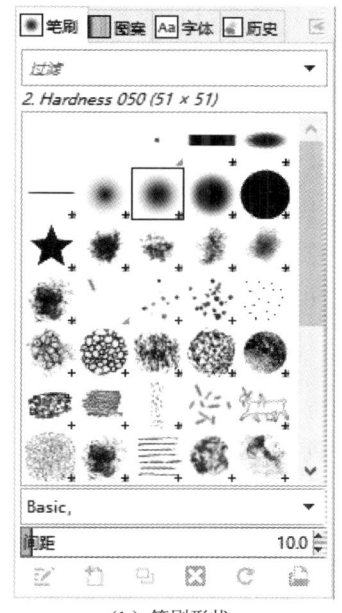
（b）笔刷形状

图 9-10　绘画笔刷

可以选择渐变类型，包括从前景到背景、从黑到白、从前景到透明、色谱彩虹、红绿、蓝红黄等，还可以设置不透明度。

渐变形状选项包括线性、对称线性、径向、正方形，以及锥形、尖角、螺旋等。

线性：以直线方式从起点渐变到终点，按住 Shift 键拖动可以将直线的角度设定为 45°度的倍数。

对称线性：在起点的两侧渐变，可用于为圆柱体着色。

径向：以球形从起点渐变到终点。

正方形：以菱形图案从起点向外渐变。

2. 描边

选区描边：建立选区后，用"选择"→"边界"命令，设置加边半径和加边样式为"平滑"、"硬边"或"羽化"，勾选"选中区域超出图像"。用"编辑"→"以前景色填充"命令，可沿选区进行描边。

文字描边：对已用文字工具形成的文字对象，用"选择"→"按颜色"命令选中文字选区，然后用"选择"→"边界"命令，与上述选区描边相同，设置加边半径和加边样式，并勾选"选中区域超出图像"，用"编辑"→"以前景色填充"命令，可对文字进行描边。

3. 变换

变换即对整个图层、图层的选中部分、蒙版、路径、形状、选区边框和通道等对象进行缩放、旋转、切变、扭曲、透视等操作。

可以从工具箱中选择变换工具，也可用"工具"→"变换工具"中的相应命令执行变换操作。完成变换操作后，回车确认或按 Esc 键取消。

缩放：指针将变为双箭头形状，拖动对象上的边控点或角控点可以相对于参考点扩大或缩小对象的形状。拖动角控点时，同时按下 Ctrl 键可按比例缩放。

旋转：围绕参考点转动对象。将指针移到对象的控点之外转动。

切变：拖动边控点可垂直或水平倾斜对象。

扭曲：设定移动像素后，拖动图像局部向某方向伸展。

透视：拖动角控点的手柄将对象的形状以三维立体透视效果呈现。

4. 文字

在文字编辑器中除了可以设置文字的字体、大小等，还可设置横排或竖排文字，以及文字的左、右排列方式。

5. 滤镜

滤镜通过一定的算法在数字图像中制作出各种特殊效果。滤镜分为内置和外置两类。外置滤镜需要导入专门文件后才能使用。内置滤镜通常包括模糊、增强、扭曲、光照和阴影、噪点、艺术、装饰、边缘检测、合成、映射、渲染、动画等多种。

与 Photoshop 不同，GIMP 没有图层样式设定，其浮雕、光照和阴影等功能由滤镜实现。

9.5.4 图层

图层可以看作一张张叠起来的透明薄膜，从最上层透过各个图层上的透明区域及上层的不透明图像对象对下层的遮挡，一直看到最下面的图层。通过更改图层的顺序和属性，可以编辑和组合图像。

右击图层，选择"编辑图层属性"，可对该图层的名称、标签颜色、模式及不透明度进行设定。

图层的不透明度表明该图层与下层叠加时遮挡或显示下层的程度，取值范围为 0%～100%。不透明度为 100% 的图层完全不透明，而不透明度为 0% 的图层完全透明。

1. 图层模式

正常：默认模式。

滤色：用黑色过滤则颜色保持不变，用白色过滤则为白色。此效果类似于用多个光源分别照射图层中的图像在同一屏幕上形成叠加投影。

叠加（正片叠底）：任何颜色与黑色叠加都会产生黑色，任何颜色与白色叠加都会保持不变。此效果相当于将该图层图像制作成幻灯片，与其他图层叠放在一起并朝向亮处时看到的效果。

柔光：使颜色变暗或变亮，具体取决于混合色。此效果与发散的聚光灯照在图像上的效果相似。如果混合色（光源）比 50% 灰色亮，则图像变亮，就像被减淡了一样；如果混合色（光源）比 50%灰色暗，则图像变暗，就像被加深了一样。使用纯黑色或纯白色上色，可以产生明显变暗或变亮的区域，但不能生成纯黑色或纯白色。

2．蒙版

蒙版可控制图层或图层组中特定区域的隐藏和显示。更改蒙版可以对图层应用一些特殊效果而不会实际影响该图层上的像素。其后，可以应用蒙版让这些更改永久保存，也可删除蒙版不做更改。

（1）图层蒙版

可以用图层蒙版遮挡整个图层或图层组，或者只遮挡其中的特定区域。可以编辑图层蒙版，向蒙版区域中添加内容或从中减去内容。图层蒙版是灰度图像，因此越接近黑色的暗色对底层的透明度越高，会更多地显示下层的图像；白色或明亮的颜色在蒙版区域对下层的透明度低，这部分区域主要显示的是本图层的图像。

在图层面板中，右键单击要添加图层蒙版的图层，然后选择"添加图层蒙版"，或选中要添加蒙版的图层，单击添加蒙版图标，在图 9-11 所示的对话框中选择"白色（全不透明）"，单击"添加"按钮，将会在图层面板中添加图层蒙版。单击图层蒙版缩略图，用画笔工具在图层蒙版上进行绘制，黑色将显现下面的图层，白色则隐藏下面的图层。颜色越深，对下面图层的透明度越高。

（2）蒙版抠图

在原图层上右击，选择"复制图层"。在副本图层上，用"颜色"→"分量"→"单色混合器"命令调整红、绿、蓝三色的值，尽量使要抠出的对象与背景的反差变大。用"颜色"→"反相"命令，将图层反相显示。用画笔工具进行绘制，将要抠出的对象填充

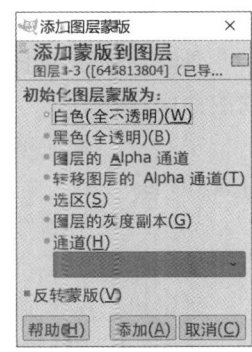

图 9-11　添加图层蒙版

为白色，可用"颜色"→"亮度-对比度"命令进一步提高要抠出的对象与背景的反差。用 Ctrl+C 组合键复制白色对象的轮廓，在原图层上右击，添加图层蒙版。单击图层蒙版缩略图，用 Ctrl+V 组合键粘贴白色对象的轮廓，选择"固定图层"。关闭副本图层的显示，即可得到抠出的对象。

9.6　动画

动画的基本原理与电影、电视一样，都是利用了视觉暂留效应。动画的英文 Animation 一词源自拉丁文字根 anima，动词 animate 是"赋予生命"的意思，引申为使某物活起来。所以动画可以定义为使用绘画的手法创造生命运动的艺术。

动画技术是采用逐帧"拍摄"对象，并连续播放而形成运动的影像技术。一般二维动画，以 24 帧/秒为标准，以保证画面播放流畅。

9.6.1　Blender

Blender 是一款在 GNU 通用公共许可证（GPL）下免费开源三维图形图像软件，提供

建模、动画、材质、渲染，以及音频处理、视频剪辑等一系列动画短片制作解决方案。具体功能包括建模（Modeling）、UV 映射（UV-Mapping）、贴图（Texturing）、绑定（Rigging）、蒙皮（Skinning）、动画（Animation）、粒子（Particle）等，以及物理学模拟（Physics）、脚本控制（Scripting）、渲染（Rendering）、运动跟踪（Motion Tracking）、合成（Compositing）、后期处理（Post-production）等。支持 Windows、Linux 等操作系统，可以执行 Python 控制脚本。

Blender 建模涉及的基本概念说明如下。

网格：由面、边、顶点组成的对象，能够编辑、修改的物体。

曲线：曲线是矢量软件中常见的钢笔曲线等用数学方式定义的对象，能够使用权重来控制手柄或控制锚点操纵。

融球：支持添加默认物体，由定义物体三维空间存在的对象组成的，如果有 2 个或 2 个以上的融球可以创建带有液体材质的 Blobby 形式。

文本对象：创建二维字符串，用来生成三维字体。

骨骼：骨骼用于绑定三维模型中的顶点，可以摆出 Pose（姿势）、做出动作，制作出柔软的曲面过渡。

空对象：是简单的视觉标记，带有变换属性但不可被渲染，常被用来控制其他物体的位置和约束。

晶格：使用额外的栅格包围选定的对象，通过调整栅格的控制点，让被包围的网格顶点产生柔和的变形。

摄影机：用来确定渲染区域的对象。

灯光：作为场景的光源，包括点光源、阳光（平行光）、聚光灯、半球光、面光源等类型。

力场：用来进行物理模拟，可用于施加外力影响，影响刚体、柔体，以及粒子等，使其产生运动效果。

9.6.2 逐帧动画

逐帧动画在每帧中都会更改舞台内容，是最传统的动画技术，适合创作类似于手绘动画片的复杂动画作品。图像在每一帧中变化很大，无法分解成舞台对象的简单移动。

图 9-12 静态图像序列

若欲将已准备好的图像素材（见图 9-12）制作成逐帧动画，可打开 Blender，单击右上角的"+"按钮，选择"视频编辑"选项进入视频编辑界面，如图 9-13 所示。

在视频编辑界面中，单击"添加"按钮，选择"图像/序列"，然后从图像素材所在的文件夹中选择所有图像，单击"添加图像片段"按钮，导入所有图像。然后在"输出属性"界面中更改渲染时的分辨率、帧率等属性，并设置输出文件夹，输出格式选择"FFmpeg 视频"，容器为 MPEG-4，视频编码为 H.264，选择合适的输出质量。用"渲染"→"渲染动画"命令，在指定的输出文件夹中可得到渲染合成动画。

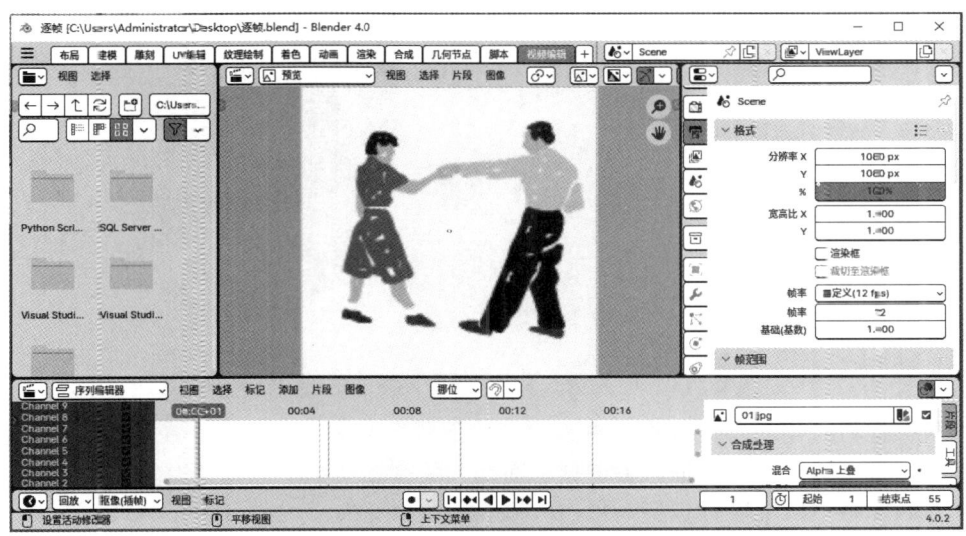

图 9-13　Blender 视频编辑界面

9.6.3　关键帧动画

关键帧是动画序列中具有代表性动画效果属性的帧。在动画设计中，只需要在时间轴上对关键帧的属性进行设置，计算机就可以通过关键帧的属性（动画中用于表现对象的位置、缩放、旋转等变化的属性）将两个关键帧之间的过渡帧动画效果用特定的插值方法计算得到，从而生成流畅的动画效果。

例如，要生成图 9-14 所示的动画场景，需要预先准备好太空与地球的背景图像，以及卫星和文字图像。

在 Blender 中新建二维动画，用"编辑"→"偏好设置-插件"命令，搜索"image"，勾选"导入-导出：导入图像为平面"插件，需联网安装，如图 9-15 所示。

图 9-14　动画场景

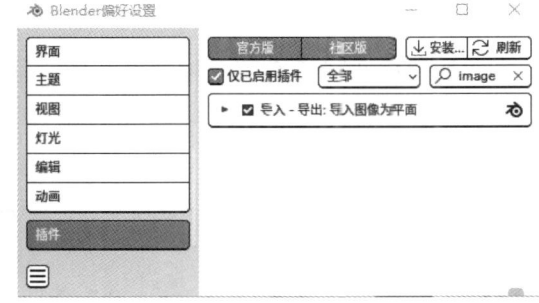

图 9-15　安装插件

在物体模式下，用"文件"→"导入"→"图像作为平面"命令，依次导入图像素材，并在 3D 视图下移动并调整平面物体的位置关系，如图 9-16 所示。

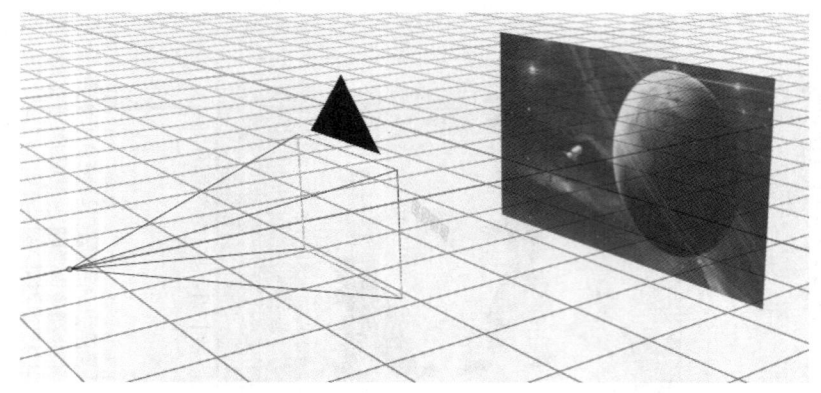

图 9-16　平面物体的位置关系

回到摄像机视角的 2D 视图，分别设置"卫星"及文字对象的位置、旋转、缩放至合适的起始位置。按快捷键 I 插入关键帧，在插入关键帧菜单中选择适当的选项，如图 9-17 所示。在时间轴上，关键帧标记为"◇"，如图 9-18 所示。

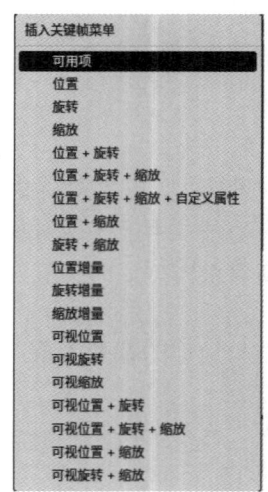

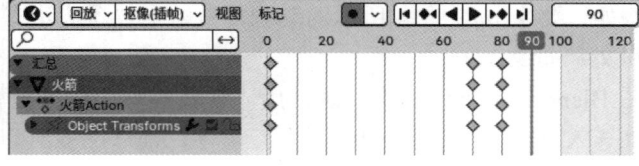

图 9-17　插入关键帧菜单　　　　　　　　图 9-18　关键帧的标记

用快捷键 I 插入若干关键帧，分别设置"卫星"及文字对象的下一位置、旋转，并使之缩放至合适的大小，直至完成动作。其渲染方式与逐帧动画相同。

巩固练习

一、单项选择

1. 模拟电视信号转换为数字电视信号的过程称为_____转换。

[A] A/D　　　　　　[B] D/A　　　　　　[C] M/S　　　　　　[D] S/M

2．一段 3min 的音乐，单声道，采样频率为 11.025kHz，量化位数为 16bit，在不压缩时，所需存储量可按_____公式计算。

[A] 1×11.025×1000×16×3×60/8（B） [B] 2×11.025×1000×16×3×60/8（B）
[C] 2×11.025×1000×16×2×60/8（B） [D] 1×11.025×16×3×60/8（B）

3．在进行声音的采样时，要得到一个能有效还原波形的采样，其采样频率应至少为整个信号波形最高频率的_____。

[A] 2 倍 [B] 1 倍 [C] 4 倍 [D] 8 倍

4．采样得到的音频数据需要经过_____后才能进行编码。

[A] 量化 [B] 压缩 [C] 采样 [D] 传输

5．MP3 文件格式_____。

[A] 是一种音频文件的压缩格式 [B] 采用的是无损压缩技术
[C] 是一种视频文件的压缩格式 [D] 是一种图形文件的压缩标准

6．虚拟变声除了可以创建多种语音角色，还可以对一些参数进行调节，添加背景音来烘托气氛和营造环境，但不能更改_____。

[A] 音调 [B] 音色 [C] 均衡 [D] 合成音效

7．除了_____，其他都是影响数字音频质量的主要因素。

[A] 振幅 [B] 声道数 [C] 采样频率 [D] 量化精度

8．在信息技术领域，图形也被称为_____，是指由计算机绘制的直线、曲线、圆、矩形和图表等。

[A] 矢量图 [B] 位图 [C] 二值图 [D] 灰阶图

9．在计算机中，24 位真彩色能表示多达_____种颜色。

[A] 2 的 24 次方 [B] 2400 [C] 24 [D] 10 的 24 次方

10．我们常说这台显示器分辨率为 1024×768 或 1920×1080 像素，这是指_____。

[A] 屏幕分辨率 [B] 图像分辨率
[C] 像素分辨率 [D] 扫描分辨率

11．位图是由被称为_____的单个点组成。

[A] 像素 [B] 位 [C] 字节 [D] 信号

12．一幅分辨率为 1024×768 像素、颜色深度为 24 位的真彩色图像在未经压缩时的数据量为_____KB。

[A] 1024×768×24/8/1024 [B] 1024×768×24/1024
[C] 1024×768/1024 [D] 1024×768×24/8

13．_____是主要用于印刷和打印的色彩空间模型。

[A] CMYK 模型 [B] RGB 模型 [C] Lab 模型 [D] HSB 模型

14．在 RGB 模型的图像中，黑色所对应的红、绿、蓝颜色分量值分别为_____。

[A] 0,0,0 [B] 255,255,0 [C] 255,0,0 [D] 255,255,255

15．动画产生的原理主要是利用人眼的_____。

[A] 视觉暂留特征 [B] 视觉透视特征
[C] 视觉漂移特征 [D] 视觉后置现象

16．2K 数字电影格式的分辨率为_____像素。
[A] 2048×1365　　　　[B] 1024×768　　[C] 640×480　　[D] 4096×2730
17．4K 数字电影格式的分辨率为_____像素。
[A] 4096×2730　　　　[B] 1024×768　　[C] 2048×1365　[D] 640×480
18．在视频编辑软件中，编辑的最小单位通常是_____。
[A] 帧　　　　　　　　[B] 秒　　　　　　[C] 毫秒　　　　[D] 分钟
19．图像和视频之所以能进行压缩，在于图像和视频中存在大量的_____。
[A] 冗余　　　　　　　[B] 相似性　　　　[C] 平滑区　　　[D] 边缘区
20．图像序列中的两幅相邻图像，后一幅图像与前一幅图像之间有较大的相关，这是_____。
[A] 时间冗余　　　　　[B] 空间冗余　　　[C] 信息熵冗余　[D] 视觉冗余
21．人类对图像的分辨能力约为 26 个灰度等级，而图像量化一般采用 28 个灰度等级，超出人类对图像的分辨能力，这种冗余属于_____。
[A] 视觉冗余　　　　　[B] 结构冗余　　　[C] 时间冗余　　[D] 空间冗余
22．_____标准是用于视频影像和高保真声音的数据压缩标准。
[A] MPEG　　　　　　[B] PEG　　　　　[C] JPEG　　　　[D] JPG
23．_____编码不是视频编码标准。
[A] MPEG-3　　　　　[B] MPEG-2　　　[C] MPEG-1　　　[D] MPEG-4
24．数据压缩技术和_____是流媒体技术发展的基础。
[A] 缓存技术　　　　　[B] 编辑技术　　　[C] 播放技术　　[D] 展示技术
25．采用流媒体技术的主要目的是_____。
[A] 让用户边下载边播放多媒体内容
[B] 减少用户下载整个多媒体文件时所需的时间
[C] 让用户选择只下载声音或只下载视频，以此减少下载数据量
[D] 提高多媒体内容的分辨率

二、操作实践

以下实践所需配套资源见前言二维码。

1．如图 9-19 所示，利用苹果、香蕉、橙子和碗的图像素材合成如图 9-20 所示的图像，并添加彩虹渐变填充的描边文字。（提示：香蕉抠图后需水平翻转，柠檬使用橙子复制图层后替换颜色。）

图 9-19　图像素材

图 9-20　图像合成

2．利用蒙版技术调整素材（见图 9-21），使目标图像既能看得清洞口外部的景色，又能看清窑洞内部的景乡。

图 9-21　素材

第 10 章 数字化文档

本章教学目标：
- 熟练掌握文字处理的方法。
- 熟练掌握演示文稿设计与编辑的方法。
- 初步掌握利用 Python 自动处理文档的方法。

10.1 文字处理

文字处理工具通常用来将文字、图形、图像、表格等对象进行排版编辑，最终目的是打印输出。

10.1.1 文档管理

1. 模板和主题

模板是集成了目标文档的样式和页面布局等元素并包含结构和工具的文档编辑引导文件。不同的文字处理工具定义了个性化的模板文件，也能相互兼容。WPS 文字的默认模板扩展名是.wpt，Word 97-2003 默认模板的扩展名是.dot，Word 现行版本默认模板的扩展名是.dotx，带宏的模板扩展名是.dotm。

借助模板创建新的文档，可设计样式和布局，获得专业级的文档，例如，业务计划、简历、名片、论文等。如果本机系统提供的模板不能满足要求，还可以通过联机方式查找模板。

模板主要起编辑引导的作用，并不是强制使用。通常，新建一个空白文档使用的是系统默认的模板 Normal.dotm。经常使用的应用文可保存为个性化模板，以便重复使用。

主题是整个文档的总体设计，包括颜色、字体和效果。通过应用文档主题，可以快速轻松地使文档具有风格统一、外观专业的格式并适应文档内容所要表达的色彩意境。

2. 管理文档

WPS 文字默认的文档扩展名是.wps，但习惯上可保存为 Word 文档的.docx，以及 Word 97-2003 文档的.doc 等其他兼容格式，还可保存为 PDF 格式、网页文件格式、RTF 格式，乃至纯文本文件等，用来与其他应用程序进行内容交互，但文档中的格式设置和媒体对象等无法完整保留。

如果用户在没有保存的情况下关闭了文档，或者需要查看或返回正在处理的文档的早期版本，可以容易地恢复文档。系统按默认或设定的时间间隔自动保存并保留历史版本以供恢复，如图 10-1 所示。

第 10 章 数字化文档

图 10-1 备份设置

在与其他人共享文档之前，可以单击"文件"→"文档加密"→"属性"，打开属性对话框，在"摘要"选项卡中检查文档中是否包含不希望公开的隐私或保密内容，如机构的名称、个人的通信方式等。

在文档编辑中，常常要关心文档的字数等信息，在状态栏左侧、文件属性等多处提供了相关信息的获取方式。

10.1.2 编辑操作

1. 基本编辑操作

文本的基本编辑操作与任何可视化应用的操作原则一致，即"先选中，后操作"。例如，要对某些文字设置格式，需先将其选为反白状态；如需对整个段落设定格式，只要将光标放在这个段落中的任意处，该段落都是选中状态。常用的选择快捷键或操作如下。

- Ctrl+A：选中文档内的全部内容，包括文字、表格、图形、图像等可见的和不可见的标记。
- Ctrl+单击：选中一个段落。
- 双击文本：选中一个词。
- 三击文本区域：选中一个段落。
- Shift+Home：选中自本行开始至光标处的文本。
- Shift+End：选中自光标开始至本行末尾处的文本。
- Ctrl+Shift+Home：选中自光标之前至文档开始的所有内容。
- Ctrl+Shift+End：选中自光标之后至文档末尾的所有内容。
- 单击页面左侧（反向光标）：选中一行。上下拖动鼠标可选中若干行。
- Alt+鼠标拖动：选中矩形区域（无关语意或格式的垂直文本区块）。
- 单击表格左上角的 ✥：选中整个表格。
- 在图文框或文本框对象的边框上单击：选中图文对象。

选中对象后，借助剪贴板或直接用鼠标操作可实现对象的复制与移动。直接拖动为移动，按 Ctrl 键拖动为复制。

2. 文档导航

导航窗格提供类似内容大纲的方式，可以清晰地查看文档各级标题和页面，可以方便地控制文档结构，查找和重新组织内容块。

导航窗格中的各选项卡说明如下。

- "目录"选项卡：显示文档中的各级标题。可以折叠或展开标题；上下拖动标题，将会同时移动标题及其内容，实现文档结构重组；在这里进行删除、剪切或复制操作针对的是标题及其内容。
- "查找和替换"选项卡：在文本框中输入文本，可立即定位文本的位置。
- "章节"选项卡：可以浏览文档中所有页面的缩略图。

3. 查找和替换

查找和替换是体现计算机自动化编辑的一个重要特色。利用"查找和替换"对话框，可以在一篇较长的文档中快速找到并替换目标文本，这是手工编辑无法替代的。

除了支持对一般文本的查找和替换，WPS 文字还支持对特殊字符及特殊格式的查找和替换。例如，要突出显示查找内容，可以在"查找内容"框中输入目标文本，在"替换为"文本框中输入"^&"（或单击"特殊格式"→"查找内容"），可以把目标文本替换为类似用荧光笔涂过的突出显示效果。又如，从网页上复制的文本信息中通常包含手动换行符，利用"特殊格式"下拉列表中的相应选项，可将手动换行符（^l）替换为段落标记（^p）。

勾选"全字匹配"复选框，可以查找完整匹配的单词，例如，在"查找内容"文本框中输入"the"，如果没有勾选"全字匹配"复选框，则查找结果中可能包含 them、they 等单词。

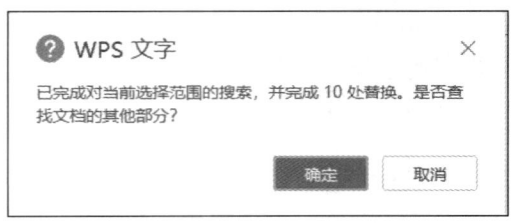

图 10-2　替换完成提示框

可以把替换操作的范围限制在选定的部分文本内容，单击"全部替换"按钮，则仅在选定区域替换所有指定的查找内容，而不是针对整个文档，替换完成后会出现提示框，询问是否扩展查找范围，如图 10-2 所示。

4. 审阅

审阅是提供给用户对某个文档进行浏览、批改的模式，可以跟踪多个审阅者的每次插入、删除、移动、格式更改或批注操作，并在以后审阅中可以选择性接受修订。

审阅模式提供"是/否显示标记的最终状态"和"是/否显示标记的原始状态"4 种显示方式，默认为"显示标记的最终状态"，显示修订和批注。

在审阅窗格中可显示文档迄今所有的修订、修订的总数以及每类修订的数目。

审阅时可以按顺序查看每项修订和批注，也可以一次性同时接受或同时拒绝所有修订，还可以按编辑类型或特定审阅者查看修订内容。

5. 引用

（1）创建目录

单击"引用"→"目录",选择一种目录样式,将会自动搜索文档中应用了标题样式的内容（如标题 1、标题 2 和标题 3 等）来创建目录。可以使月"目录"对话框选择要显示的标题级别以及虚线和对齐方式来创建自定义目录,如图 10-3 所示。

如果创建目录后又对文档进行了更改,可单击"更新目录"按钮更新目录。

（2）创建索引

索引通常用于在文档最后列出文档中讨论的关键词及其出现的页码。通过创建索引,在文档中标出主索引项的名称及交叉引用标记索引项,就可以自动生成按字母或笔画顺序排序的索引。

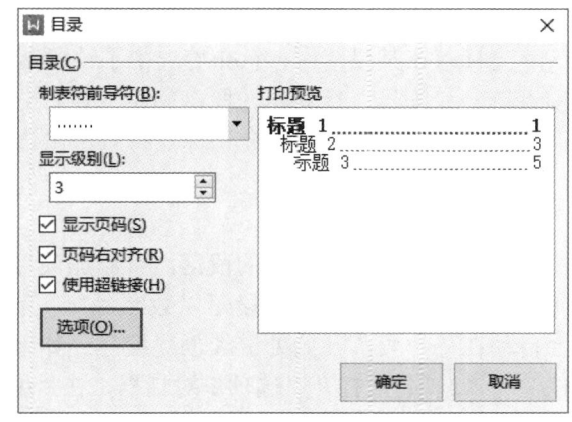

图 10-3 "目录"对话框

选中关键词文本,单击"引用"→"标记索引项",在对话框中输入索引项文本,单击"标记"按钮,在所需索引的关键词后面将会出现以花括号标记的索引项域,该索引项域仅作为产生自动索引的标记,在打印或生成 PDF 文档时不会出现。

在为文档中需索引的所有关键词做上索引项标记之后,将光标放在要生成索引的位置,用单击"引用"→"插入索引",可自动收集索引项与其引用的页码一并生成索引。

（3）脚注、尾注、题注和引文

可以在文档特定位置插入脚注或尾注标记,最终在本页下方汇总成脚注或在文档最后汇总成尾注。科技论文或综述可以用尾注的方式列出所引用的参考文献,避免大量的手工标引。利用"插入尾注"也可快速生成参考文献引文目录。

利用"题注"可自动标引图表、公式、表格对象的编号,自动形成"表 X-X"的题注标签。

10.1.3 文档格式化

1. 文本格式

对选中的文本可设置其外观属性,包括字体、字号、颜色、下画线、斜体、加粗、上下标、删除线、着重号、边框、底纹、发光、反射、空心、阴影、阴阳文字、注拼音和带圈文字等基本格式。还可设置字符间距、字符缩放、字符位置提升与降低等格式。

文档编辑中,常用快捷键来设置文本格式。

- Ctrl+B：加粗；
- Ctrl+I：斜体；
- Ctrl+U：下画线；

- Ctrl+=：下标；
- Ctrl+Shift+=：上标。

2. 段落格式

光标落在某段落中，意味着选中了该段落，可直接设置其段落格式，包括缩进、对齐、项目符号和编号、行间距、段落间距、换行分页及中西文版式的习惯设置（包括是否自动调整西文字符间距、是否允许标点符号溢出边界等）。

3. 项目符号和编号

对于属于并列项内容的段落，可添加项目符号，而对于有先后顺序的段落，可添加编号。在默认情况下，如果段落以数字"1."开头，系统认为用户在尝试开始编号，回车后会自动在下一段落开始处继续创建编号。如果欲停止文本自动转换为编号，可以单击"文件"→"选项"，打开"选项"对话框，在"编辑"页面中取消勾选"键入时自动应用自动编号列表"复选框。

可以单击"项目符号"或"编号"下拉按钮，选择个性化项目符号或编号格式及自定义列表，设置个性化格式。还可以设定编号级别、样式及起始编号。取消按钮的按下状态，可停止自动添加项目符号或编号。

多级编号是指文档中以多级编号或项目符号列表实现层次效果，体现多层次的文本结构。单击"开始"→"编号"下拉按钮→"自定义编号"，单击"多级编号"选项卡中的"自定义"按钮，在弹出的对话框中设置每一级别编号的具体样式，在右栏中可见预览效果，如图 10-4 所示。使用多级编号可设置特定文档要求的编号样式，例如，中文常用的"一、（一）1.（1）"编号样式。

在同一级别创建下一个标题，直接在输入文本结束后回车即可，要输入下一级别的标题，需在回车后按 Tab 键，每按一次可下降一个级别；若要输入上一级别的标题，回车后按 Shift+Tab 组合键，每按一次可上升一个级别。

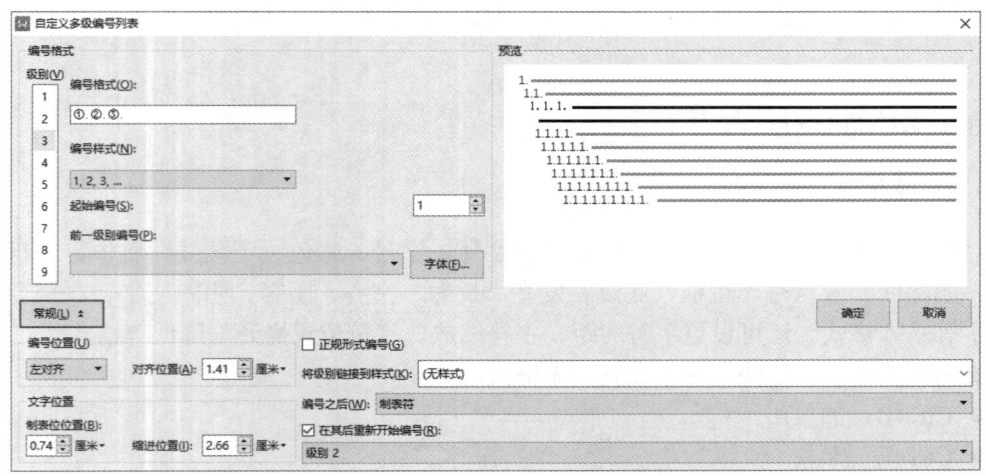

图 10-4 "自定义多级编号列表"对话框

4. 样式和主题

样式是格式的集合，是一组格式的特征，如字体、字号、颜色、段落对齐方式、间距以及边框和底纹等。使用样式来设置文档的格式，而不是在文档中各部分直接使用格式设定，可以高效、快速、统一地在整个文档中应用格式。使用样式来设置文档格式时，样式定义与快速样式集和主题设置的协同作用，可提供许多统一的、具有专业外观设计的组合。

例如，要让二级标题在整个文档中都统一为内置"标题 2"样式，不需要逐一选中每处二级标题文本，再手动设置为三号、加粗、宋体，只需将光标放在该文本处，单击样式库中的"标题 2"即可。

如果所需样式与内置样式类似，则创建自定义样式的最简单方法是修改内置样式，然后将其保存为新样式。

主题包括字体、颜色和效果。主题的字体和颜色将继承到样式集中。单击"页面"→"主题"→"主题"，可以选择模板所集成的主题，并基于该主题更改或定义新的字体、颜色和效果。

5. 复制格式与清除格式

利用 Ctrl+Shift+C 组合键或格式刷可复制格式，用 Ctrl+Shift+V 组合键或用格式刷刷过目标可粘贴格式。单击格式刷可一次使用，双击格式刷（使之呈按下状态）则可多处应用。

选中带格式的文本，单击"消除格式"按钮 可清除格式。选中所有格式相似的文本，并使用 清除格式(C) 命令，可对所有格式或样式予以清除。

10.1.4 邮件合并

邮件合并可理解为利用数据源中的邮件通讯录表格数据与固定的信函模板内容合并在一起的批量文档，如成绩单、工资单、信函等。

利用数据库、电子表格甚至文本文档中的数据表格作为数据源，建立既能够高效快速地处理已有的、固定不变的内容，又需要从数据源中提取添加变化内容的文档，可使用邮件合并功能。

单击"引用"→"邮件"，可打开邮件合并功能，步骤如下。
- 主文档建立：输入固定文本，设置格式。
- 数据源连接：利用引擎连接数据源，选择表格数据，插入合并域。
- 将数据合并至主文档：完成合并，每条记录占一页，如果不需要每条记录自动换页，可查找自动分节符将其替换为段落标记。

10.1.5 对象

1. 表格

在文档中插入表格的方法如下。

- 插入表格：单击"插入"→"表格"，可以直接在网格上选择所需的行、列数，快速插入一个基本表格，也可以选择"插入表格"，在对话框中设置所需的行、列数。右击表格，使用"自动调整"中的命令可以调整表格的大小。
- 文本转换成表格：在要转换的文本每个要开始新列的位置插入制表符或逗号，在每个要开始新行的位置插入段落标记，选中全部要转换的文本，单击"插入"→"表格"→"文本转换成表格"，在对话框中选择对应的分隔符号作为文字分隔位置，即可完成转换。
- 粘贴表格：复制其他程序中的二维电子表格通过剪贴板粘贴到文档中。
- 绘制表格：用"表格工具"→"绘制表格"中的不同命令，鼠标指针将相应地变为铅笔、矩形或橡皮擦形状，可以绘制或擦除用于分隔列和行的线条、边框，以实现有个性化需求的表格。

表格编辑时，选择特定的行或列，可相对于该行或列进行整行或整列的插入、删除，选择特定的多个单元格可进行个性化合并或拆分。

对选中的表格，单击"转为文本"，在对话框中选择对应的分隔符号将表格转换回文本。从网页上复制的对象会将表格一起复制下来，可利用此方法将其转为文本。有时需将嵌套的表格一并转换。

2. 图片

插入图片就是将图片文件作为对象插入文档中形成图文混排。与其他插入对象类似，图片对象与文本存在叠放层和布局的关系。

- 嵌入型：图片对象嵌入文本行中，跟随字符定位。
- 四周型环绕：文字沿着图片边框环绕。
- 紧密型环绕：文字紧密环绕在剪贴画或形状不规则的图片边缘。
- 衬于文字下方：在图片上显示文字。
- 浮于文字上方：在文字上显示图片（只有在图片透明部分才能看到文字）。
- 穿越型环绕：根据所编辑的环绕点使文字填充图片周围的空白部分。
- 上下型环绕：图片单独位于一行。

选中图片，将会显示"图片工具"选项卡，可以对图片应用灰度、黑白、冲蚀等"色彩"设置。单击"设置透明色"可去除图片中较为单一的不需要的颜色。用"图片工具"选项卡中提供的其他工具，可为图片添加填充、阴影、轮廓等效果。

随着数码设备清晰度的不断提高，用户插入图片的数据量不断增大，但文档最终需要以适用的介质（打印、屏幕或电子邮件）为呈现目标，因此超过介质表现力的图片质量并没有什么实际意义。用"裁剪"工具可去掉图片多余部分，获得所需的图片形状，用"压缩图片"工具可控制图像质量和压缩之间的取舍平衡。

利用"插入"→"截屏"，可快速捕获屏幕截图，并将其嵌入文档中，适用于编写需要插入局部截取屏幕图像的文档。

3. 智能图形

智能图形是简单易用的图形结构布局设计工具（Word 中称之为 SmartArt），用户可以用简单的方法设计出结构明晰、构图美观、专业水平的图形布局。

通常分为以下三个步骤。
- 选择并插入智能图形布局；
- 添加图片；
- 添加文本。

系统提供了列表、流程、层次结构、循环、关系、矩阵、棱锥图、图片等类型的智能图形布局，如图 10-5 所示，用户可以根据文档需表达的内容加以选择，还可以联机获取新的类型。可以尝试切换不同类型的智能图形布局，以创建清楚和易于理解的文档信息图解。常用的智能图形布局说明如下。

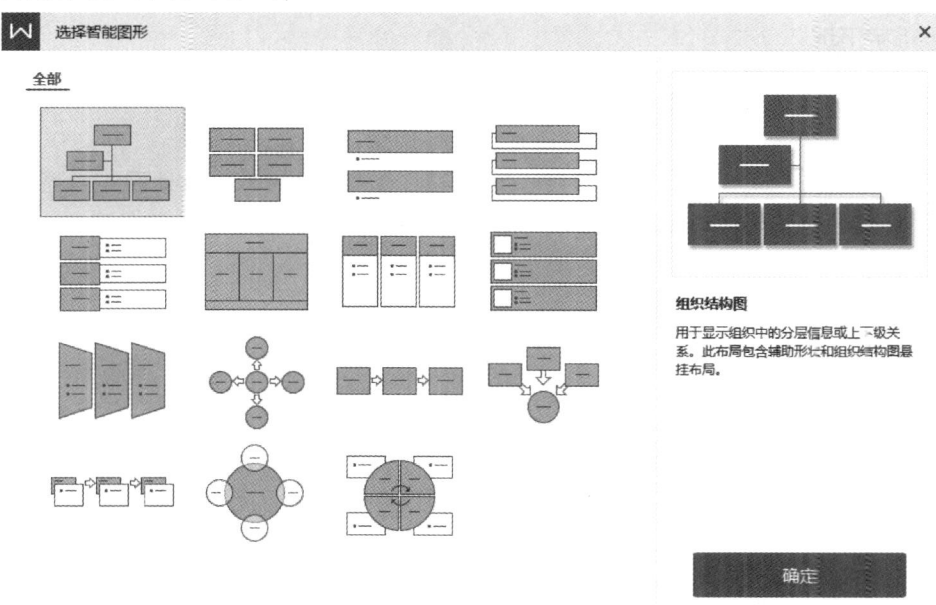

图 10-5　选择智能图形布局

- 列表：显示并列的、无先后顺序的信息，包括基本列表、垂直项目符号列表、垂直框列表、垂直块列表、表格列表、水平项目符号列表、垂直图片列表、梯形列表等。
- 流程：时间表或过程步骤，包括基本流程、重点流程。
- 循环：显示连续的流程，如循环矩阵。
- 层次结构：显示组织结构图等。
- 矩阵：显示各部分如何与整体关联，如分离射线、射线维恩图、聚合射线等。

可根据需要添加或删除形状来调整布局结构、改变色块颜色和边框设计。在智能图形布局所提供的占位符上可方便地添加文本（也可在文本窗格中添加和编辑）或图片，效果

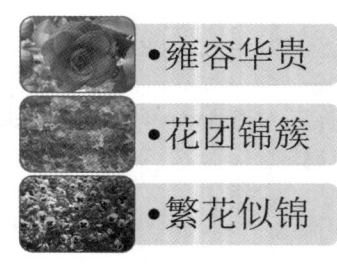

图 10-6 用智能图形布局的设计效果

如图 10-6 所示。

4. 文本框

插入文本框的方法如下。

- 单击"插入"→"插入文本框",选择插入横向、竖排文本框和多行文字;
- 单击"插入"→"形状",插入一个封闭形状,并在其中添加文字。

文本框对象内部还可以进一步嵌入图片等对象成为图文框。

通常,可以根据文档格式需求调整文字放置在形状或文本框中的位置、文字的换行方式、文字与形状或文本框边缘的边距关系和文字在形状或文本框中的方向等,以及根据文字调整形状大小。

5. 首字下沉

将段落中的第一个汉字或第一个字母放大,以悬挂或下沉的方式突出该段落的开始位置。单击"插入"→"首字下沉",可设置其具体选项。

首字下沉实质上是将该段落中的首字提取为一个文本框对象单独处理。当需要同时设置首字下沉与分栏效果时,建议先分栏,后首字下沉。

6. 公式

无论采用何种输入公式的方法,通常步骤都是预先选择数学公式的结构,再将符号填入占位符内。

对于简单的公式,可以选择模板直接插入后再稍加修改。单击"插入"→"公式",选择一个相近的公式结构或"插入新公式",显示"公式工具"选项卡,单击所需的结构类型(如分数或根式),在结构所包含的占位符内输入符号。对于较为复杂的公式,也可选择"公式编辑器"打开公式编辑器(见图 10-7)完成编辑后插入。

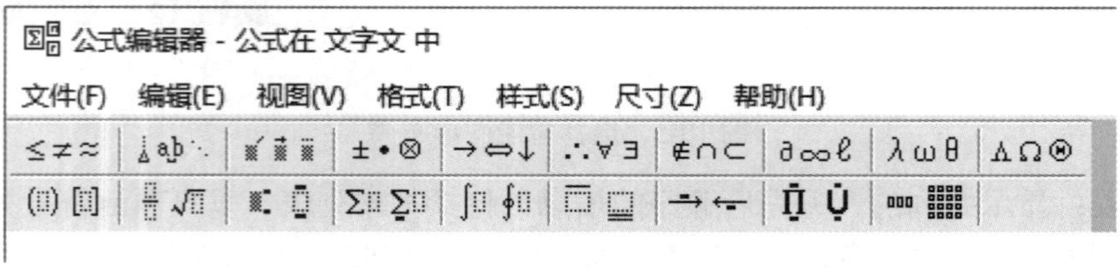

图 10-7 公式编辑器

7. 艺术字

艺术字是装饰性的文本对象。当在文档中插入或选择艺术字后,用"绘图工具"或"文本工具"选项卡提供的功能,可对艺术字的形状样式、艺术字样式,以及字体大小和文本颜色等属性进行更改。艺术字预设样式如图 10-8 所示。

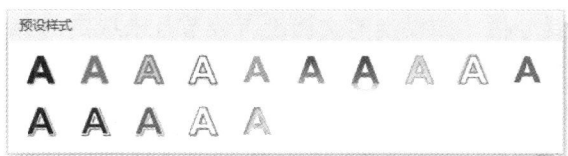

图 10-8　艺术字预设样式

8. 自动图文集

自动图文集是需要重复使用的文字或图形。

- 创建和保存自动图文集：选择所需的文字或图片，单击"插入"→"文档部件"→"自动图文集"→"将所选内容保存到自动图文集库"，在"新建构建基块"对话框中输入相应的名称即可。
- 使用自动图文集：当需要快速插入相应的图片内容时，选择构建基块的名称，即可快速插入。
- 删除自动图文集："插入"→"文档部件"→"自动图文集"，在目标自动图文集上右击，选择"删除"，可确认后删除该自动图文集。

自动图文集不仅可直接插入当前图标位置，还可插入页眉、页脚，以及文档或节的开头或末尾等位置。

10.1.6　页面

1. 分节和分页

分页是在前一页内容没有达到下缘就强制换页；分节则较为复杂，通常作为一个整体文档前、后两部分的隔离符，用于设置不同格式。如果删除了分节符，该分节符上方节的内容将成为该分节符下方节内容的一部分，并以下方节内容的格式作为最终格式。

单击"页面"→"分隔符"，选择要添加的分节符种类，可在光标处插入分节符。

- 下一页分节符：在下一页开始新节。
- 连续分节符：在同一页上开始新节。常用于在同一页上更改上、下两个节内容的格式设置，例如：同一页的上、下两个节采用不同的分栏数，中间可插入连续分节符。
- 偶数页分节符：在下一个偶数页开始新节。
- 奇数页分节符：在下一个奇数页开始新节。如果希望文档各章从奇数页（印刷成册时通常在右面）开始，可使用本选项。

通常，当需要前、后两页纸张大小或方向不同、页眉和页脚不同、页码编号不同、行号排列不同或脚注和尾注编号不同时，可以使用"下一页分节符"，在文档的不同页上进行格式更改。其中，若要设置前、后两页的页眉、页脚或页码编号不同，则需要取消页眉或页脚与其上一节的链接。

2. 分栏

将光标定位到要设置分栏的节，或者选定要设置分栏的特定内容，单击"页面"→"分栏"，可对选定内容设置分栏。如果当前文档没有分节且未选定内容，则默认为全文分栏。可以选择分一栏（不分栏）、两栏、三栏，也可选择"更多分栏"，打开"分栏"对话框进行自定义分栏设置，如图 10-9 所示。

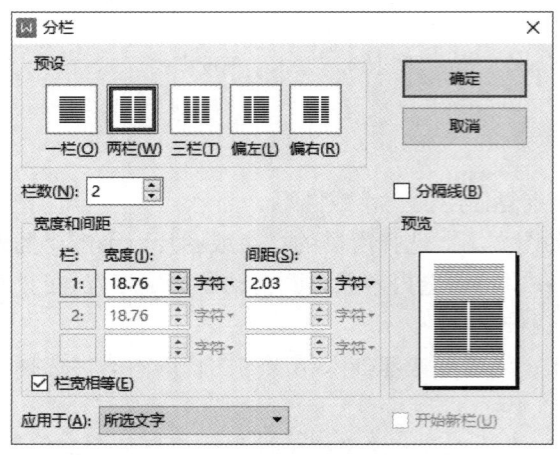

图 10-9 "分栏"对话框

可以设置是否栏宽相等、是否使用分隔线、当前分栏设置的应用范围（全部文档或当前节），以及各栏的栏宽等。

3. 页眉、页脚和域

页眉或页脚是在文档顶部或底部添加的图形或文本。通常可以单击"插入"→"页眉页脚"，进入"页眉页脚"视图，并显示"页眉页脚"选项卡，可以快速添加页眉或页脚，也可以自定义页眉或页脚。如果不需要图文信息，可仅插入页码。插入或更改页码、页眉或页脚后，应关闭"页眉页脚"视图。

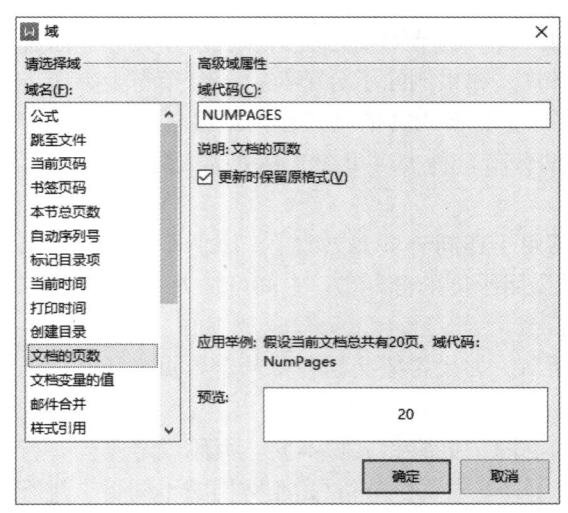

图 10-10 "域"对话框

可利用域变量在页眉或页脚中添加自定义的信息。若需创建"第 X 页，共 X 页"的页眉或页脚信息，可先将文字输入页眉或页脚，定位在"共"与"页"之间，单击"插入"→"文档部件"→"域"，在对话框中选择合适的域变量和显示格式确定即可，这里选择"文档的页数"，如图 10-10 所示。同样方法，定位在"第"与"页"之间，插入"当前页码"。

常用的域变量有 PAGE（当前页码）、NUMPAGES（文档的页数）和 FILENAME（文件名）、PRINTDATE（打印日期）、TIME（当前时间）等。每次文件打开时或选中域后按功能键 F9 可更新域。

在"页眉页脚工具"选项卡中可为首页、奇数页和偶数页的页眉或页脚进行不同的设置。

如果需要从其他页面而非文档首页开始编号，例如，正文第 1 页前面有前言、目录等不参加编号的页面，则需要在开始编号的页面之前添加分节符。

如果需要在文档的不同部分添加不同的页眉、页脚或页码，插入"下一页分节符"，并设定新节中的页眉、页脚或页码。

如果需要删除页码、页眉或页脚，可双击相应的区域，选择要删除的内容，按 Delete 键删除。对于具有不同页眉、页脚或页码的节，需要分别删除。

10.2 演示文稿

演示文稿是目前学术传播、教学、展示等数字多媒体传播需求中最为便捷的一种形式。其最终目标大多是以投影机投射到屏幕上来辅助演讲或展示，所以，也称为电子幻灯片。其本质在于可视化，就是要把原来看不见、摸不着、晦涩难懂的抽象文字转化为由图表、动画及声音等所构成的生动场景，以求通俗易懂、栩栩如生。

10.2.1 幻灯片的设计

1. 模板

模板是指幻灯片（或幻灯片组合）的图案或蓝图。模板可以包含版式（占位符）、主题（设计元素颜色、字体和渐变、三维、线条、填充、阴影等效果）和背景样式（图片、纹理、渐变或纯色填充和透明度等），还可以包含部分特定内容。模板可以重复使用以及与他人共享。

不同的演示文稿处理工具定义了个性化的模板文件，也能相互兼容。WPS 演示的默认模板扩展名是.dpt，Powerpoint 97-2003 默认模板的扩展名是.pot，Powerpoint 现行版本默认模板的扩展名是.potx。通常，模板的来源包括系统内置的模板、联机获取的模板、将已完成的幻灯片另存为模板、利用母版创建自定义模板。

2. 主题

主题是使演示文稿具有专业设计师水准的外观设计方案。应用主题可使演示文稿的风格统一，并与所表现的内容相和谐。

高效、专业的演示文稿设计通常不是在完成文字稿后为文字简单地添加颜色，而是在设计之初即定义了统一的主题颜色，让输入的文字自动具有预定的颜色设置。这样既达到了配色统一协调，又避免了大量的手工步骤。

选择并应用一个主题将会同步更改文档中对象的详细设置，包括标题艺术字的效果，以及表格、图表、智能图形、形状和其他对象都将更新以相互协调。变换不同的主题可使幻灯片的版式和背景发生显著变化。设计时，单击主题图标即可完成对演示文稿主题的重新设置。

可选择系统内置主题库中的预置主题，也可修改局部设置自定义主题以进一步满足设计的需求。主题颜色包括文字与背景颜色、强调文字颜色、超链接及已访问过超链接颜色等配色方案的设置。主题文字包括标题和正文默认的字体、字号等设置。

电子幻灯片非常注重追求视觉效果，色彩的正确运用非常重要。我们所看到的自然界中的色彩是光投射在物体上的反射。电子幻灯片在投射到屏幕上呈现时，前景色与背景色的对比是否鲜明是幻灯片设计效果的重要成分，表 10-1 中列出了背景色与前景色配合的对比度分值，越接近 50 分越鲜明。

表 10-1　背景色与前景色配合的对比度分值

	红	橙	黄	绿	青	紫	白	灰	黑
红	—	40	46	25	26	28	41	30	33
橙	39	—	38	34	41	39	36	37	42
黄	43	40	—	45	45	43	14	41	50
绿	28	35	42	—	34	32	46	29	37
青	33	43	43	35	—	29	47	29	32
紫	30	44	49	36	32	—	49	35	27
白	39	42	22	40	44	42	—	39	46
灰	30	40	44	27	30	33	44	—	37
黑	35	43	51	34	28	26	50	37	—

主题颜色中文字与背景颜色的配合正是在对比度与色调和谐上做出的权衡方案。某些在计算机显示器上看起来很鲜明的颜色，投射到屏幕上却表现暗淡。例如，红色在计算机显示器上非常鲜艳，常用来标志一些吸引眼球的信息，但红光是可见光中能量最低的光，投射到屏幕上往往达不到预期的效果。

3. 版式

版式是指幻灯片上显示对象的格式和位置设置，其中对象的位置以占位符表示，如图 10-11 所示。占位符是版式中的容器，可容纳文本（包括正文文本、项目符号列表和标题）、表格、图表、智能图形、影片、声音、图片等内容。版式也包含幻灯片的主题（颜色、字体、效果和背景）。

如果标准版式不能满足演示文稿的设计需要，也可以创建自定义版式，个性化地指定占位符的数目、大小和位置、背景内容、主题颜色、字体及效果等。自定义版式可在完成的幻灯片另存为模板时作为模板的组成部分进行分发以供重复使用。

4. 母版

幻灯片母版是幻灯片层次结构中的顶层幻灯片，用于存储主题和版式信息，包括背景、颜色、字体、效果、占位符大小和位置等。

幻灯片母版的创建和编辑实质上是在某个相同主题（配色方案、字体和效果等）下，对每个版式的编辑设置。首先，选择一个主题，使用符合主题的配色方案，运用个性化图片作为背景可创建个性化的主题。将每张幻灯片中都会显示的信息如单位 LOGO 等插入合适位置。然后，对每个版式排列方式进行设定，使每个版式在幻灯片的不同位置均提供文本框和页脚，并在不同文本框中使用不同的字号。

如果需要幻灯片中包含两种或两种以上不同的样式或主题（如背景、配色方案、字体和效果等），则需要为每种不同的主题插入一个幻灯片母版，并在应用了不同主题后分别编辑设计版式。

使用幻灯片母版的优点是可以对演示文稿中的每张幻灯片（包括以后新添加的幻灯片）进行统一的样式设置或更改。而每张幻灯片上相同的信息可使用幻灯片母版一次设定，节省编辑时间，提高编辑效率，如图 10-12 所示。

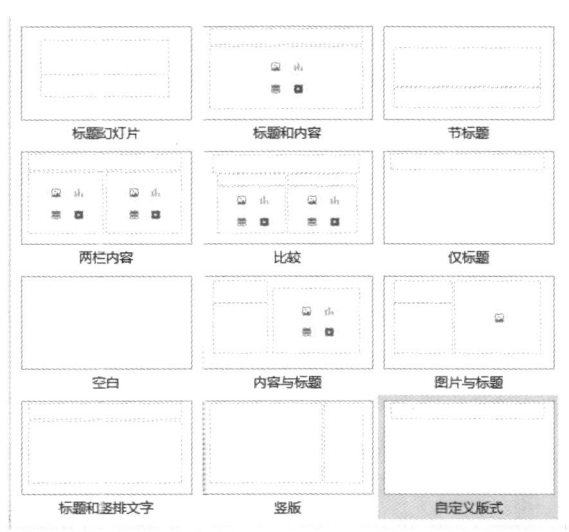

图 10-11　幻灯片版式　　　　　　　　　　图 10-12　幻灯片母版应用实例

如果在新建了多张幻灯片之后才创建幻灯片母版，此时幻灯片上的某些项目可能与母版的设计风格不能完全符合。例如，某些文本和背景的格式已有自定义的设定，此时再利用母版将无法统一修改。所以，建议在开始时先创建幻灯片母版。

幻灯片母版可另存为模板文件，以便用来创建新的演示文稿。

创建和编辑幻灯片母版或相应版式的操作是在"幻灯片母版"视图下进行的，编辑完成后应关闭"幻灯片母版"视图。

10.2.2　对象

本节介绍演示文稿中常用的对象。

1. 文本

文字信息的传递效率很高，但演示文稿中放置大量的文字会使观众感觉枯燥乏味，而且密密麻麻的文字的投射效果也难以保证。通常，演示文稿正文的文字信息不宜过多过密，建议每页不超过 5 行，每行不超过 25 个汉字。

除了在版式的文本占位符上输入或粘贴文本，还可通过插入文本框、智能图形或艺术字来添加文本。

2. 图片、智能图形和图表

（1）图片

WPS 演示具有一定的图片处理能力，包括插入图片、截屏（图片）等，还支持对图片上的单一颜色设置透明色，以及进行灰度、黑白、冲蚀色彩效果处理等，还可以在保存时按要求对图片瘦身等。

单击"插入"→"图片"，可以选择"本地图片"或"分页插图"。"分页插图"是将一组图片文件在统一的主题氛围中自动插入演示文稿。实质上，分页插图与逐张插入本地图片形成幻灯片最终生成的作品并没有多少差别，但需要对每张图片的大小等参数进行手工调整，其工作量是很可观的，而用分页插图则可高效、自动地完成。

（2）智能图形

智能图形以明晰的图形结构设计来表现并列、包含、扩散、综合、层进等各类逻辑关系，使文字不再抽象、乏味，使幻灯片演示文稿更加富于表现力。

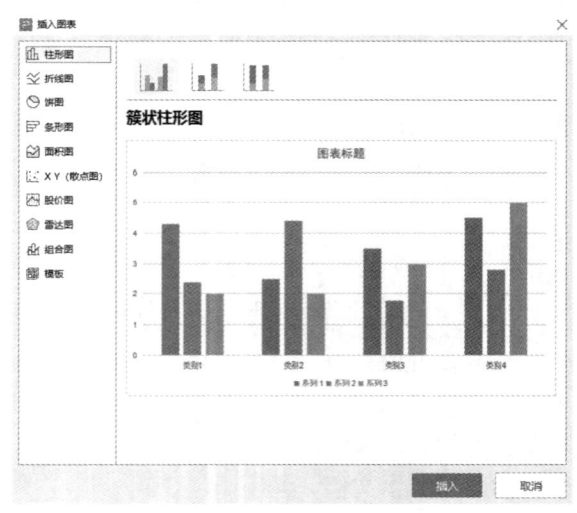

图 10-13 "插入图表"对话框

（3）图表

数据是学术和教学演示文稿的有力支持，但数据采用列表形式表现会非常枯燥且不够直观，插入图表可使数据以可视化形式直观表现。在演示文稿中，可以插入多种数据图表，如柱形图、折线图、饼图、条形图、面积图、散点图、股价图、雷达图等，以及它们的组合图。

单击"插入"→"图表"，可以在对话框中选择所需图表的类型，单击"插入"按钮，如图 10-13 所示。

系统将自动调用 WPS 表格来处理图表，可以编辑或更改数据，所生成的图表对象直接插入演示文稿中。

在"图表工具"选项卡中可按照设计和内容需求调整图表呈现细节，如图 10-14 所示。

图 10-14 "图表工具"选项卡

可以通过右键单击特定的图表元素（如图表轴或图例），有针对性地设置这些图表元素的设计、布局和格式等。

也可直接在其他电子表格程序中生成图表，再利用剪贴板粘贴到演示文稿中。

3. 媒体

演示文稿中可插入视频、音频等外部媒体文件，其支持大部分主流视频格式，以及用户计算机中已安装的播放插件所支持的视频格式。注意，某些不常用的视频格式如果在播放的计算机上没有相应的插件，将无法正常播放。

视频插入的常用方式有两种："嵌入视频"和"链接到视频"。"嵌入视频"就是将视频嵌入演示文稿文件，该方式可能造成文件容量非常庞大，但优点是不会因为忘记复制外部视频文件或改变相对路径而无法播放。若选择"链接到视频"，则视频不嵌入演示文稿，如果在其他计算机上播放，则需要将该外部视频文件一并复制，并保持与演示文稿文件的相对路径一致，才能正常播放。若保存为其旧版兼容格式.ppt，视频均不能包含在演示文稿中，只会留下一张视频首帧的图片。

在演示文稿中插入音频，不仅可以选择"嵌入音频"或"链接到音频"，还可以选择"嵌入背景音乐"或"链接到背景音乐"。

4. 逻辑节

对于一个幻灯片张数较多的大型演示文稿，为方便管理、定位和导航，可使用"节"来组织幻灯片。这就像使用文件夹组织文件一样，可以命名节来跟踪幻灯片组，可以给不同的节分配不同的权限，可以使用节划分不同演示文稿的主题等。

对于节，在技术上并没有什么必然的划分点，其只是用来帮助作者按所希望定义的逻辑类别对幻灯片进行组织和分类。在浏览视图和普通视图均可看到所划分的节。

在需要划分节的两张幻灯片之间右击，可"新增节"，可为此节起一个便于分类管理的名称。

在幻灯片列表中右击节标题，在快捷菜单中可对节进行重命名、向上移动、向下移动、删除等操作。

10.2.3 动画与放映

1. 动画

（1）动画的类型与设置

为演示文稿中静态的文本、图片、形状、表格、智能图形等对象赋予动画效果，可更有效地展示讲解内容的流程，提高观众对演示文稿的兴趣和注意力。通常，演示文稿支持4种不同类型的动画效果。

- 进入：让对象从外部进入幻灯片视野的动画效果，如淡入、飞入、跳入等。
- 退出：使对象从幻灯片视野中退出的动画效果，如飞出、旋出、消失等。
- 强调：使对象放大、缩小、更改颜色以及旋转等用于吸引注意力的强调效果。
- 动作路径：使对象按指定的路径移动，路径可以是某种形状，也可以自定义。

多种动画效果可组合在一起，例如，可设置某对象边飞入边逐渐放大。

选中某个对象,单击"动画"选项卡,选择适当的动画效果,即为该对象设置了动画。在播放时,触发动画效果开始计时的选项如下。
- 单击开始(默认):单击时开始动画效果。
- 从上一项开始:与列表中上一个动画效果同时开始,用于同一时间组合多个动画效果。
- 从上一项之后开始(时钟图标):在列表中上一个动画效果完成后自动开始。

还可以在"动画"选项卡上为动画效果指定开始时间、持续时间或者设置延迟时间(均以秒为单位)。其中,持续时间用于控制动画效果完成的快慢,延迟时间用于控制动画效果开始前的等待时间。

如果需要重新安排动画效果的先后顺序,可打开动画窗格,在其中选择需要重新排序的动画效果,单击"重新排序"后的"⬆"或"⬇"按钮,改变动画效果在列表中的顺序。

(2)触发器

若需要设计为在放映时单击幻灯片上某个标志即开始某一对象的动画效果,则可以使用触发器。

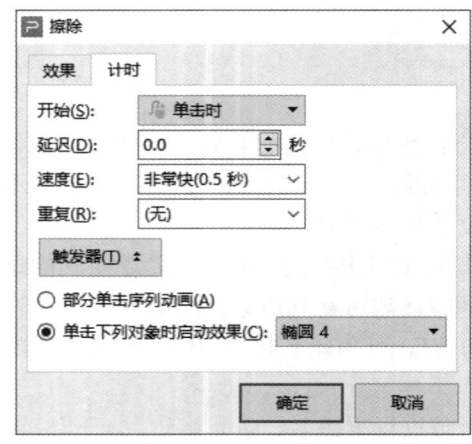

图 10-15　触发器设置

为对象添加动画效果,并在动画窗格中右击该动画对象,在快捷菜单中选择"计时",打开动画效果设置对话框,在"计时"选项卡中单击"触发器"按钮,设定用于启动效果的对象,如图 10-15 所示。

(3)动画刷

类似于使用格式刷复制文本格式,动画刷用于复制动画效果。

选择包含要复制动画效果的对象,单击"动画"→"动画刷",然后单击目标对象,则将动画效果复制给它。

(4)按钮和超链接

在选定的对象(文本、图片、智能图形、形状或艺术字)上可创建到同一个演示文稿中另一张幻灯片的超链接,也可创建到不同演示文稿中的幻灯片,以及到电子邮件地址、网页或文件的超链接。

在"插入超链接"对话框中,若选择"原有文件或网页",则可链接到磁盘上另一个演示文稿中的幻灯片、网页地址或另一个文件;若选择"本文档中的位置",则链接到同一个演示文稿中的另一张幻灯片,如图 10-16 所示。

对于形状库中内置的形状,除了创建超链接,还可以设置动作。单击"插入"→"运作",在"动作设置"对话框中可以设置鼠标单击或鼠标移过时触发的动作,如图 10-17 所示。

2. 幻灯片切换

幻灯片切换是指放映时从前一张幻灯片切换到后一张幻灯片时的效果。可选择一张或一组幻灯片,在"切换"选项卡中设置幻灯片切换效果,如图 10-18 所示。如果所有幻灯片都应用相同的幻灯片切换效果,则单击"应用到全部"按钮。

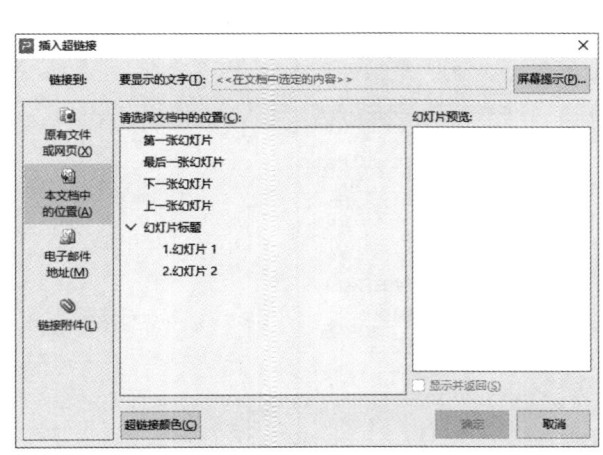

图 10-16 链接到本文档中的位置　　　图 10-17 "动作设置"对话框

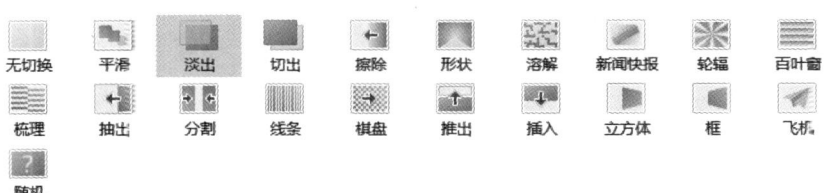

图 10-18 设置幻灯片切换效果

在"切换"选项卡的"速度"框中可设置上一张幻灯片与当前幻灯片之间的切换效果的持续时间。

勾选"单击鼠标时换片"复选框表示通过单击切换幻灯片。同时，也可勾选"自动换片"复选框，并指定时间间隔，以自动切换幻灯片。

可以为幻灯片切换效果添加"声音"下拉列表中的声音，也可以选择"来自文件"。偶尔使用声音效果来配合幻灯片切换可起到活跃气氛、引起注意等作用，但滥用声音效果可能会喧宾夺主或令人反感。

3. 放映

（1）自定义幻灯片放映

单击"放映"→"自定义放映"中，在对话框中可新建自定义放映，有选择性地将演示文稿中的幻灯片分组，以备在不同场合放映其中指定的不同部分或按特定顺序放映，如图 10-19 所示。

（2）设置幻灯片放映

在演讲者放映方式下，要在幻灯片上强调重点，可右击幻灯片，从快捷菜单中选择"墨迹画笔"，用指针作为不同颜色的标记笔。在幻灯片放映过程中，单击可开始做标记。

除了演讲者放映方式，还可通过设置为展台自动循环放映方式，让其自运行，这适合在展台上自动播放或关闭媒体控件后让观众自行浏览，但观众无法操作或更改演示文稿的自运行进程，如图 10-20 所示。

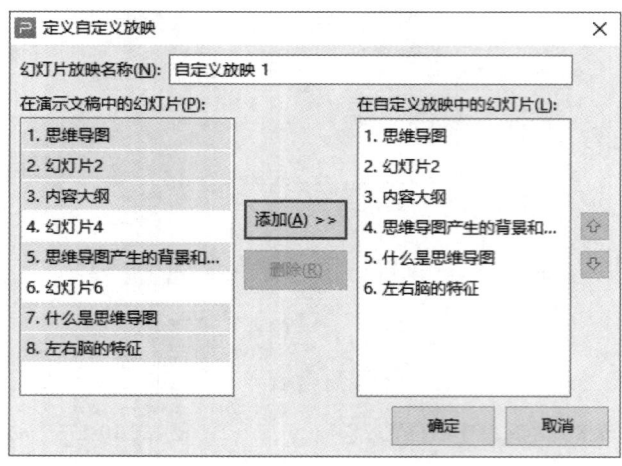

图 10-19 "定义自定义放映"对话框

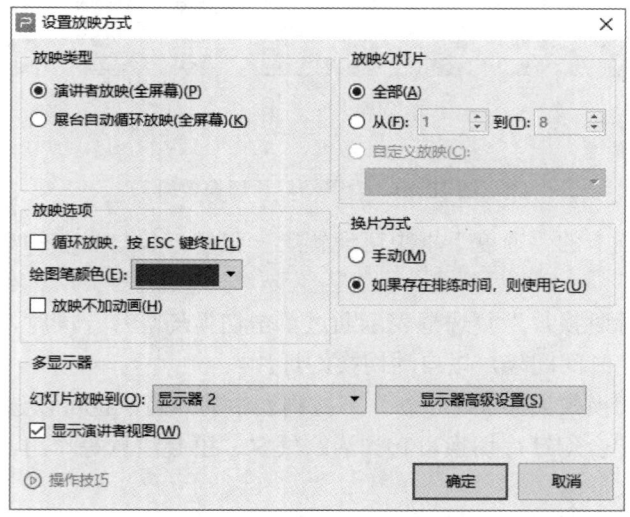

图 10-20 "设置放映方式"对话框

（3）排练计时

"排练计时"自动启动全屏放映，供演讲者试讲排练，并在排练时由程序自动记录每张幻灯片出现的时间和放映的时间，也可人工为每张幻灯片设置时间间隔。

完成排练后，会询问是否接受该排练时间记录。如果已有排练时间记录，可使用该记录自动换片。

（4）屏幕录制

"屏幕录制"不仅如同排练计时一样可记录幻灯片的放映时间，而且可记录演讲者使用鼠标或激光笔在幻灯片上讲解时的墨迹和用麦克风录下的旁白,录好的幻灯片可以脱离演讲者来放映。

（5）演讲者视图

如果演讲者使用的计算机支持双显示器输出,可使用演讲者视图,在投影机全屏播放幻灯片的同时,演讲者面前的屏幕将会显示写有备注的普通视图。这样可避免演讲者忘词,达到在观众看来如同脱稿演讲一样的效果。

10.2.4 发布幻灯

演示文稿完成后,可以保存为.dps、.pptx 格式或.ppt 兼容格式,也可以输出为视频,常用的幻灯片发布形式还包括输出为 PDF、输出为图片和文件打包等。

（1）输出为视频

以.webm 等格式输出幻灯片播放的视频,包括计时、旁白、激光笔、墨迹等录制内容,以及动画效果、切换效果和嵌入媒体的播放。

（2）文件打包

嵌入幻灯片的媒体文件、与演示文稿相链接的文件（包括图表、声音、视频剪辑及电子表格等）将一起被打包发布。

如果在"选项"对话框的"常规与保存"设置中勾选了"将字体嵌入文件"复选框,打包时会包含所引用的字体。

如果需要利用密码等手段增强安全性和隐私保护。可在打包前预先用"安全"选项卡中的"文档加密"功能设置为在打开或编辑演示文稿时需提供密码,"选项"对话框如图 10-21 所示。

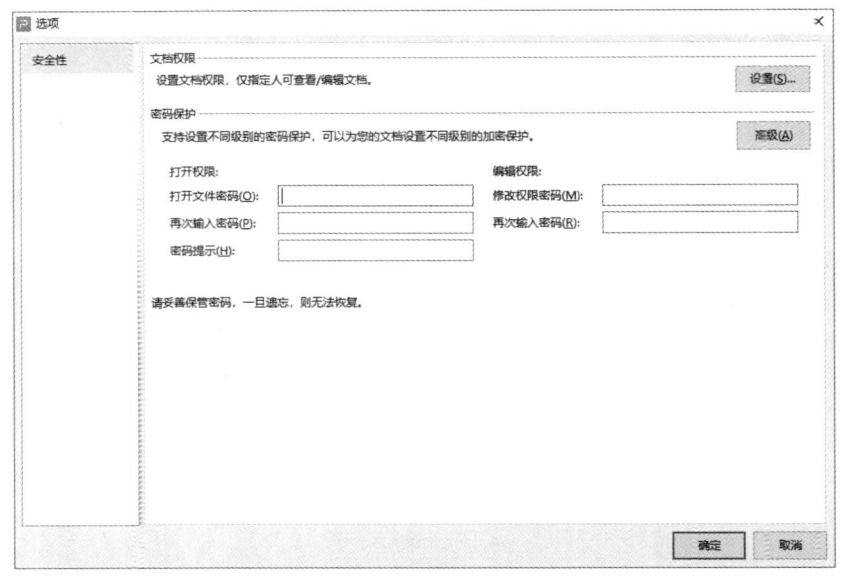

图 10-21 "选项"对话框

10.3 利用 Python 自动处理文档

10.3.1 读取 .docx 文档

本节以常见的 Python 文档处理第三方库 python-docx 为例进行介绍。在行命令界面以 pip install python-docx 命令安装该第三方库后，可打开 path 所指向的 .docx 文档为实例对象 wordfile：

```
from docx import Document
wordfile = Document(path)
```

一个文档实例由若干个段落、表格等对象组成：

```
paragraphs = wordfile.paragraphs
tables = wordfile.tables
```

段落中可以包含不同字体、大小、颜色等设置的文字块（runs）。段落中最重要的属性是 text 属性，可以循环提取段落文本：

```
for paragraph in wordfile.paragraphs:
    print(paragraph.text)
```

表格进一步包含行（rows）、列（columns）、单元格（cells）。可按行遍历以获取单元格内容：

```
for table in wordfile.tables:
    for row in table.rows:
        for cell in row.cells:
            print(cell.text)
```

【例 10-1】 在 paper 文件夹中存有若干份各校教师填写的推荐表文档，推荐表（局部）如图 10-22 所示，拟通过 Python 程序提取表中信息。

首先，编写预处理程序，获取相关信息的单元格位置。代码如下：

```
from docx import Document
wordfile = Document('./paper/陈文华.docx')
for tb in wordfile.tables:
    r,c=len(tb.rows),len(tb.columns)
    print('表格共{}行{}列'.format(r,c))
    for i,row in enumerate(tb.rows):
        for j,cell in enumerate(row.cells):
            text = ''
            for p in cell.paragraphs:
                text += p.text
            print(f'第{i}行第{j}列：{text}')
```

从图 10-23 的预处理结果可知需要获取的信息所在的单元格位置，即可编程采集，并以.csv 格式保存数据。代码如下：

信息技术水平考试命题教师推荐表

工作单位（学校、院、系或中心）				XX大学XX学院			
姓　名	张三	性　别	男	出生年月	1970.07	从事专业	软件工程
学　历	研究生	学　位	硕士	学科专业	计算机技术与应用	毕业院校	复旦大学
职　称	教授		职务			教　龄	28
办公电话	87654321	手　机	136 [illegible]1111	电子邮箱		user@163.com	
通信地址	上海市XX路800号					邮政编码	200000

图 10-22　推荐表（局部）

```
表格共16行11列
第0行第0列：工作单位（学校、院、系或中心）
第0行第1列：工作单位（学校、院、系或中心）
第0行第2列：工作单位（学校、院、系或中心）
第0行第3列：工作单位（学校、院、系或中心）
第0行第4列：XX大学XX学院
第0行第5列：XX大学XX学院
第0行第6列：XX大学XX学院
第0行第7列：XX大学XX学院
第0行第8列：XX大学XX学院
第0行第9列：XX大学XX学院
第0行第10列：XX大学XX学院
第1行第0列：姓　　名
第1行第1列：张三
第1行第2列：性　别
第1行第3列：男
第1行第4列：出生年月
第1行第5列：出生年月
第1行第6列：1970.07
```

图 10-23　预处理结果

```
import docx,os
folder=os.getcwd()+'/paper'
files = os.listdir(folder)
##print(files)
datafiles = [f for f in files if f.endswith(".docx")]
s="单位,姓名,性别,出生,专业,学历,学位,学科专业,院校,职称,职务,教龄,电话,手机,邮箱,地址,邮编\n"
for datafile in datafiles:
    fullpath = os.path.join(folder, datafile)
    doc=docx.Document(fullpath)
    #读取表格
    for tb in doc.tables:
        s+=tb.cell(0,4).text+","  #单位
        s+=tb.cell(1,1).text+","  #姓名
        s+=tb.cell(1,3).text+","  #性别
        s+=tb.cell(1,6).text+","  #出生
        s+=tb.cell(1,9).text+","  #专业
        s+=tb.cell(2,1).text+","  #学历
        s+=tb.cell(2,3).text+","  #学位
        s+=tb.cell(2,6).text+","  #学科专业
        s+=tb.cell(2,10).text+","  #院校
        s+=tb.cell(3,1).text+","  #职称
        s+=tb.cell(3,4).text+","  #职务
        s+=tb.cell(3,9).text+","  #教龄
        s+=tb.cell(4,1).text+","  #电话
        s+=tb.cell(4,3).text+","  #手机
        s+=tb.cell(4,7).text+","  #邮箱
        s+=tb.cell(5,2).text+","  #地址
        s+=tb.cell(5,9).text+","  #邮编
        s+="\n"
```

```
f=open("./data.csv","w",encoding="gbk")
f.write(s)
f.close()
```

程序先通过 os.listdir()获取所有.docx 文档的文件路径形成列表，逐一遍历并打开文档，将对应单元格中的信息作为字符串写入.csv 文件。

10.3.2 生成.docx 文档

常用文档对象的方法有添加段落（add_paragraph()）、添加标题（add_heading()）、添加分页符（add_page_break()）、添加图片（add_picture(图片对象)）、添加表格（add_table(行数,列数)），以及段落对象的添加文字块（add_run()）等。示例代码如下：

```
from docx import Document
#新建空白文档
wordfile = Document()
p0=wordfile.add_paragraph()    #添加段落
textlist=['加粗','常规文本','斜体']
p0.add_run(textlist[0]).bold=True
p0.add_run(textlist[1])
p0.add_run(textlist[2]).italic=True
wordfile.add_heading('一级标题',level=1)  #添加标题
wordfile.add_page_break() #添加分页符
wordfile.add_picture('./pic.jpg') #添加图片
t0=wordfile.add_table(3,3) #添加表格
tablelist=[['姓名','性别','年龄'],
          ['张三','男','19'],
          ['李四','女','18']]
for r in range(len(tablelist)):
    for c in range(len(tablelist[r])):
        t0.cell(r,c).text=tablelist[r][c]
wordfile.save('./testdoc.docx')  #保存文档
```

【例 10-2】 将"体检数据.csv"中的数据，如图 10-24（a）所示，分别填写到"体检报告模板.docx"中形成每人的体检报告文档，如图 10-24（b）所示。

	A	B	C	D	E	F	G
1	姓名	身高	体重	左眼视力	右眼视力	舒张压	收缩压
2	陈昊文	179	88	1.1	1.3	89	143
3	龚哲	173	72	1.3	1.1	79	136
4	周强	170	71	1.1	1.4	87	141
5	周昌旭	171	79	1.4	1.4	93	146
6	王建	162	62	1.4	1.0	71	126
7	叶麒霏	167	66	1.0	1.2	91	145

（a）体检数据

体检报告	
姓名	陈昊文
身高（cm）	179
体重（kg）	88
裸眼视力（左）	1.1
裸眼视力（右）	1.3
舒张压（mmHg）	89
收缩压（mmHg）	143

（b）体检报告

图 10-24 生成体检报告

读取.csv 文档中的数据为二维列表,利用循环填入体检报告模板的对应单元格。代码如下:

```python
from docx import Document
from docx.shared import Pt,Inches,RGBColor
from docx.enum.text import WD_ALIGN_PARAGRAPH
f=open("体检数据.csv","r",encoding="gbk")
datalist=f.readlines()
data=[]
for ss in datalist[1:]:    #不要标题行
    data.append(ss[:-1].split(","))
    #去掉换行符,并将字符串分离为列表
for r in data:
    wordfile = Document('./体检报告模板.docx')
    tb=wordfile.tables[0]
    file='./generate/'+r[0]+'.docx'
    for n in range(7):
        tb.cell(n+1,1).text=r[n]
        tb.cell(n+1,1).paragraphs[0].alignment = WD_ALIGN_PARAGRAPH.CENTER
        tb.cell(n+1,1).paragraphs[0].runs[0].font.name = '华文新魏'
        tb.cell(n+1,1).paragraphs[0].runs[0].font.size = Pt(20)
    wordfile.save(file)  #保存文档
```

巩固练习

一、单项选择

1. 在文字处理工具中,要把文档保存为 PDF 格式,可使用"_____"命令并选择 PDF 类型。
   [A] 文件/另存为   [B] 文件/新建   [C] 开始/样式   [D] 审阅/修订

2. 在文字处理工具中,如果要在"插入"和"改写"状态之间切换,可以按_____键。
   [A] <Insert>   [B] <Home>   [C] <End>   [D] <Esc>

3. 在文档编辑中,项目符号和编号是对于_____来添加的。
   [A] 行   [B] 段落   [C] 整篇文档   [D] 节

4. 在文字处理工具中,如果需要给每位学生发送一份通知单,采用_____操作既简便又快速。
   [A] 邮件合并   [B] 信封   [C] 标签   [D] 复制

5. 在文字处理工具中,要插入目录,可使用"_____"选项卡"目录"组中的命令。
   [A] 引用   [B] 视图   [C] 插入   [D] 页面布局

6. 在文字处理工具中,_____是不能用"格式刷"复制的格式。
   [A] 页边距   [B] 字体格式   [C] 段落缩进   [D] 图形格式

7. 用户无法通过_____对文档的部分内容进行注释和说明。

[A] 批注　　　　[B] 题注　　　　[C] 脚注　　　　[D] 尾注

8. 在演示文稿工具中，在"_____"选项卡中设置幻灯片的背景。

[A] 设计　　　　[B] 开始　　　　[C] 插入　　　　[D] 动画

9. _____不是演示文稿支持的文件保存类型。

[A] .xlsx　　　[B] .pdf　　　　[C] .pptx　　　[D] .potx

10. 在演示文稿工具中，"视图"选项卡中的"母版视图"组不包含_____。

[A] 大纲母版　　[B] 讲义母版　　[C] 备注母版　　[D] 幻灯片母版

11. 演示文稿的基本组成单元是_____。

[A] 幻灯片　　　[B] 文本框　　　[C] 单元格　　　[D] 图形

12. 在演示文稿工具中，在_____方式下可以进行幻灯片的放映控制。

[A] 幻灯片浏览视图　　　　　　　　[B] 普通视图
[C] 幻灯片放映视图　　　　　　　　[D] 幻灯片母版视图

13. 在演示文稿工具中，若要在每张幻灯片相同位置都显示学校校徽图片，应在_____中进行图片插入操作。

[A] 幻灯片母版　　　　　　　　　　[B] 普通视图
[C] 幻灯片浏览视图　　　　　　　　[D] 阅读视图

14. 在演示文稿工具中，在"_____"选项卡下设置幻灯片的背景。

[A] 设计　　　　[B] 开始　　　　[C] 插入　　　　[D] 动画

15. 在演示文稿工具中，幻灯片中占位符的作用是_____。

[A] 为文本、图形等对象预留位置　　[B] 限制插入对象的数量
[C] 表示图形大小　　　　　　　　　[D] 表示文本长度

16. 在演示文稿工具中，可以使用多个_____来组织大型幻灯片的版面，简化管理，方便导航。

[A] 节　　　　　[B] 版式　　　　[C] 母版　　　　[D] 定位

17. 在演示文稿放映过程中，若要中途退出播放状态，可随时按键盘上的_____键。

[A] <Esc>　　　[B] <Tab>　　　[C] <Shift>　　[D] <Ctrl>

18. 在演示文稿工具中，使用_____可以复制幻灯片中对象的动画效果。

[A] 动画刷　　　[B] 动作刷　　　[C] 格式刷　　　[D] 切换刷

二、操作实践

以下实践所需配套资源见前言二维码。

1. 打开"文档1.docx"文件，按下列要求操作：

（1）加标题"云计算"并设置标题为"标题1"样式、居中，字符间距为缩放200%，文本效果使用预设艺术字"填充白色、轮廓-着色2、清晰阴影-着色2"；设置正文段落为首行缩进2字符。

（2）页面设置为A4纸张（默认）横向，页边距上为2.0cm、下为3.0cm、左右分别为3.2cm；更改页眉内容为"云计算"，并右对齐，加页眉横线；页面颜色为巧克力黄、着色6、浅色80%；页面加0.75磅蓝色波浪线边框。

（3）为中间 3 个段落加项目符号；插入 picture.jpg，锁定纵横比并调整为 3cm 宽，四周环绕；设置最后段落的分栏格式为 3 栏，添加分隔线，并且首字下沉。

2．打开"文档 2.docx"文件，按下列要求操作：

（1）加标题"计算思维"，并设置标题为"标题 1"样式；设置文档主题为 WPS2019；加倾斜文字水印"计算思维"，字体为华文新魏。

（2）设置正文的中文字体为小四号仿宋，段落为首行缩进 2 字符；为相应段落添加文本框，红色虚线框，填充"钢蓝着色 5 浅色 80%底纹"。

（3）插入 Wingdings 中的"📁"符号，设置该符号字体为 Webdings、48 磅、绿色，并外加无色无边文本框后四周环绕定位；添加页眉，内容为"计算思维"，设置为五号、黑体、右对齐，加页眉横线。文档最后插入求 π 的公式：

$$\frac{\pi}{4}=1-\frac{1}{3}+\frac{1}{5}-\frac{1}{7}+\frac{1}{9}-\cdots$$

3．打开"文档 3.docx"文件，按下列要求操作：

（1）添加竖排文本框文字"生物信息学"，小初号，文本效果使用预设艺术字"填充-白色，轮廓-着色 1，阴影"，无边框颜色，四周环绕；设置背景纹理为"纸纹 2"。

（2）正文段落首行缩进 2 字符；将正文中所有"生物信息学"替换为红色加粗倾斜文字（注意，艺术字不替换）。

（3）为最后 10 个段落加项目符号：使用 Wingdings 中的"✌"符号，绿色，要求所有段落的项目级别相同。

4．打开"幻灯 1.pptx"文件，按下列要求操作：

（1）将第 4 张幻灯片的背景设置成图片，使用"图片 1.jpg"，并设置透明度为 80%。

（2）将幻灯片 2、3、5 添加为"自定义放映 1"，在第 8 张幻灯片的右上角加入信息按钮，并链接到"自定义放映 1"。

（3）在最后 1 张幻灯片后面插入幻灯片，版式为空白，插入艺术字："谢谢观看！"，样式为"图案填充-深色上对角线，轮廓-文字 2，清晰阴影-文本 2"，字号为 96。将所有幻灯片的切换方式设置为"抽出"，每隔 2 秒自动切换。

5．压缩文件 teachers.zip 为学生对教师的教学评价打分表，利用 python-docx 库编程，读取各文档中的打分数据，保存为 .csv 文件。

反侵权盗版声明

电子工业出版社依法对本作品享有专有出版权。任何未经权利人书面许可，复制、销售或通过信息网络传播本作品的行为，歪曲、篡改、剽窃本作品的行为，均违反《中华人民共和国著作权法》，其行为人应承担相应的民事责任和行政责任，构成犯罪的，将被依法追究刑事责任。

为了维护市场秩序，保护权利人的合法权益，我社将依法查处和打击侵权盗版的单位和个人。欢迎社会各界人士积极举报侵权盗版行为，本社将奖励举报有功人员，并保证举报人的信息不被泄露。

举报电话：（010）88254396；（010）88258888
传　　真：（010）88254397
E-mail：　dbqq@phei.com.cn
通信地址：北京市海淀区万寿路 173 信箱
　　　　　电子工业出版社总编办公室
邮　　编：100036